Statistische Modellierung

Статистическое моделирование

Grundlagen der Verfahrenstechnik und chemischen Technologie

Основы химической техники и технологии

Herausgeber

Prof. Dr. K. Hartmann, Merseburg

Prof. Dr. W. Schirmer, Berlin
Ordentliches Mitglied der Akademie der Wissenschaften der DDR

Prof. Dr. M. G. Slinko, Moskau
Korr. Mitglied der Akademie der Wissenschaften der UdSSR

Редакторы

профессор доктор К. Хартманн, Мерзебург

профессор доктор В. Ширмер, Берлин
член АН ГДР

профессор доктор М. Г. Слинько, Москва
член-корреспондент АН СССР

AKADEMIE-VERLAG · BERLIN
1977

Statistische Modellierung verfahrenstechnischer Systeme

Статистическое моделирование химико-технологических систем

von

DR. W. P. BORODJUK, Moskau

und

DR. E. K. LEZKI, Moskau

Mit 42 Abbildungen und 11 Tabellen

THEORIA · CUM · PRAXI ·

AKADEMIE-VERLAG · BERLIN

1977

Übersetzer: Dr. Peter Sorber, Schwedt

Verantwortlich für die Herausgabe dieses Bandes:
Prof. Dr. K. Hartmann, Merseburg

Erschienen im Akademie-Verlag, 108 Berlin, Leipziger Straße 3–4

Lizenznummer: 202 · 100/481/77
Gesamtherstellung: VEB Druckhaus „Maxim Gorki“, 74 Altenburg
Bestellnummer: 762 042 6 (2144/5) · LSV 1205/1095
Printed in GDR
DDR 68,– M

Vorwort der Herausgeber

Zur Ermittlung und Aufrechterhaltung des optimalen Betriebes unterschiedlicher Anlagen der Stoffwirtschaft — als wesentliche Quelle für die Intensivierung der Produktion — ist die Sammlung und Verarbeitung von Betriebsdaten (im wesentlichen Meßwerten) eine unerläßliche Voraussetzung. Für die zweckmäßige weitere Verarbeitung dieser Informationen sind einmal Grundkenntnisse über die Eigenschaften des Prozesses und der Meßwerte selbst und zum anderen über die Methoden zur Verarbeitung dieser Meßwerte, d. h. der Versuchsauswertung und Modellbildung notwendig.

Die beiden sowjetischen Autoren, die aus dem international bekannten Zentrum für Versuchsplanung und -auswertung in industriellen Prozessen, dem Moskauer Energetischen Institut stammen, stellen in dem vorliegenden Buch Strategien, Methoden und Algorithmen für die Planung, Auswertung und Weiterverwendung von Meßwerten bei passiven Versuchen vor. Damit wird für viele Probleme der Prozeßgestaltung und Intensivierung ein wichtiges Werkzeug zur Verfügung gestellt, das um so notwendiger ist, da im deutschen Sprachbereich z. Z. kein derartiges Buch verfügbar ist.

Merseburg/Moskau 1976 *Die Herausgeber*

Vorwort der Autoren

Der mathematischen Beschreibung verfahrenstechnischer und artverwandter Objekte kommt seit der Einführung von Prozeßrechnern zur Automatisierung von Produktionsprozessen und der Durchführung von Prozeßanalysen zur Intensivierung entscheidende Bedeutung zu. Im Prinzip stellt die mathematische Beschreibung des Objekts überhaupt erst die Grundlage zur Schaffung eines automatisierten Steuerungssystems und zur Ableitung wissenschaftlich begründeter Maßnahmen zur Prozeßintensivierung dar. Aus dieser Tatsache erklärt sich auch das große Interesse, das von Spezialisten der verschiedenartigsten Industriezweige der Schaffung mathematischer Modelle entgegengebracht wird.

Bekanntlich existieren die verschiedensten Methoden zur Modellbildung, d. h. zur Gewinnung einer mathematischen Beschreibung. Die Autoren gehen auf statistische Methoden ein, die auf der Auswertung von Daten basieren, die im wesentlichen bei passiven Versuchen, d. h. bei normaler Fahrweise des Objekts, gewonnen wurden. Nach Meinung der Autoren ist eine solche Methodik bei einer großen Anzahl von Fällen anderen Vorgehensweisen vorzuziehen. Das Ergebnis stellt dann eine mathematische Beschreibung des in Betrieb befindlichen Objekts dar.

Speziell wird auf Besonderheiten bei der Anwendung traditioneller Methoden der mathematischen Statistik unter industriellen Bedingungen eingegangen.

Das Buch wendet sich an einen breiten Kreis von Spezialisten, die auf dem Gebiet der Prozeßanalyse, Rationalisierung und der Automatisierung von Produktionsprozessen tätig sind. Dabei werden Kenntnisse über die Grundbegriffe der mathematischen Statistik vorausgesetzt.

Der mathematische Anhang soll dem Leser helfen, einige Wissenslücken aus der linearen Algebra und der Statistik von Zufallsgrößen und Zufallsprozessen zu schließen.

Die Autoren danken Prof. Dr.-Ing. G. K. Krug und Dr.-Ing. G. F. Filaretow für ihre wertvollen Hinweise und Ratschläge bei der Fertigstellung des Buches.

Für die Kapitel 1., 2., 5. zeichnet W. P. Borodjuk als Autor verantwortlich, während die Kapitel 3., 4., 6. von E. K. Lezkij niedergeschrieben wurden.

Alle Wünsche und kritischen Hinweise werden von den Autoren dankbar entgegengenommen.

Die Autoren

Inhalt

0. Einführung

Die effektive Steuerung eines technischen Objekts ist nur dann möglich, wenn die dem Objekt eigenen grundlegenden Gesetzmäßigkeiten in Form einer mathematischen Beschreibung abgebildet worden sind. Die mathematische Beschreibung (Identifikation) des Objekts stellt den ersten Schritt bei der Synthese von Systemen zur automatischen Steuerung dar. Das gewonnene Modell gestattet die Ausarbeitung des Steuerungsalgorithmus sowie die Bestimmung der Struktur und der optimalen Eigenschaften der Steuerungseinrichtungen. In manchen Fällen läßt sich ein solches Modell unmittelbar im Steuerungssystem verwenden.

Im allgemeinen stellt eine mathematische Beschreibung die Gesamtheit von Gleichungen und Nebenbedingungen dar, die die statischen und dynamischen Zusammenhänge zwischen den technologischen Veränderlichen des Objekts in quantitativer Form beschreiben.

Moderne technologische Prozesse sind in der Regel komplexe Objekte. Ihre Eingangs- und Ausgangsvariablen, aber auch die den inneren Zustand des Objekts kennzeichnenden Parameter, sind von einer Vielzahl häufig schwer erfaßbarer Faktoren abhängig. Die Aufstellung eines arbeitsfähigen mathematischen Modells ist deshalb eine schwierige Aufgabe. Zu ihrer Lösung sind zwei Verfahrensweisen anwendbar: die deterministische und die statistische.

Deterministischen Methoden liegen theoretische Vorstellungen über die Natur des zu untersuchenden Prozesses zugrunde. Die gesuchten Verknüpfungsgleichungen werden auf der Grundlage physikalisch-chemischer Gesetzmäßigkeiten der im Objekt ablaufenden Erscheinungen abgeleitet. Dabei finden algebraische Gleichungen, Differentialgleichungen und Differenzengleichungen Anwendung. So werden z. B. die Massen- und Energieerhaltungssätze in algebraischer Form mit Hilfe von Stoff- und Wärmebilanzgleichungen dargestellt. Die Kinetik einer Reaktion und die Wärmeübertragung sind durch Differentialgleichungen beschreibbar, während Destillationsprozesse in Form von Differenzengleichungen darstellbar sind. Durch theoretische Untersuchungen kann jedoch niemals die gesamte Vielfalt der real wirkenden Faktoren berücksichtigt werden, so daß jede theoretische mathematische Beschreibung beim Übergang zu den realen Bedingungen des technischen Objekts ihre Aussagekraft zu einem erheblichen Teil verliert.

In den letzten Jahren nahm die statistische Verfahrensweise eine rasche

Entwicklung. Mit ihrer Hilfe ist es möglich, auch bei unvollständigen Informationen über den Mechanismus des Prozesses die benötigten Ergebnisse zu erhalten. Die statistische Verfahrensweise beruht auf der Auswertung experimenteller Daten, die unmittelbar am existierenden Objekt gewonnen wurden. Zur Datenauswertung dienen Methoden der Wahrscheinlichkeitsrechnung und der Statistik.

Bei der Identifikation erwies sich diese Verfahrensweise als äußerst fruchtbringend. So existiert eine breite Palette an Literatur, die die verschiedenen statistischen Methoden bei der mathematischen Beschreibung zum Inhalt hat. Die Vielfalt der Lösungsmethoden ist einerseits durch unterschiedliche Aufgabenstellungen, andererseits aber auch durch die Verschiedenartigkeit der Eigenschaften der Objekte bedingt. Bei den Eigenschaften des Objekts, die die Anwendbarkeit oder Nichtanwendbarkeit einer Methode bestimmen, handelt es sich um solche Besonderheiten wie Linearität oder Nichtlinearität der Prozeßcharakteristiken, den Grad der Ausgeprägtheit dynamischer Eigenschaften, die Wirkungsweise zufälliger Störungen, das Vorhandensein von Driften, die Möglichkeit der Anwendung spezieller Störfunktionen u. a.

In Abhängigkeit von der Erfassung der experimentellen Daten lassen sich die statistischen Methoden in aktive und passive Methoden einteilen.

Aktive Versuche (Experimente) beruhen auf künstlichen Störungen, auf gewollten Eingriffen, die nach einem vorher geplanten Programm auf das Objekt aufgegeben werden. Für die Aufstellung optimaler Pläne existieren speziell ausgearbeitete Methoden, die es gestatten, die gesuchten Abhängigkeiten unter Anwendung einer zielgerichteten sequentiellen Methode im Bereich der optimalen Fahrweise zu ermitteln [1—3] und ein den Versuchsergebnissen adäquates Prozeßmodell zu gewinnen [4]. Unter Produktionsbedingungen sind aktive Versuche einigen wesentlichen Beschränkungen unterworfen. Um die zu ermittelnde Abhängigkeit nicht in den natürlichen Störungen „untergehen" zu lassen, müssen die verwendeten Störsignale beträchtliche Werte annehmen, was mit dem Risiko der Beeinträchtigung des technologischen Regimes verbunden ist. Außerdem kommen unter industriellen Bedingungen häufig nichtregelbare Veränderliche vor, die jedoch bei den Untersuchungen und beim Aufstellen des Modells unbedingt zu berücksichtigen sind (z. B. qualitative Zusammensetzung des Rohstoffs, Verunreinigungen der Reaktanden u. a.).

Beim Vorliegen nichtregelbarer Veränderlicher sind die optimalen Einwirkungen auf den technologischen Prozeß von den laufenden Werten der nichtregelbaren Faktoren abhängig. In diesem Falle ist die Versuchsplanung zur Gewinnung einer mathematischen Beschreibung, die alle kontrollierbaren Eingangsveränderlichen enthält, nur mit einem automatisierten Datenerfassungs- und -auswertungssystem möglich. Mit seiner Hilfe ist eine operative Wahl der regelbaren Veränderlichen unter Berücksichtigung der laufenden Bedingungen möglich.

Die passive Beobachtung besteht im Registrieren der technologischen Parameter während der normalen Arbeitsweise des Objekts, also ohne die Aufgabe beabsichtigter Störungen. Diese Methode führt zwar zu einer längeren Versuchsdauer, ist aber von ökonomischen Gesichtspunkten aus empfehlenswert. Vor allem dann, wenn es sich um ein reales technisches Objekt mit kontinuierlicher Produktion eines teuren Produktes handelt, ist diese Methode unter Umständen die einzig mögliche. Ein weiterer Vorzug der Methode besteht in der Möglichkeit, auf bereits gesammelte und vorliegende Betriebsunterlagen zurückzugreifen.

Die statistische Verfahrensweise zur Gewinnung der mathematischen Beschreibung eines Objekts läßt sich mit der deterministischen verbinden. In einem solchen Falle wird aus theoretischen Überlegungen heraus eine Modellstruktur für das Objekt gewählt (z. B. in Form eines Differentialgleichungssystems), wobei man die Werte der Modellparameter (für das Beispiel sind es z. B. die Koeffizienten des Differentialgleichungssystems) durch experimentelle Untersuchungen ermittelt. Diese interessante und äußerst wichtige Verfahrensweise fand in einer großen Anzahl in den letzten Jahren erschienener Arbeiten ihre Widerspiegelung [68, 75, 80, 86]. Aus mathematischer Sicht handelt es sich bei den dabei auftretenden statistischen Schätzungen in der Regel um nichtlineare Probleme (die Beobachtungswerte der Ausgangsveränderlichen des Objekts sind mit den abzuschätzenden Modellparametern in nichtlinearer Form verknüpft). Die Autoren des vorliegenden Buches untersuchen diese Art von statistischen Problemen nicht.

In der vorliegenden Arbeit wird die statistische mathematische Beschreibung mit Hilfe eines Polynoms vorgenommen, das für jeden fixierten Zeitpunkt eine Abhängigkeit zwischen der Ausgangsvariablen des Objekts und den übrigen beobachtbaren Veränderlichen herstellt. Derartige Probleme sind mit Hilfe der Mehrfachregressionsanalyse lösbar. Sie bildet die Grundlage des vorliegenden Buches.

Die Mehrfachregression oder multiple Regression (Kapitel 1.) stellt eine Verbindung zweier mathematischer Methoden dar: Der bekannten Methode der kleinsten Quadrate und der statistischen Parameterschätzung, die sich besonders dank der grundlegenden Arbeiten von FISHER und STUDENT rasch entwickelte.

Obgleich die Theorie der Mehrfachregression bereits seit langem entwickelt ist, stellten Komplexität und Umfang der Rechenprozeduren lange Zeit ein ernst zu nehmendes Hindernis bei ihrer Einführung in die ingenieurtechnische Praxis dar. Erst die Entwicklung elektronischer Rechenautomaten gestattete die Anwendung dieser Methode zur Lösung schwieriger praktischer Aufgaben.

Eine Analyse der vielfältigen Veröffentlichungen über die praktische Anwendung der Mehrfachregression (siehe z. B. [2, 3]) zeigt, daß man sich in der Mehrzahl der Fälle beim Aufstellen einer statistischen mathematischen Beschreibung kontinuierlich arbeitender technischer Objekte eines Regressionsmodells mit unabhängigen normalverteilten Fehlern und Beobachtungen gleicher Genauigkeit bedient.

Ein solches Modell gestattet eine vollständige statistische Analyse der empirischen Regressionsgleichung (Bestimmung der Vertrauensintervalle der Schätzungen, Anwendung von Testverfahren, Bestimmung der Vertrauenswürdigkeit der berechneten Werte usw.). Eine derartige Analyse bildet die Grundlage für die technologische Interpretation und die praktische Anwendung der mathematischen Beschreibung des untersuchten Objekts.

In einigen speziellen Fällen werden auch kompliziertere Regressionsmodelle benutzt [39, 50, 51].

In zahlreichen neueren Arbeiten wird die Mehrfachregressionsanalyse zur Ermittlung der mathematischen Beschreibung industrieller Prozesse angewendet. Neben Veröffentlichungen, die auf gute Erfahrungen und Ergebnisse bei der Anwendung der Regressionsanalyse verweisen, sind auch Fälle bekannt, in denen die erstrebte Genauigkeit der mathematischen Beschreibung nicht erreicht wurde. Dieser Umstand diente einigen Autoren als Vorwand für eine skeptische Einschätzung der Mehrfachregression als geeignetes Mittel zur Identifikation technischer Objekte. Hauptgrund für ungenügende Ergebnisse ist jedoch in der mechanischen Übertragung des klassischen Schemas der Regressionsanalyse auf Identifikationsprobleme von technischen Objekten zu sehen, wobei spezifische Besonderheiten des Produktionsbetriebes außer acht gelassen wurden. Gerade diese Besonderheiten sind äußerst wichtig und dürfen, um nicht das Risiko unzureichender Ergebnisse einzugehen, keinesfalls ignoriert werden. Derartige Besonderheiten sind:

- Der kontinuierliche Charakter bei der Änderung technologischer Variabler;
- die verhältnismäßig geringe Genauigkeit industrieller Meß-, Registrier- und Überwachungsmethoden;
- der geringe Variationsbereich technologischer Veränderlicher, der häufig in der Größenordnung des Meßfehlers der verwendeten Geräte liegt;
- beträchtliche Totzeiten im Objekt, die teils durch Transportvorgänge der Reaktanden, teils durch das Trägheitsverhalten der Prozesse selbst bedingt sind [19];
- Einfluß jahres- und tageszeitlich bedingter Änderungen der Umgebung;
- unkontrollierbare Änderung der Rohstoffqualität und -zusammensetzung sowie Umstellung auf eine andere Fahrweise beim Übergang auf ein neues Produkt usw.

Die Vielzahl und die Verschiedenartigkeit der aufgezählten Faktoren erfordern die Ausarbeitung spezieller Maßnahmen, die die Anwendbarkeit der Mehrfachregression auf ein technisches Objekt gewährleisten. In speziellen Fällen (z. B. Objekte mit Drift) muß jedoch auch auf andere Lösungsmethoden zurückgegriffen werden.

Im zweiten Kapitel werden die Besonderheiten bei der Anwendung der Mehrfachregression zum Aufbau mathematischer Modelle stationärer Objekte beschrieben. Als stationär (oder als nichtdriftend) werden dabei Objekte bezeichnet, für die die Abhängigkeit zwischen einer Ausgangsvariablen und den Eingangsvariablen zu jedem beliebigen Zeitpunkt unverändert bleibt.

Methoden zur Modellierung instationärer (driftender) Objekte werden in den Kapiteln 3. und 4. behandelt, wobei davon ausgegangen wird, daß die Drift eine langsame zeitliche Änderung der Koeffizienten des Polynommodells verursacht. Die Modellierung wird damit auf die Ermittlung von in gewissem Sinne besten Schätzungen für diese Koeffizienten zu einem vorgegebenen Zeitpunkt zurückgeführt. Bei Objekten mit Drift ist das ermittelte Modell ständig nachzuführen, wofür die neu gesammelten Informationen verwendet werden. Für eine gute Nachführung sind Kenntnisse über den Änderungsprozeß der Koeffizienten des Modells erforderlich (z. B. in Form von Korrelationsfunk-

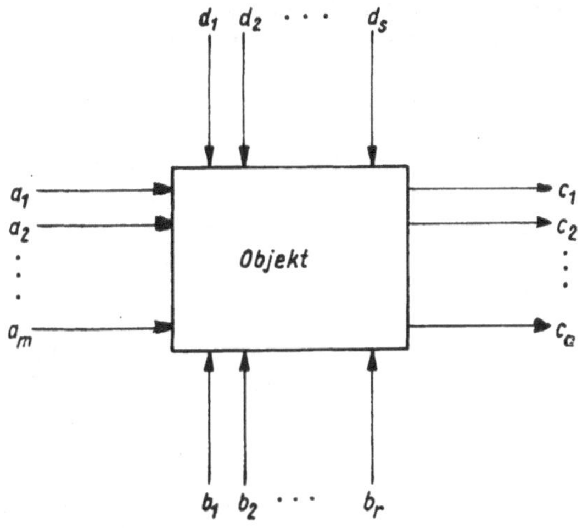

Abb. 0.1. Strukturschema eines komplexen Objekts

tionen der driftenden Parameter). In solchen Fällen läßt sich ein optimaler Algorithmus zur Ermittlung der Schätzungen der driftenden Koeffizienten auf analytischem Wege unter Verwendung von Methoden der Filtertheorie angeben [5]. In der Praxis liegen bei der Beschreibung technischer Objekte in der Regel keine Angaben über die Eigenschaften der Drift vor. In der vorliegenden Arbeit werden deshalb Lösungsmethoden beschrieben, bei denen die optimalen Eigenschaften des Algorithmus im Rahmen der vorgegebenen Struktur durch die beste Wahl der Parameterwerte des Algorithmus erreicht werden. Derartige Methoden sind die stetige Regressionsanalyse, Sequentialverfahren der stochastischen Approximation und die Methode der stückweise-linearen Approximation. In den Kapiteln 3. und 4. werden diese Methoden beschrieben und Algorithmen zu ihrer optimalen Anpassung auf der Grundlage endlicher Stichproben von Beobachtungen angegeben. Ferner werden für Fälle, in denen die statistischen Eigenschaften des Änderungsprozesses der driftenden Parameter bekannt sind, Gleichungen für die analytische Nachführung abgeleitet.

Steht für die experimentellen Untersuchungen am in Betrieb befindlichen technischen Objekt ein automatisiertes Datenerfassungs- und -verarbeitungssystem zur Verfügung, so ergibt sich die Möglichkeit für aktive Versuche. Das trifft nur zu, wenn das Modell regelbare und nichtregelbare oder aber nur regelbare Variable enthält. Die Wahl des Versuchsplanes ist dann häufig ohne elektronische Rechenmaschinen möglich. Sind die Eingangsvariablen jedoch durchweg nichtregelbar, ist die Durchführung aktiver Versuche nicht möglich.

Fragen der Versuchsplanung bei automatisierter Datenerfassung und -verarbeitung sind Gegenstand des Kapitels 5. Ferner wird eine Methodik zur Kontrolle des adäquaten Verhaltens des Modells unter den Bedingungen aktiver Versuche beschrieben.

Das Kapitel 6. ist Fragen der Anwendbarkeit der Mehrfachregression bei der Modellsynthese dynamischer Objekte gewidmet. Es wird ein Beispiel betrachtet, bei dem das Modell des Objekts in Form einer Hintereinanderschaltung eines dynamischen und eines statischen Teils darstellbar ist, wobei der dynamische Teil durch parallel geschaltete dynamische Glieder gebildet wird, die bis auf den Wert des Verstärkungsfaktors genau vorgegeben sind. Unter solchen Umständen läßt sich die Modellsynthese unter Anwendung der Mehrfachregression durchführen. Im gleichen Kapitel werden Fragen der Wahl des Testsignals bei der Synthese dynamischer Modelle behandelt, und zwar für solche Fälle, in denen man die Möglichkeit eines aktiven Eingreifens auf den Eingang des Objekts besitzt. Die Realisierung solcher Eingriffe ist in der Regel nur auf der Grundlage automatisierter Versuche möglich, weil die Rechenergebnisse bereits während des Versuches genutzt werden.

Der Anwendungsbereich von Methoden experimenteller Untersuchungen ist äußerst vielfältig. Die zu untersuchenden Objekte können zu den unterschiedlichsten industriellen Prozessen gehören, z. B. Flotations- und Agglomerationsprozesse, Stahlerzeugungsverfahren, Industrieöfen, verschiedenartige Anlagen und Apparate der chemischen Technologie (Reaktoren, Polymerisations- und Rektifikationsanlagen), Anlagen der Zement-, Papier- und Nahrungsmittelindustrie oder anderer Industriezweige.

Unabhängig von den beim zu untersuchenden Prozeß wirkenden physikalisch-chemischen Gesetzmäßigkeiten läßt sich die Gesamtheit der Parameter, die den momentanen Zustand des Objekts bestimmen, in vier Gruppen einteilen (Abb. 0.1):

1. Gruppe

$A = (a_1, a_2, \ldots, a_m)$

In dieser Gruppe sind alle Parameter, die die Qualität und Menge der Ausgangsprodukte charakterisieren, zusammengefaßt. Ausgangsprodukte sind primäre Rohstoffe oder auch aus dem vorhergehenden Produktionselement der technologischen Linie stammende Stoffe. Zu dieser Gruppe von Parametern sind die Werte von Laborversuchen, Analysenergebnisse, Anzeigen von Meßgeräten (Analysatoren) usw. zu zählen. Jeder dieser Parameter ist technologisch bedingten Beschränkungen der Form

$$a_{j\min} \leqq a_j \leqq a_{j\max}; \qquad j = 1, 2, \ldots, m$$

unterworfen.

2. Gruppe

$B = (b_1, b_2, \ldots, b_r)$

Zur zweiten Gruppe sind Parameter zu zählen, die Steuergrößen charakterisieren, mit deren Hilfe der Meßwartenfahrer die vorgegebene technologische Fahrweise einhält. Hierzu gehören u. a. die Anzeigen von Durchflußmessern, die Reglerstellgrößen und die Lage von Stellgliedern. Die Werte dieser Steuergrößen unterliegen ebenfalls technischen Beschränkungen:

$$b_{j\min} \leqq b_j \leqq b_{j\max}; \qquad j = 1, 2, \ldots, r.$$

3. Gruppe

$C = (c_1, c_2, \ldots, c_q)$

Die Parameter dieser Gruppe charakterisieren allgemein technisch-ökonomische Kenngrößen, die Aussagen über die Qualität und die ökonomische Effektivität des Objekts liefern. Diese Kenngrößen sind bei der Wahl einer technologischen Fahrweise und bei der Steuerung des Objekts durch den Technologen zu ermitteln.

In der Regel läßt sich das Problem der Steuerung eines komplexen Objekts wie folgt formulieren: Bei einer durch die Werte der Parameter der Gruppe A vorgegebenen Anlagensituation sind die Werte für die Parameter der Gruppe B derart zu finden, daß sie den technologischen Beschränkungen genügen und daß die Parameter $c_1, c_2, \ldots, c_q$ extremale Werte annehmen oder zumindest innerhalb eines vorgegebenen Intervalls liegen (z. B. maximale Menge eines Produktes oder Minimum der Selbstkosten bei Einhaltung der geforderten Qualität des Produktes).

Alle Parameter der aufgezählten Gruppen lassen sich während des Betriebes messen. Sie werden deshalb auch als kontrollierbare Parameter bezeichnet.

4. Gruppe

$D = (d_1, d_2, \ldots, d_s)$

In der vierten Gruppe werden die nichtkontrollierbaren Parameter zusammengefaßt. Sie charakterisieren den Einfluß von Störgrößen, wie z. B. tages- oder jahreszeitlich bedingter Änderungen der Umgebung, zufälliger Verunreinigungen in den Ausgangsstoffen, der Alterung der Anlage usw., aber auch den Einfluß solcher Prozeßveränderlicher, die nicht quantitativ meßbar sind. Das Vorhandensein sich zeitlich langsam ändernder nichtkontrollierbarer

Variabler bezeichnet man als Drift der Prozeßcharakteristiken oder der Kennlinien des Objekts.

In Abhängigkeit von der Aufgabenstellung kann das Strukturmodell eines komplexen Objekts die verschiedenartigsten Produktionsabschnitte beschreiben — von ganzen Produktionsabteilungen bis zu einzelnen Anlagen oder Aggregaten.

Die Aufgabe bei der statistischen mathematischen Beschreibung eines Objekts besteht im Auffinden der Abhängigkeit zwischen jeder Ausgangsveränderlichen des Objekts und den übrigen kontrollierbaren Variablen. Diese Abhängigkeit wird auf der Grundlage von Versuchsdaten ermittelt, die Meßwerte der Variablen des Objekts zu bestimmten Zeitpunkten darstellen.

1. Lineares Mehrfachregressionsmodell

1.1. *Punktschätzung der Modellparameter*

Es wird ein mathematisches Modell folgender Form untersucht:

$$y = \beta_1 x_1 + \cdots + \beta_k x_k + e, \tag{1.1}$$

$\beta_1, \ldots, \beta_k$ — unbekannte konstante Parameter, die als Regressionskoeffizienten bezeichnet werden;
$x_1, \ldots, x_k$ — Einflußgrößen oder Regressoren;
y — Beobachtungsgröße (Regressand);
e — unbekannter Zufallsfehler.

Auf der Grundlage der Stichprobenergebnisse, die $n > k$ Beobachtungswerte der Veränderlichen $y, x_1, \ldots, x_k$ enthalten, sind statistische Schätzwerte für die unbekannten Parameter $\beta_1, \ldots, \beta_k$ und für die Dispersion (Streuung) σ^2 des Zufallsfehlers e zu finden.

Das Modell (1.1) ist in dem Sinne linear, daß die Schätzparameter $\beta_1, \ldots, \beta_k$ bezüglich der Zufallsvariablen y linear sind. Das Modell kann jedoch bezüglich der Variablen $x_1, \ldots, x_k$ nichtlinear sein. So kann beispielsweise eine Variable x_j in Gleichung (1.1) ein Produkt von Veränderlichen ($x_j = v \cdot z$, $x_j = x_i \cdot x_q$, $x_j = x_p{}^2$ usw.) oder eine kompliziertere Funktion ($x_j = \log v$, $x_j = e^{x_a}$ usw.) darstellen.

Im Verlaufe dieses Kapitels werden Grundbegriffe und einige Methoden zur Gewinnung von Punktschätzungen der unbekannten Parameter $\sigma^2, \beta_1, \ldots, \beta_k$ behandelt sowie die wichtigsten Eigenschaften der erhaltenen Schätzungen untersucht.

Die Verteilungsdichte $\varphi(y, x_1, \ldots, x_k, \beta_1, \ldots, \beta_k)$ der Zufallsvariablen y ist von den k bekannten Größen $x_1, \ldots, x_k$ und den k unbekannten Parametern $\beta_1, \ldots, \beta_k$ abhängig. Unter dem i-ten Versuch (oder Beobachtung) soll ein Wertetupel $x_{1i}, \ldots, x_{ki}$ verstanden werden. Die Stichprobe wird folgendermaßen erhalten: Beim ersten Versuch $x_{11}, \ldots, x_{k1}$ wird der Wert y_1 der Zufallsgröße y aus der Verteilung $\varphi_1(y, x_{11}, \ldots, x_{k1}, \beta_1, \ldots, \beta_k)$ festgelegt. Danach wird ein zweiter Versuch $(x_{12}, \ldots, x_{k2})$ gewählt, wobei der Wert y_2 aus der Verteilung $\varphi_2(y, x_{12}, \ldots, x_{k2}, \beta_1, \ldots, \beta_k)$ fixiert wird. Diese Verfahrensweise wird bis zur Gewinnung von n Werten der Variablen y für die entsprechenden n Versuche fortgesetzt. Die Versuchswerte $x_{1i}, \ldots, x_{ki}$ machen Aussagen über das Verhalten bestimmter zufälliger oder nichtzufälliger Variabler $x_1, \ldots, x_k$. Im weiteren werden die Variablen $x_1, \ldots, x_k$ als unabhängige, die Variable y aber als abhängige Variable bezeichnet.

Die Modellgleichung (1.1) lautet für eine Stichprobe vom Umfange n in Matrizenschreibweise:

$$Y = XB + E\,, \tag{1.2}$$

$$Y = \begin{pmatrix} y_1 \\ \vdots \\ y_n \end{pmatrix}; \quad X = \begin{pmatrix} x_{11} & \cdots & x_{k1} \\ \cdots & \cdots & \cdots \\ x_{1n} & \cdots & x_{kn} \end{pmatrix}; \quad B = \begin{pmatrix} \beta_1 \\ \vdots \\ \beta_k \end{pmatrix}; \quad E = \begin{pmatrix} e_1 \\ \vdots \\ e_n \end{pmatrix}.$$

Die Matrizen X und Y werden als Beobachtungsmatrizen bezeichnet, wobei angenommen werden soll, daß die Matrix X vom Rang $\operatorname{rg}(X) = k$ ist und keine linear abhängigen Spalten aufweist. Es werden folgende Voraussetzungen gemacht:

1. Die bei den einzelnen Versuchen auftretenden Fehler e_i sind untereinander unkorreliert und auch unabhängig von den Werten $x_1, \ldots, x_k$ und $\beta_1, \ldots, \beta_k$.
2. Die bei den einzelnen Versuchen auftretenden Fehler e_i sind normalverteilt, ihr Erwartungswert ist Null, ihre Dispersion σ^2 ist überall gleich.

Diese beiden Annahmen lassen sich wie folgt formulieren:

$$E \sim N_n(0, \sigma^2 I_n)\,, \tag{1.3}$$

N_n — Symbol für die n-dimensionale Normalverteilung;
I_n — Einheitsmatrix vom Typ $(n \times n)$;
0 — Nullvektor der Erwartungswerte des Vektors E;
$\sigma^2 I_n$ — Kovarianzmatrix des Vektors E.

Unter Berücksichtigung der Fehlereigenschaften (1.3) lassen sich Charakter und Verteilungsparameter der Zufallsgröße y bestimmen. Da der Vektor Y linear mit dem normalverteilten Vektor E der Zufallsfehler verknüpft ist, folgt aus (1.2), daß der Vektor Y für eine fixierte Matrix X Normalverteilung besitzt. Für Y gilt:

$$E[Y] = E[XB] + E[E] = XB.$$

Die Kovarianzmatrix des Vektors Y hat die Form

$$\operatorname{cov}[Y] = E[(Y - E[Y])\,(Y - E[Y])^T] = \sigma^2 I_n.$$

Die erhaltenen Ergebnisse lassen sich folgendermaßen darstellen:

$$Y \sim N_n(XB, \sigma^2 I_n)\,. \tag{1.4}$$

Aus (1.4) ergibt sich, daß die Zufallsgröße y_i für jeden i-ten Versuch einen Erwartungswert von $x_{1i}\beta_1 + \cdots + x_{ki}\beta_k$ aufweist, daß sie für alle Versuche mit einer Dispersion σ^2 normalverteilt ist und daß die Zufallsgrößen y_i und y_q ($i \neq q$) für die einzelnen Versuche untereinander nichtkorreliert sind.

Die Dispersion σ^2 der Zufallsgröße y_i beim einzelnen i-ten Versuch ist gleich der Dispersion des Fehlers; sie ist nicht mit der Dispersion $\sigma_y{}^2$ der Veränderlichen y zu verwechseln, deren Stichprobenwert nach folgender Gleichung berechnet wird:

$$\hat{\sigma}_y{}^2 = \frac{1}{n-1} \sum_{i=1}^{n} (y_i - \bar{y})^2, \tag{1.5}$$

mit

$$\bar{y} = \frac{1}{n} \sum_{i=1}^{n} y_i .$$

Da die Fehler der Einzelversuche unkorreliert und normalverteilt sind, läßt sich zur Bestimmung der gesuchten Schätzwerte $\hat{\beta}_1, \ldots, \hat{\beta}_k$ und $\hat{\sigma}^2$ vorteilhaft die Likelihood-Methode (siehe Anhang) anwenden. Für den Fehlervektor E hat die Likelihood-Funktion die Form

$$\begin{aligned} L(E, B, \sigma^2) &= \frac{1}{(2\pi\sigma^2)^{n/2}} \exp\left[-\frac{E^T E}{2\sigma^2}\right] \\ &= \frac{1}{(2\pi\sigma^2)^{n/2}} \exp\left[-\frac{1}{2\sigma^2} (Y - XB)^T (Y - XB)\right]. \end{aligned} \tag{1.6}$$

Durch Logarithmieren beider Seiten der Gleichung (1.6) erhält man:

$$\ln L(E, B, \sigma^2) = -\frac{n}{2} \ln 2\pi - \frac{n}{2} \ln \sigma^2 - \frac{1}{2\sigma^2} (Y - XB)^T (Y - XB). \tag{1.7}$$

Zur Gewinnung von Schätzwerten nach dem Maximum-Likelihood-Prinzip für die Parameter $\beta_1, \ldots, \beta_k$ und σ^2 werden die Ableitungen der Funktion $\ln L(E, B, \sigma^2)$ nach diesen Parametern Null gesetzt (siehe Anhang):

$$\frac{\partial}{\partial B} [\ln L(E, B, \sigma^2)] = \frac{1}{2\sigma^2} (2X^T Y - 2X^T XB) = 0; \tag{1.8}$$

$$\frac{\partial}{\partial \sigma^2} [\ln L(E, B, \sigma^2)] = -\frac{n}{2\sigma^2} + \frac{(Y - XB)^T (Y - XB)}{2\sigma^4} = 0. \tag{1.9}$$

Sind $\hat{B}$ und s^2 die Lösungen der Gleichungen (1.8) und (1.9), so gilt:

$$X^T X \hat{B} = X^T Y; \tag{1.10}$$

$$s^2 = \frac{1}{n} (Y - X\hat{B})^T (Y - X\hat{B}). \tag{1.11}$$

Den Ausdruck (1.10) bezeichnet man als Normalgleichungssystem. Das durch die Elemente der Beobachtungsmatrizen X und Y beschriebene System von Normalgleichungen hat folgende Form:

$$\left.\begin{array}{l} \sum_{i=1}^{n} x_{1i}^2 \hat{\beta}_1 + \sum_{i=1}^{n} x_{1i} x_{2i} \hat{\beta}_2 + \cdots + \sum_{i=1}^{n} x_{1i} x_{ki} \hat{\beta}_k = \sum_{i=1}^{n} x_{1i} y_i \\ \cdots\cdots\cdots\cdots\cdots\cdots\cdots\cdots\cdots\cdots\cdots\cdots \\ \sum_{i=1}^{n} x_{ki} x_{1i} \hat{\beta}_1 + \sum_{i=1}^{n} x_{ki} x_{2i} \hat{\beta}_2 + \cdots + \sum_{i=1}^{n} x_{ki}^2 \hat{\beta}_k = \sum_{i=1}^{n} x_{ki} y_i . \end{array}\right\} \quad (1.12)$$

Da rg $(X) = k$ ist, läßt sich beweisen [6, 7], daß die symmetrische quadratische Matrix $X^T X = S$ ebenfalls vom Range k, nichtentartet und positiv definit ist. Es existiert folglich eine zu S inverse Matrix $C = S^{-1}$. Aus der Beziehung (1.10) läßt sich die Schätzung $\hat{B}$ somit in folgender Form darstellen:

$$\hat{B} = S^{-1} X^T Y . \quad (1.13)$$

Den Zähler der rechten Gleichungsseite von (1.11) bezeichnet man als Restquadratsumme. Diese Bezeichnung wird verständlich, wenn man die Zerlegung der Quadratsumme $Y^T Y$ betrachtet:

$$Y^T Y = \hat{B}^T X^T Y + (Y - X\hat{B})^T (Y - X\hat{B}) . \quad (1.14)$$

In Ausdruck (1.14) ist die Komponente $\hat{B}^T X^T Y$ vom Einfluß der in der Regressionsgleichung berücksichtigten Variablen $x_1, \ldots, x_k$ abhängig, während die Komponente $(Y - X\hat{B})^T (Y - X\hat{B})$ den Einfluß des unkontrollierbaren Fehlers e charakterisiert.

Bei den weiteren Ableitungen finden folgende Schreibweisen für die Restquadratsumme Anwendung:

$$\begin{aligned} (Y - X\hat{B})^T (Y - X\hat{B}) &= Y^T (I_n - X S^{-1} X^T)\, Y = Y^T Y - Y^T X S^{-1} X^T Y \\ &= Y^T Y - \hat{B}^T X^T Y = Y^T Y - \hat{B}^T S \hat{B} . \end{aligned} \quad (1.15)$$

Bei den letzten drei Notierungen stellt der Subtrahend eine Regressionssumme von Quadraten dar. Die in den Gleichungen (1.15) vorkommenden symmetrischen $(n \times n)$ Matrizen $X S^{-1} X^T$ und $I_n - X S^{-1} X^T$ sind idempotent (siehe Anhang), d. h.

$$(X S^{-1} X^T)^T = X S^{-1} X^T ;$$

$$(I_n - X S^{-1} X^T)^T = I_n^T - (X S^{-1} X^T)^T = I_n - X S^{-1} X^T$$

und

$$(X S^{-1} X^T)^2 = X S^{-1} X^T X S^{-1} X^T = X S^{-1} X^T ;$$

$$(I_n - X S^{-1} X^T)^2 = I_n - 2 X S^{-1} X^T + X S^{-1} X^T = I_n - X S^{-1} X^T .$$

Nach den Ausführungen im Anhang gilt

$$\left.\begin{aligned} \operatorname{rg}(XS^{-1}X^T) &= \operatorname{sp}(XS^{-1}X^T) = \operatorname{sp}(X^TXS^{-1}) = k; \\ \operatorname{rg}(I_n - XS^{-1}X) &= \operatorname{sp} I_n - \operatorname{sp}(XS^{-1}X^T) = n - k. \end{aligned}\right\} \quad (1.16)$$

Dieses Ergebnis findet bei den weiteren Ableitungen Anwendung. Es sollen nun Erwartungstreue und Verteilungscharakter der erhaltenen Schätzungen (1.11) und (1.13) untersucht werden. Beachtet man, daß $S^{-1}X^T$ eine Matrix nichtzufälliger Größen darstellt, so gilt für B

$$E[\hat{B}] = E[S^{-1}X^TY] = S^{-1}X^TE[XB + E] = B, \quad (1.17)$$

d. h. $\hat{B}$ stellt eine erwartungstreue Schätzung des Vektors B der Regressionskoeffizienten dar.

Zur Bestimmung der Erwartungstreue der Schätzung s^2 wird in Gleichung (1.11) $\hat{B} = S^{-1}X^TY$ und $Y = XB + E$ gesetzt. Damit ergibt sich

$$E[s^2] = \frac{1}{n} E[E^T(I_n - XS^{-1}X^T)E]. \quad (1.18)$$

Ist A eine Matrix vom Typ $(n \times n)$ mit den Elementen a_{ij} $(i = 1, \ldots, n;$ $j = 1, \ldots, n)$, so läßt sich die quadratische Form E^TAE wie folgt darstellen:

$$E^TAE = \sum_{i=1}^{n} a_{ii}e_i^2 + \sum_{\substack{i=1 \\ j=1}}^{n} a_{ij}e_ie_j.$$

Unter Berücksichtigung der für die Fehler e_i gemachten Voraussetzungen erhält man:

$$E[E^TAE] = \sigma^2 \sum_i a_{ii} = \sigma^2 \operatorname{sp} A. \quad (1.19)$$

Auf Grund der Gleichungen (1.19) und (1.16) ergibt sich für den Ausdruck (1.18):

$$E[s^2] = \frac{1}{n} \sigma^2 \operatorname{sp}[I_n - XS^{-1}X^T] = \frac{n-k}{n} \sigma^2 = \sigma^2 - \frac{k}{n} \sigma^2. \quad (1.20)$$

Gleichung (1.20) sagt aus, daß die Größe s^2 eine nichterwartungstreue Schätzung von σ^2 darstellt. Aus den Gleichungen (1.20) und (1.11) läßt sich die erwartungstreue Schätzung, die mit $\hat{\sigma}^2$ bezeichnet werden soll, ermitteln:

$$\hat{\sigma}^2 = \frac{n}{n-k} s^2 = \frac{(Y - X\hat{B})^T (Y - X\hat{B})}{n-k}. \quad (1.21)$$

Die mit der Likelihood-Methode gewonnenen Schätzwerte $\hat{B}$ und $\hat{\sigma}^2$ besitzen neben der Erwartungstreue noch eine Reihe weiterer wichtiger Eigenschaften, wie Konsistenz, Effektivität [7] u. a.

Im weiteren wird der Verteilungscharakter der Schätzungen $\hat{B}$ und $\hat{\sigma}^2$ untersucht.

Es wird als bekannt vorausgesetzt, daß eine lineare Funktion einer normalverteilten Zufallsgröße ebenfalls Normalverteilung aufweist. Aus (1.13) folgt somit, daß der Schätzvektor $\hat{B}$ normalverteilt ist, weil die $(k \times n)$ Matrix $S^{-1}X^T$ aus fixierten Werten gebildet wurde. Zunächst sollen die Verteilungsparameter von B ermittelt werden: der Vektor der Erwartungswerte und die Kovarianzmatrix.

Aus Gleichung (1.17) folgt, daß der Vektor der Erwartungswerte für die Schätzungen $\hat{B}$ gleich dem Vektor B der wahren Werte der Regressionskoeffizienten ist.

Die Kovarianzmatrix für $\hat{B}$ lautet:

$$\mathrm{cov}\,[\hat{B}] = E[(\hat{B} - B)\,(\hat{B} - B)^T]. \tag{1.22}$$

Substituiert man in dieser Gleichung $\hat{B}$ durch $\hat{B} = S^{-1}X^TY$ und Y durch $Y = XB + E$, so erhält man

$$\begin{aligned}\mathrm{cov}\,[\hat{B}] &= E[(S^{-1}X^TY - B)\,(S^{-1}X^TY - B)^T]\\ &= E\{[S^{-1}X^T(XB + E) - B]\,[S^{-1}X^T(XB + E) - B]^T\}\\ &= E[(S^{-1}X^TE)\,(S^{-1}X^TE)^T] = E[S^{-1}X^TEE^TXS^{-1}]\\ &= S^{-1}X^TE[EE^T]\,XS^{-1} = \sigma^2S^{-1}X^TXS^{-1} = \sigma^2S^{-1},\end{aligned} \tag{1.23}$$

d. h.

$$\hat{B} \sim N_k(B, \sigma^2S^{-1}).$$

Gleichung (1.23) sagt aus, daß die unbedingte Verteilung der Schätzung $\hat{\beta}_j$ dem Normalverteilungsgesetz mit den Parametern $(\beta_j \sigma^2 c_{jj})$ gehorcht:

$$\hat{\beta}_j \sim N_1(\beta_j \sigma^2 c_{jj}), \tag{1.24}$$

c_{jj} — Diagonalelement der inversen Matrix $C = S^{-1}$.

Die Kovarianz zweier beliebiger Schätzungen $\hat{\beta}_j$ und $\hat{\beta}_q$ lautet:

$$\mathrm{cov}\,[\hat{\beta}_j \hat{\beta}_q] = \sigma^2 c_{jq}, \tag{1.25}$$

c_{jq} — Element der inversen Matrix.

Es soll noch auf eine wichtige Folgerung hingewiesen werden: Da die Schätzungen $\hat{\beta}_1, \ldots, \hat{\beta}_k$ unabhängig sind, sind bei Einführen einer zusätzlichen Variablen in die Regressionsgleichung oder beim Weglassen einer Veränderlichen alle bereits ermittelten Schätzungen neu zu berechnen.

Unter Verwendung der Gleichung (1.15) läßt sich Ausdruck (1.21) folgendermaßen umformen:

$$\hat{\sigma}^2 = \frac{1}{n - k}\, Y^T(I_n - XS^{-1}X^T)\,Y.$$

Nach Gleichung (1.16) ist $\operatorname{sp}(I_n - XS^{-1}X^T) = n - k$, wonach sich leicht beweisen läßt, daß

$$u = \frac{\hat{\sigma}^2(n-k)}{\sigma^2} \tag{1.26}$$

eine nichtzentrale $(\chi')^2$-Verteilung mit $(n - k)$ Freiheitsgraden besitzt. Für den Nichtzentralitätsparameter erhält man

$$\lambda = \frac{1}{2\sigma^2} B^T X^T (I_n - XS^{-1}X^T) XB.$$

Im Falle

$$(I_n - XS^{-1}X^T) X = X - XS^{-1}X^T X = 0 \tag{1.27}$$

gilt, das (1.26) eine zentrale χ^2-Verteilung mit $(n - k)$ Freiheitsgraden

$$\frac{\hat{\sigma}^2(n-k)}{\sigma^2} \sim \chi^2(n-k) \tag{1.28}$$

besitzt.

Ohne Beweis wird angeführt, daß $\hat{\sigma}^2$ und der Vektor $\hat{B}$ statistisch unabhängig sind [8].

Es läßt sich beweisen, daß die nach der Likelihood-Methode ermittelten Schätzwerte (1.13) und (1.21) mit den nach der Methode der kleinsten Quadrate ermittelten übereinstimmen.

Nach der Methode der kleinsten Quadrate stellen die gesuchten Schätzwerte das Minimum der Fehlerquadratsumme dar:

$$\sum_{i=1}^{n} e_i^2 = E^T E = (Y - XB)^T (Y - XB). \tag{1.29}$$

Der Vektor B, der den Ausdruck (1.29) minimiert, ergibt sich aus der Bedingung

$$\frac{\partial}{\partial B} (E^T E) = 0. \tag{1.30}$$

Durch Einsetzen der nach B abgeleiteten rechten Gleichungsseite von (1.29) nimmt die Bedingung (1.30) die Form

$$2X^T Y - 2X^T XB = 0$$

an, woraus man den Schätzwert des Vektors B

$$\hat{B} = S^{-1}X^T Y \tag{1.31}$$

erhält.

Für die mit der Methode der kleinsten Quadrate gefundenen Schätzungen (1.31) läßt sich beweisen, daß die erwartungstreue Schätzung für σ^2 mit der aus Gleichung (1.21) erhaltenen identisch ist.

Die Haupteigenschaften der mit der Methode der kleinsten Quadrate erhaltenen Schätzungen $\hat{\beta}_1, \ldots, \hat{\beta}_k$ werden durch das GAUSS-MARKOW-Theorem bestimmt, das wie folgt lautet: Besitzt die Matrix X in der Matrizengleichung $Y = XB + E$ den Rang $k \leqq n$ und genügt der Vektor der Zufallsfehler den Bedingungen

$$E[E] = 0; \qquad E[EE^T] = \sigma^2 I_n, \tag{1.31a}$$

so erhält man die im Sinne geringster Dispersion besten, bezüglich y linearen erwartungstreuen Schätzwerte der Parameter $\beta_1, \ldots, \beta_k$ bei der kleinsten Summe der Fehlerquadrate.

Es muß bemerkt werden, daß bei der Formulierung des Theorems keine Normalverteilung der Fehler vorausgesetzt wurde, es gilt folglich für beliebige Fehlerverteilungen. Durch Einführen einer zusätzlichen Bedingung für Normalverteilung (1.3) läßt sich eine statistische Analyse der Schätzungen (1.13) und (1.21) durchführen: Bestimmung der Form dieser Schätzwerte und ihrer Verteilungsparameter, Ermittlung der Vertrauensintervalle für die wahren Werte $\beta_1, \ldots, \beta_k$ und σ^2 und Durchführung von weiteren Tests.

Das Einführen eines Absolutgliedes in die Modellgleichung (1.1) ist gleichbedeutend mit der Einführung einer $(k+1)$-ten Veränderlichen x_0, deren gesamte Werte gleich Eins sind. Es läßt sich zeigen, daß das System von Normalgleichungen für diesen Fall die Form

$$\left.\begin{array}{l}
\hat{b}_1 \sum_i^n (x_{1i} - \bar{x}_1)^2 + \cdots + \hat{b}_k \sum_i^n (x_{1i} - \bar{x}_1)(x_{ki} - \bar{x}_k) = \sum_i^n (x_{1i} - \bar{x})(y_i - \bar{y}); \\
\cdots\cdots\cdots\cdots\cdots\cdots\cdots\cdots\cdots\cdots\cdots\cdots \\
\hat{b}_1 \sum_i^n (x_{ki} - \bar{x}_k)(x_{1i} - \bar{x}_1) + \cdots + \hat{b}_k \sum_i^n (x_{ki} - \bar{x}_k)^2 = \sum_i^n (x_{ki} - \bar{x})(y_i - \bar{y}),
\end{array}\right\} \tag{1.32}$$

annimmt, was einer Modellgleichung

$$(y - \bar{y}) = b_1(x_1 - \bar{x}_1) + \cdots + b_k(x_k - \bar{x}_k) + e \tag{1.33}$$

entspricht. $\bar{x}_j$ und $\bar{y}$ stellen in Gleichung (1.33) die Stichprobenmittel der Variablen dar und werden über die Matrizen X und Y berechnet:

$$\bar{x}_j = \frac{1}{n} \sum_{i=1}^n x_{ji}; \qquad \bar{y} = \frac{1}{n} \sum_{i=1}^n y_i; \qquad j = 1, \ldots, k.$$

Für den Schätzvektor $\hat{\mathfrak{B}}^T = (\hat{b}_1, \ldots, \hat{b}_k)$ ergibt sich nach Gleichung (1.13):

$$\hat{\mathfrak{B}} = [(X - \bar{X})^T (X - \bar{X})]^{-1} (X - \bar{X})^T Y_0 = S_0^{-1} X_0^T Y_0. \tag{1.34}$$

Hierin bedeuten:

$(X - \bar{X}) = X_0$ — Matrix vom Typ $(n \times p)$ mit den Elementen $(x_{ji} - \bar{x}_j)$, $j = 1, \ldots, k$; $i = 1, \ldots, n$;

Y_0 — Spaltenvektor mit den Elementen $(y_i - \bar{y})$, $i = 1, \ldots, n$.

Somit gilt

$$\mathfrak{B} \sim N_k(\mathfrak{B}, \sigma^2 S_0^{-1}). \tag{1.35}$$

Durch Einsetzen der Stichprobenschätzwerte $\hat{b}_1, \ldots, \hat{b}_k$ nimmt Gleichung (1.33) die Form

$$\hat{y} = \bar{y} - \sum_{j=1}^{k} \hat{b}_j \bar{x}_j + \hat{b}_1 x_1 + \cdots + \hat{b}_k x_k \tag{1.36}$$

an, wobei $(\bar{y} - \sum \hat{b}_j \bar{x}_j)$ der Schätzwert des absoluten Gliedes ist:

$$\hat{b}_0 = \bar{y} - \sum_{j=1}^{k} \hat{b}_j \bar{x}_j . \tag{1.37}$$

Dividiert man alle Gleichungen des Systems (1.32) durch $(n - 1)$, so nimmt das Normalgleichungssystem die Form

$$\left.\begin{array}{l} \hat{b}_1 \hat{d}_{11} + \hat{b}_2 \hat{d}_{12} + \cdots + \hat{b}_k \hat{d}_{1k} = \hat{d}_{1y}; \\ \cdots\cdots\cdots\cdots\cdots\cdots\cdots\cdots \\ \hat{b}_1 \hat{d}_{k1} + \hat{b}_2 \hat{d}_{k2} + \cdots + \hat{b}_k \hat{d}_{kk} = \hat{d}_{ky} \end{array}\right\} \tag{1.38}$$

an, wobei $\hat{d}_{jq}$ und $\hat{d}_{jy}$ die Stichprobenkovarianzen der entsprechenden Variablen darstellen:

$$\left.\begin{array}{ll} \hat{d}_{jq} = \dfrac{1}{n-1} \sum\limits_{i=1}^{n} (x_{ji} - \bar{x}_j)(x_{qi} - \bar{x}_q); & \hat{d}_{jj} = \hat{\sigma}_j^2; \\ \hat{d}_{jy} = \dfrac{1}{n-1} \sum\limits_{i=1}^{n} (x_{ji} - \bar{x}_j)(y_i - \bar{y}); & \hat{d}_{yy} = \hat{\sigma}_y^2. \end{array}\right\} \tag{1.39}$$

Die Determinante

$$\hat{D} = \begin{vmatrix} \hat{d}_{yy} & \hat{d}_{y1} & \cdots & \hat{d}_{yk} \\ \hat{d}_{1y} & \hat{d}_{11} & \cdots & \hat{d}_{1k} \\ \vdots & \vdots & & \vdots \\ \hat{d}_{ky} & \hat{d}_{k1} & \cdots & \hat{d}_{kk} \end{vmatrix} \tag{1.40}$$

soll nun näher untersucht werden. Mit $\hat{D}_{jq}$ wird die Unterdeterminante der Determinante $\hat{D}$ bezeichnet, die durch Streichen der j-ten Zeile und der k-ten

Spalte von $\hat{D}$ gebildet wird. Durch Anwendung der CRAMERschen Regel läßt sich die Lösung des Gleichungssystems (1.38) in folgender Form angeben:

$$\hat{b}_j = -\frac{\hat{D}_{yj}}{\hat{D}_{yy}}; \qquad j = 1, \ldots, k. \tag{1.41}$$

Die Veränderlichen $y, x_1, \ldots, x_k$ lassen sich durch Umrechnung aller Werte in den Beobachtungsmatrizen X und Y nach den Normierungsgleichungen

$$y_i^* = \frac{y_i - \bar{y}}{\hat{\sigma}_y}; \qquad x_{ji}^* = \frac{x_{ji} - \bar{x}_j}{\hat{\sigma}_j}; \qquad j = 1, \ldots, k;$$

$$i = 1, \ldots, n. \tag{1.42}$$

auf einem Einheitsmaßstab abbilden.

Die Normierungsgleichungen (1.42) sagen aus, daß die normierten Veränderlichen $y^*, x_1^*, \ldots, x_k^*$ gleiche Stichprobendispersionen (vom Werte Eins) aufweisen, während ihre Mittelwerte gleich Null sind. Bei Verwendung der Größen $y^*, x_1^*, \ldots, x_k^*$ ergibt sich an Stelle der Determinante $\hat{D}$ die Determinante

$$\begin{vmatrix} 1 & \hat{r}_{y1} & \cdots & \hat{r}_{yk} \\ \hat{r}_{1y} & 1 & \cdots & \hat{r}_{1k} \\ \vdots & \vdots & & \vdots \\ \hat{r}_{ky} & \hat{r}_{k1} & \cdots & 1 \end{vmatrix} \tag{1.42a}$$

deren Elemente die Stichprobenkorrelationskoeffizienten zwischen den entsprechenden Variablen darstellen:

$$\left.\begin{aligned} \hat{r}_{jq} &= \frac{1}{(n-1)\,\hat{\sigma}_j\hat{\sigma}_q} \sum_{i=1}^{n} (x_{ji} - \bar{x}_j)\,(x_{qi} - \bar{x}_q); \\ \hat{r}_{yj} &= \frac{1}{(n-1)\,\hat{\sigma}_j\hat{\sigma}_y} \sum_{i=1}^{n} (y_i - \bar{y})\,(x_{ji} - \bar{x}_j). \end{aligned}\right\} \tag{1.43a}$$

Die Schätzungen der Regressionskoeffizienten für die normierten Veränderlichen lassen sich nach folgender Gleichung berechnen:

$$\hat{b}_j^* = -\frac{\hat{\varrho}_{yj}}{\hat{\varrho}_{yy}}.$$

Es läßt sich beweisen [8], daß $\hat{D}$ und $\hat{\varrho}$ durch die Beziehung

$$\hat{D} = \hat{\sigma}_y^2\hat{\sigma}_1^2 \cdots \hat{\sigma}_k^2\hat{\varrho} \tag{1.43}$$

miteinander verknüpft sind.

Aus Gleichung (1.43) läßt sich die Abhängigkeit zwischen den Schätzungen der Regressionskoeffizienten, die für die Veränderlichen im tatsächlichen Maßstab und denen, die für die normierten Veränderlichen berechnet wurden, einfach angeben:

$$\hat{b}_j^* = \frac{\hat{\sigma}_j}{\hat{\sigma}_y} \hat{\beta}_j . \tag{1.44}$$

In der Regressionsgleichung für die normierten Veränderlichen

$$\hat{y}^* = \hat{b}_1^* x_1^* + \cdots + \hat{b}_k^* x_k^*$$

fehlt das absolute Glied, und sie eignet sich deshalb besonders zur Schätzung des relativen Einflusses der unabhängigen Veränderlichen $x_1, \ldots, x_k$ auf die abhängige Variable y. Die durch die Änderung von x_j bedingte Richtungsänderung wird durch das vor dem Koeffizienten $\hat{b}_j^*$ stehende Vorzeichen angegeben, während der größenmäßige Einfluß der Änderung dem Absolutbetrag des Koeffizienten $\hat{b}_j^*$ proportional ist.

Zwischen der Restdispersion $\hat{\sigma}^2$ und der Stichprobendispersion $\hat{\sigma}_y^2$ besteht folgender Zusammenhang:

$$\hat{\sigma}^2 = \frac{n-1}{n-p} \hat{\sigma}_y^2 \left(1 - \hat{R}^2_{y.x_1,x_2,\ldots,x_k}\right), \tag{1.45}$$

$R_{y.x_1,\ldots,x_k}$ — Stichproben-Mehrfachkorrelationskoeffizient zwischen den Variablen y und $x_1, \ldots, x_k$.

Zur Berechnung von $\hat{R}_{y.x_1,\ldots,x_k}$ finden folgende Gleichungen Verwendung:

$$\hat{R}^2_{y.x_1,\ldots,x_k} = 1 - \frac{\hat{D}}{\hat{\sigma}_y^2 \hat{D}_{yy}}; \tag{1.46}$$

$$\hat{R}^2_{y.x_1,\ldots,x_k} = \sum_{j=1}^{k} \hat{r}_{yj} \hat{b}_j^* . \tag{1.47}$$

Es muß darauf hingewiesen werden, daß die Größe $\hat{R}_{y.x_1,\ldots,x_k}$, die für ein Mehrfachregressionsmodell eingeführt wurde, nur formal mit der Größe des Mehrfachkorrelationskoeffizienten übereinstimmt, der bei der mehrdimensionalen Regressionsanalyse [8] als Maß der statistischen Abhängigkeit zwischen den Zufallsvariablen $y, x_1, \ldots, x_k$ mit einer gemeinsamen $(k+1)$-dimensionalen Normalverteilung Anwendung findet.

Beispiel 1-1:

Für die Modellgleichung wird folgende Form angenommen:

$$y = \beta_1 x_1 + \beta_2 x_2 + e .$$

Die Matrix X enthält somit zwei $(n \times 1)$-Spalten X_1 und X_2. In Matrizenschreibweise:

$$Y = XB + E = (X_1 X_2) \begin{pmatrix} \beta_1 \\ \beta_2 \end{pmatrix} + E.$$

Folglich ist:

$$(X^T X) = \begin{pmatrix} X_1^T & X_1 & X_1^T & X_2 \\ X_2^T & X_1 & X_2^T & X_2 \end{pmatrix} = \begin{pmatrix} \sum x_1^2 & \sum x_1 x_2 \\ \sum x_2 x_1 & \sum x_2^2 \end{pmatrix};$$

$$(X^T Y) = \begin{pmatrix} X_1^T & Y \\ X_2^T & Y \end{pmatrix} = \begin{pmatrix} \sum x_1 y \\ \sum x_2 y \end{pmatrix}.$$

Für die Schätzungen $\hat{\beta}_1$ und $\hat{\beta}_2$ ergibt sich:

$$\begin{pmatrix} \hat{\beta}_1 \\ \hat{\beta}_2 \end{pmatrix} = \begin{pmatrix} \sum x_1^2 & \sum x_1 x_2 \\ \sum x_2 x_1 & \sum x_2^2 \end{pmatrix}^{-1} \begin{pmatrix} \sum x_1 y \\ \sum x_2 y \end{pmatrix}.$$

Die inverse Matrix $(X^T X)^{-1} = S^{-1} = C$ lautet:

$$(X^T X)^{-1} = \frac{1}{\Sigma x_1^2 \, \Sigma x_2^2 - (\Sigma x_1 x_2)^2} \begin{pmatrix} \Sigma x_2^2 & -\Sigma x_1 x_2 \\ -\Sigma x_2 x_1 & \Sigma x_1^2 \end{pmatrix}.$$

Die Dispersion der Schätzung $\hat{\beta}_1$ beträgt:

$$D[\hat{\beta}_1] = \sigma^2 c_{11} = \frac{\sigma^2 \Sigma x_2^2}{\Sigma x_1^2 \, \Sigma x_2^2 - (\Sigma x_1 x_2)^2}.$$

Die Dispersion der Schätzung $\hat{\beta}_2$ ergibt sich aus diesem Ausdruck durch Vertauschen der Indizes 1 und 2.

Die Kovarianz der Schätzungen $\hat{\beta}_1$ und $\hat{\beta}_2$ beträgt

$$\text{cov}\,[\hat{\beta}_1 \hat{\beta}_2] = \sigma^2 c_{12} = \frac{-\sigma^2 \Sigma x_1 x_2}{\Sigma x_1^2 \Sigma x_2^2 - (\Sigma x_1 x_2)^2}.$$

Aus dieser Gleichung ist ersichtlich, daß $\hat{\beta}_1$ und $\hat{\beta}_2$ unkorreliert sind, wenn $\sum_{i=1}^{n} x_{1i} x_{2i} = 0$ ist, d. h., wenn es sich bei X_1 und X_2 um orthogonale Vektoren handelt.

Für die Restdispersion gilt folgender Ausdruck:

$$\hat{\sigma}^2 = \frac{\sum_{i=1}^{n} (y_i - \hat{\beta}_1 x_{1i} - \hat{\beta}_2 x_{2i})^2}{n - 2}.$$

Beispiel 1-2:

Alle Werte der Veränderlichen x_1 des vorigen Beispiels sollen den Wert Eins annehmen: $X_1 \equiv 1$. Damit wird

$$(X^T X) = \begin{pmatrix} n & \Sigma x_2 \\ \Sigma x_2 & \Sigma x_2^2 \end{pmatrix}; \qquad X^T Y = \begin{pmatrix} \Sigma y \\ \Sigma x_2 y \end{pmatrix}.$$

Für die inverse Matrix $C = (X^T X)^{-1}$ ergibt sich:

$$C = \frac{\begin{pmatrix} \Sigma x_2^2 & -\Sigma x_2 \\ -\Sigma x_2 & n \end{pmatrix}}{n\Sigma x_2^2 - (\Sigma x_2)^2} = \frac{\begin{pmatrix} \frac{1}{n}\Sigma x_2^2 & -\bar{x}_2 \\ -\bar{x}_2 & 1 \end{pmatrix}}{\Sigma x_2^2 - \frac{1}{n}(\Sigma x_2)^2} = \frac{\begin{pmatrix} \frac{1}{n}\Sigma x_2^2 & -\bar{x}_2 \\ -\bar{x}_2 & 1 \end{pmatrix}}{\Sigma(x_2 - \bar{x}_2)^2}.$$

Die Schätzungen $\hat{\beta}_1$ und $\hat{\beta}_2$ ergeben sich aus der Gleichung

$$\hat{B} = \begin{pmatrix} \hat{\beta}_1 \\ \hat{\beta}_2 \end{pmatrix} = (X^T X)^{-1} X^T Y = \frac{1}{\Sigma(x_2 - \bar{x}_2)^2} \begin{pmatrix} \bar{y}\Sigma x_2^2 - \bar{x}_2 \Sigma x_2 y \\ -\bar{x}_2 \Sigma y + \Sigma x_2 y \end{pmatrix},$$

so daß man

$$\hat{\beta}_1 = \frac{\bar{y}\Sigma x_2^2 - \bar{x}_2 \Sigma x_2 y}{\Sigma(x_2 - \bar{x}_2)^2}$$

$$\hat{\beta}_2 = \frac{\Sigma x_2 y - \bar{x}_2 \Sigma y}{\Sigma(x_2 - \bar{x}_2)^2} = \frac{\Sigma x_2 y - n\bar{x}_2 \bar{y}}{\Sigma(x_2 - \bar{x}_2)^2}$$

erhält.

Durch Einsetzen des letzten Ausdruckes in die Gleichung für $\hat{\beta}_1$ findet man

$$\hat{\beta}_1 = \bar{y} - \hat{\beta}_2 \bar{x}_2.$$

Für die Dispersion und die Kovarianz der Schätzungen $\hat{\beta}_1$ und $\hat{\beta}_2$ ergeben sich folgende Beziehungen:

$$\mathrm{D}[\hat{\beta}_1] = \frac{\sigma^2 \Sigma x_2^2}{n\Sigma(x_2 - \bar{x}_2)^2} = \sigma^2 c_{11};$$

$$\mathrm{D}[\hat{\beta}_2] = \frac{\sigma^2}{\Sigma(x_2 - \bar{x}_2)^2} = \sigma^2 c_{22};$$

$$\mathrm{cov}\,[\hat{\beta}_1 \hat{\beta}_2] = \frac{-\sigma^2 \bar{x}_2}{\Sigma(x_2 - \bar{x}_2)^2} = \sigma^2 c_{12}.$$

An Hand der beiden letzten Ausdrücke lassen sich einige Schlußfolgerungen ziehen:

1. Die Dispersion der Schätzung $\hat{\beta}_2$ und die Kovarianz der Schätzungen $\hat{\beta}_1$ und $\hat{\beta}_2$ sind um so geringer, je größer der Wertebereich der Variablen x_2 in der Beobachtungsmatrix ist.
2. Die Schätzungen $\hat{\beta}_1$ und $\hat{\beta}_2$ sind unkorreliert, wenn $\bar{x}_2 = 0$ ist.

Das nächste Beispiel dient zur Untersuchung des Einflusses der Größe der Fehlerdispersion σ^2 auf die Genauigkeit der empirischen Gleichung $\hat{Y} = X\hat{\beta}$.

Beispiel 1-3:

Für $n = 50$ Datensätze der Veränderlichen x_1, x_2 und x_3 wurden nach der Gleichung

$$y = 2x_1 + 3x_2 - x_3$$

50 Werte für y berechnet.

Die Stichprobendispersion $\hat{\sigma}_y^2$ soll $\hat{\sigma}_y^2 = 3{,}3$ betragen. Ferner wurden je 50 Werte der Veränderlichen y_1, y_2 und y_3 nach der Gleichung

$$y_j = y + e_j; \qquad j = 1, 2, 3$$

berechnet, in der e_j den Wert des normalverteilten Zufallsfehlers mit einem Erwartungswert von Null darstellt. Die entsprechenden Dispersionen lauten

$$\sigma_1^2 = 1; \qquad \sigma_2^2 = 4; \qquad \sigma_3^2 = \frac{1}{4}.$$

Nach der Gleichung

$$\hat{B}_j = S^{-1}X^T Y_j; \qquad j = 1, 2, 3$$

wurden folgende empirische Regressionsgleichungen und Restdispersionen berechnet:

$$\hat{y}_1 = 1{,}13 + 1{,}43x_1 + 2{,}48x_2 - 0{,}97x_3; \qquad \hat{\sigma}_1^2 = 1{,}09;$$

$$\hat{y}_2 = 5{,}62 + 0{,}82x_1 + 2{,}02x_2 - 1{,}92x_3; \qquad \hat{\sigma}_2^2 = 3{,}96;$$

$$\hat{y}_3 = -0{,}12 + 2{,}11x_1 + 3{,}20x_2 - 0{,}96x_3; \qquad \hat{\sigma}_3^2 = 0{,}28.$$

1.2. *Intervallschätzungen von Modellparametern*

Die Punktschätzung stellt eine Funktion der Stichprobe dar, die in bestimmter Weise den unbekannten Parameter auf beste Art schätzt. In der Praxis weicht die Punktschätzung immer vom wahren Parameterwert ab. Man sollte deshalb stets zuverlässige Angaben über die möglichen Grenzen des wahren Wertes des zu schätzenden Parameters besitzen.

Als Intervallschätzung des Parameters θ^* soll ein Intervall $l = \theta_2 - \theta_1$ auf der θ-Achse bezeichnet werden, das mit einer vorher gewählten Wahrscheinlichkeit $P = 1 - \alpha$ den wahren Wert des zu schätzenden Parameters enthält, so daß

$$P[\theta_1 \leqq \theta^* \leqq \theta_2] = 1 - \alpha \tag{1.48}$$

gilt.

Eine Intervallschätzung für den Parameter θ^* vorzunehmen bedeutet mathematisch gesehen, aus Stichprobendaten (oder an Hand von Punktschätzungen $\hat{\theta}$) endliche Grenzen θ_1 und θ_2 des Intervalls zu ermitteln, das die Gleichung (1.48) befriedigt.

Ferner wird die Bestimmung der Vertrauensintervalle (Konfidenzintervalle) für β_j, σ^2 und den zu ermittelnden Wert $\hat{y}$ unter Zuhilfenahme statistischer Verteilungen, die für verschiedene Signifikanzniveaus (oder Sicherheitswahrscheinlichkeiten) von α tabelliert sind, behandelt.

Zur Ermittlung des Vertrauensintervalls für den unbekannten Wert σ^2 verwendet man den Umstand, daß die Größe (1.26) χ^2-Verteilung mit $(n - k)$ Freiheitsgraden aufweist. Da es sich um eine unsymmetrische Verteilung handelt, gilt für bestimmte Werte für α_1 und α_2 folgende Beziehung:

$$P\left[\chi^2_{\alpha_1}, (n-k) \leqq \frac{\sigma^2(n-k)}{\sigma^2} \leqq \chi^2_{\alpha_2}, (n-k)\right] = \int\limits_{\chi^2_{\alpha_1}}^{\chi^2_{\alpha_1}} \chi^2(u)\,du = 1 - \alpha, \tag{1.49}$$

$$\alpha = \chi^2_{\alpha_2}, (n-k) - \chi^2_{\alpha_1}, (n-k);$$

$\chi^2_{\alpha_2}, (n-k)$ und $\chi^2_{\alpha_1}, (n-k)$ — Tabellenwerte für die χ^2-Verteilung für die Signifikanzniveaus α_1 und α_2 und die Freiheitsgrade $(n - k)$.

Durch Umformung von Gleichung (1.49) ergibt sich

$$P\left[\frac{\hat{\sigma}^2(n-k)}{\chi^2_{\alpha_2}, (n-k)} \leqq \sigma^2 \leqq \frac{\hat{\sigma}^2(n-k)}{\chi^2_{\alpha_1}, (n-k)}\right] = 1 - \alpha, \tag{1.50}$$

wobei der Ausdruck in den eckigen Klammern das $(1 - \alpha)$-Vertrauensintervall für den wahren Wert von σ^2 darstellt. Die Breite des Vertrauensintervalls für σ^2 beträgt

$$\begin{aligned} l_{\sigma^2} &= \frac{\hat{\sigma}^2(n-k)}{\chi^2_{\alpha_1}, (n-k)} - \frac{\hat{\sigma}^2(n-k)}{\chi^2_{\alpha_2}, (n-k)} \\ &= \hat{\sigma}^2(n-k)\left(\frac{1}{\chi^2_{\alpha_1}, (n-k)} - \frac{1}{\chi^2_{\alpha_2}, (n-k)}\right). \end{aligned} \tag{1.51}$$

In der Regel ist $\alpha_1 = \alpha_2 = \frac{\alpha}{2}$.

Zur Bestimmung des Vertrauensintervalls für einen einzelnen Regressionskoeffizienten β_j wird auf Gleichung (1.24) zurückgegriffen. Aus ihr folgt unmittelbar, daß die Größe $w = (\hat{\beta}_j - \beta_j)/\sigma \sqrt{c_{jj}}$ einer eindimensionalen Normalverteilung mit einem Erwartungswert Null und der Dispersion Eins gehorcht. Laut Definition (siehe Anhang) ist die Größe

$$\frac{\dfrac{\hat{\beta}_j - \beta_j}{\sigma \sqrt{c_{jj}}}}{\sqrt{\dfrac{\hat{\sigma}^2(n-k)}{\sigma^2(n-k)}}} = \frac{\hat{\beta}_j - \beta_j}{\hat{\sigma} \sqrt{c_{jj}}}$$

mit $(n - k)$ Freiheitsgraden t-verteilt. Folglich gilt für ein Signifikanzniveau von α die Beziehung

$$P\left[-t_{\alpha/2}, (n-k) \leqq \frac{\hat{\beta}_j - \beta_j}{\hat{\sigma} \sqrt{c_{jj}}} \leqq t_{\alpha/2}, (n-k)\right]$$
$$= \int_{-t_{\alpha/2}}^{+t_{\alpha/2}} t(w)\, dw = 1 - \alpha, \tag{1.52}$$

wobei $t_{\alpha/2}, (n - k)$ der Tabellenwert für die t-Verteilung ist. Nach Umformung von Gleichung (1.52) ergibt sich

$$P\left[\hat{\beta}_j - t_{\alpha/2}, (n-k)\, \hat{\sigma} \sqrt{c_{jj}} \leqq \beta_j \leqq \hat{\beta}_j + t_{\alpha/2}, (n-k)\, \hat{\sigma} \sqrt{c_{jj}}\right] = 1 - \alpha. \tag{1.53}$$

Der in den eckigen Klammern stehende Ausdruck stellt das $(1-\alpha)$-Vertrauensintervall für den unbekannten Wert β_j dar. Die Breite des Vertrauensintervalls beträgt

$$l_{\beta_j} = 2t_{\alpha/2}, (n-k)\, \hat{\sigma} \sqrt{c_{jj}}. \tag{1.54}$$

Gleichung (1.53) läßt sich wie folgt interpretieren: Aus einer Menge von Stichproben werden im Durchschnitt $100(1-\alpha)\%$ der an Hand dieser Stichproben ermittelten Intervalle den wahren unbekannten Wert β_j beinhalten.

Es soll nochmals besonders darauf hingewiesen werden, daß Gleichung (1.53) nur für einen einzelnen Koeffizienten β_j Gültigkeit besitzt. Aus dieser Gleichung folgt nicht, daß die an Hand einer Stichprobe für alle k Koeffizienten β_j, $j = 1, \ldots, k$ ermittelten Vertrauensintervalle mit einer Wahrscheinlichkeit von $P = 1 - \alpha$ gleichzeitig die wahren Werte dieser Koeffizienten beinhalten. Bei unabhängigen Intervallen beträgt die Wahrscheinlichkeit obiger Annahme

$(1-\alpha)^k$. Die Vertrauensintervalle sind jedoch nicht unabhängig, da die Schätzungen $\hat{\beta}_j$, wie aus Gleichung (1.23) folgt, korreliert sind.

Die Ermittlung der Intervallschätzung für den zu berechnenden Wert $y_{(0)}$, der sich durch Einsetzen eines Wertetupels $X_{(0)}^T = (x_{1(0)}, \ldots, x_{k(0)})$ in die empirische Regressionsgleichung

$$\hat{y} = \hat{\beta}_1 x_1 + \cdots + \hat{\beta}_k x_k \tag{1.55}$$

ergibt, läuft auf die Bestimmung eines Intervalls hinaus, das den Wert der Größe y, die eine Verteilungsdichte von

$$\varphi[y, x_1 = x_{1(0)}, \ldots, x_k = x_{k(0)}, \beta_1 = \hat{\beta}_1, \ldots, \beta_k = \hat{\beta}_k]$$

aufweist, mit einer Wahrscheinlichkeit von $P = 1 - \alpha$ beinhaltet.

Wären die wahren Werte $\beta_1, \ldots, \beta_k$ und σ^2 bekannt, so ergäbe sich die Größe $y_{(0)}$ aus der Gleichung

$$y_{(0)} = \sum_{j=1}^{k} \beta_j x_{j(0)} + e_{(0)} \tag{1.56}$$

und würde nach Gleichung (1.4) eine Normalverteilung mit den Parametern

$$y_{(0)} \sim N_1(X_{(0)}^T B, \sigma^2) \tag{1.57}$$

besitzen.

Das Vertrauensintervall für den dem Versuch $X_{(0)}^T$ entsprechenden Wert von y ließe sich dann relativ einfach bestimmen, beispielsweise auf Grund der Tatsache, daß etwa 95% einer normalverteilten Größe in das Intervall von $\pm 2\sigma$ fallen,

$$P[X_{(0)}^T B - 2\sigma \leqq y_{(0)} \leqq X_{(0)}^T B + 2\sigma] \approx 0{,}95,$$

was eine für praktische Zwecke durchaus befriedigende Genauigkeit darstellt.

In Wirklichkeit sind aber die wahren Werte σ^2 und $\beta_1, \ldots, \beta_k$ unbekannt; deshalb ist man bei der Ermittlung des Vertrauensintervalls für den dem Versuch $X_{(0)}$ entsprechenden Wert von y gezwungen, auf die Punktschätzungen $\hat{\beta}_1, \ldots, \hat{\beta}_k$ und $\hat{\sigma}^2$ zurückzugreifen.

Die Differenz der Größen $\hat{y}_{(0)}$ und $y_{(0)}$, die man durch Einsetzen des Vektors $X_{(0)}$ in die Gleichungen (1.55) und (1.56) erhält, beträgt

$$z = \hat{y}_{(0)} - y_{(0)} = X_{(0)}^T \hat{B} - X_{(0)}^T B - e_{(0)}.$$

Die Zufallsgröße z stellt eine Linearkombination der normalverteilten Zufallsgrößen $\hat{B}$ und e dar und ist folglich ebenfalls normalverteilt. Für den Erwartungswert ergibt sich

$$E[z] = X_{(0)}^T E[\hat{B}] - X_{(0)}^T B - E[e_{(0)}] = 0. \tag{1.58}$$

Da B und e unabhängig sind, gilt für die Dispersion von z

$$D[z] = D[X_{(0)}^T\hat{B}] + D[e_{(0)}]$$
$$= E[X_{(0)}^T\hat{B} - X_{(0)}^T B)\,(X_{(0)}^T\hat{B} - X_{(0)}^T B)^T] + \sigma^2. \tag{1.59}$$

Der erste Summand in Gleichung (1.59) wird wie folgt umgeformt:

$$E[(X_{(0)}^T\hat{B} - X_{(0)}^T B)\,(X_{(0)}^T\hat{B} - X_{(0)}^T B)^T] = E[X_{(0)}^T(\hat{B} - B)\,(\hat{B} - B)^T X_{(0)}]$$
$$= X_{(0)}^T E[(\hat{B} - B)\,(\hat{B} - B)^T]\,X_{(0)} = \sigma^2 X_{(0)}^T S^{-1}\,X_{(0)}.$$

Somit erhält man für die Dispersion

$$D[z] = \sigma^2 X_{(0)}^T S^{-1} X_{(0)} + \sigma^2. \tag{1.60}$$

Der erste Summand im Ausdruck (1.60) für die Fehlerdispersion des Regressanden ist durch die Stichprobengenauigkeit bei der Ermittlung der Koeffizientenschätzungen $\hat{\beta}_1, \ldots, \hat{\beta}_k$ bedingt; der zweite Summand berücksichtigt den Einfluß des Zufallsfehlers e.

Über die Gleichungen (1.58) und (1.60) läßt sich für z

$$z \sim N_1[0, \sigma^2(1 + X_{(0)}^T S^{-1} X_{(0)})]$$

angeben, woraus unmittelbar

$$v = \frac{z}{\sigma\sqrt{1 + X_{(0)}^T S^{-1} X_{(0)}}} \sim N_1(0, 1)$$

folgt.

Laut Definition (siehe Anhang) ist die Größe

$$\frac{\dfrac{\hat{y}_{(0)} - y_{(0)}}{\sigma\sqrt{1 + X_{(0)}^T S^{-1} X_{(0)}}}}{\sqrt{\dfrac{\hat{\sigma}^2(n-k)}{\sigma^2(n-k)}}} = \frac{X_{(0)}^T\hat{\beta} - y_{(0)}}{\hat{\sigma}\sqrt{1 + X_{(0)}^T S^{-1} X_{(0)}}}$$

t-verteilt mit $(n - k)$ Freiheitsgraden. Damit läßt sich für das Signifikanzniveau α folgende Wahrscheinlichkeitsgleichung angeben:

$$P\left[-t_{\alpha/2}, (n-k) \leqq \frac{y_{(0)} - X_{(0)}^T\hat{B}}{\hat{\sigma}\sqrt{1 + X_{(0)}^T S^{-1} X_{(0)}}} \leqq t_{\alpha/2}, (n-k)\right] = 1 - \alpha. \tag{1.61}$$

Aus Gleichung (1.61) folgt für das Vertrauensintervall

$$P\big[X_{(0)}^T\hat{B} - t_{\alpha/2}, (n-k)\,\hat{\sigma}\sqrt{1 + X_{(0)}^T S^{-1} X_{(0)}} \leqq y_{(0)}$$
$$\leqq X_{(0)}^T\hat{B} + t_{\alpha/2}, (n-k)\,\hat{\sigma}\sqrt{1 + X_{(0)}^T S^{-1} X_{(0)}}\big] = 1 - \alpha. \tag{1.62}$$

Das in den eckigen Klammern des Ausdrucks (1.62) stehende Vertrauensintervall soll als Intervall für einen einzelnen Wert von y bezeichnet werden. Die Breite dieses Intervalls beträgt

$$l_{y(0)} = 2t_{\alpha/2},\ (n-k)\,\hat{\sigma}\sqrt{1 + X_{(0)}^T S^{-1} X_{(0)}}\,. \tag{1.63}$$

Es soll nun bestimmt werden, welchen Wert die Dispersion für einen einzelnen Wert von y für den Fall annimmt, daß die Regressionsgleichung die Form (1.33) besitzt. Die Größen $\hat{y}_{(0)}$ und $y_{(0)}$ lassen sich nach den Gleichungen (1.36) und (1.56) in folgender Form darstellen:

$$\hat{y}_{(0)} = \bar{y} + (X_{(0)} - \bar{X})^T \hat{\mathfrak{A}};$$

$$y_{(0)} = b_0 + X_{(0)}^T \mathfrak{B} + e_{(0)},$$

wobei

$$\bar{y} = b_0 + \bar{X}^T \mathfrak{B} + \bar{e}$$

und

$$\bar{e} = \frac{1}{n} \sum_{i=1}^{n} e_i$$

ist.

In diesen Ausdrücken stellt $\bar{X}$ einen Vektor vom Typ $(k \times 1)$ für die Mittelwerte $X^T(\bar{x}_1, \ldots, \bar{x}_k)$ dar. Für die Differenz z gilt:

$$z = \hat{y}_{(0)} - y_{(0)} = b_0 + \bar{X}^T \mathfrak{B} + \bar{e} + (X_{(0)} - X)^T \hat{\mathfrak{B}} - b_0 - X_{(0)}^T \mathfrak{B}$$

$$- e_{(0)} = (X_{(0)} - \bar{X})^T (\hat{\mathfrak{B}} - \mathfrak{B}) + \bar{e} - e_{(0)}.$$

Nach Gleichung (1.58) ergibt sich für die Dispersion von z

$$D[z] = E\{[(X_{(0)} - \bar{X})^T \mathfrak{B} - (X_{(0)} - \bar{X})^T \mathfrak{B}]\,[(X_{(0)} - \bar{X})^T \hat{\mathfrak{B}}$$

$$- (X_{(0)} - \bar{X})^T \mathfrak{B}]^T\} + E[\bar{e} - e_{(0)}]^2. \tag{1.64}$$

Es läßt sich zeigen, daß der erste Summand im Ausdruck (1.64) der Größe

$$\sigma^2 (X_{(0)} - \bar{X})^T S_0^{-1} (X_{(0)} - \bar{X})$$

gleichgesetzt werden kann, wobei S_0^{-1} aus Gleichung (1.34) bestimmt wird. Der zweite Summand im Ausdruck (1.64) ist gleich $\sigma^2(1 + 1/n)$. Somit besitzt die Dispersion eines einzelnen Wertes von y für Gleichung (1.33) folgende Form:

$$D[z] = \sigma^2 \left[(X_{(0)} - \bar{X})^T S_0^{-1} (X_{(0)} - \bar{X}) + 1 + \frac{1}{n}\right]. \tag{1.65}$$

Aus Gleichung (1.65) ist ersichtlich, daß $D[z]$ für $X_{(0)} = \bar{X}$ ein Minimum besitzt. Für das Vertrauensintervall eines einzelnen Wertes von y gilt im vorliegenden Fall

$$\Delta y_{(0)} \mid X_{(0)} = \bar{X} = 2t_{\alpha/2},\ (n-k)\ \hat{\sigma} \sqrt{1+\frac{1}{n}}. \tag{1.66}$$

Aus Gleichung (1.66) folgt, daß diese Streuung nach der Regressionsgleichung für verschiedene Punkte, die innerhalb der Wertebereiche der Veränderlichen $x_1, \ldots, x_k$ liegen, verschieden groß ist. Sie nimmt in der Mitte des Bereiches einen minimalen Wert an und wächst mit der Verschiebung des Punktes $X_{(0)}$ zu den Bereichsgrenzen hin an. Dieses Ergebnis soll an einem Beispiel erläutert werden.

Beispiel 1-4:

Es wird eine empirische Regressionsgleichung für das Modell im Beispiel 1-2 betrachtet:

$$\hat{y} = \hat{\beta}_1 + \hat{\beta}_2 x_2 .$$

Nach den Gleichungen (1.62) und (1.65) befindet sich mit der dem Versuch $x_1 = 1$ und $x_2 = x_{2(0)}$ entsprechende Wert $y_{(0)}$ mit einer Wahrscheinlichkeit von $P = 1 - \alpha$ im Intervall

$$X_{(0)}^T \hat{B} \pm t_{\alpha/2},\ (n-2)\ \hat{\sigma}(1 + X_{(0)}^T S^{-1} X_{(0)})^{1/2} .$$

Verwendet man den im Beispiel 1-2 für S^{-1} erhaltenen Ausdruck, so läßt sich das Vertrauensintervall für $y_{(0)}$ in folgender Form darstellen:

$$[\hat{\beta}_1 + \hat{\beta}_2 x_{2(0)}] \pm t_{\alpha/2},\ (n-2)$$

$$\times\ \hat{\sigma} \left[\frac{1}{\Sigma(x_2 - \bar{x}_2)^2} \begin{pmatrix} 1 \\ x_{2(0)} \end{pmatrix}^T \begin{pmatrix} \frac{1}{n}\Sigma\, x_2{}^2 & -\bar{x}_2 \\ -\bar{x}_2 & 1 \end{pmatrix} \begin{pmatrix} 1 \\ x_{2(0)} \end{pmatrix} + 1 \right]^{1/2}$$

$$= [\hat{\beta}_1 + \hat{\beta}_2 x_{2(0)}] \pm t_{\alpha/2},\ (n-2)\ \hat{\sigma} \left[1 + \frac{1}{n} + \frac{(x_{2(0)} - \bar{x}_2)^2}{\Sigma(x_2 - \bar{x}_2)^2} \right]^{1/2} . \tag{1.67}$$

Gleichung (1.67) stellte in y—x_2-Koordinaten zwei Hyperbeläste dar. Die empirische Regressionsgleichung $\hat{y} = \hat{\beta}_1 + \hat{\beta}_2 x_2$ bildet dabei die Hyperbelachse (siehe Abb. 1.2). Für $x_{2(0)} = \bar{x}_2$ ist die Breite des Vertrauensintervalls am geringsten; sie nimmt mit wachsendem $|x_{2(0)} - \bar{x}_2|$ zu.

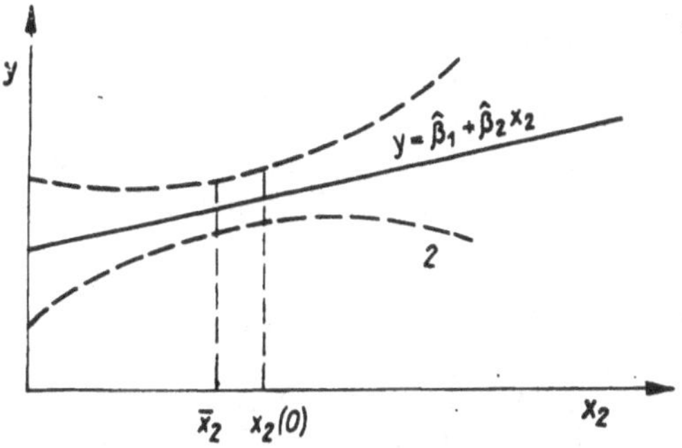

Abb. 1.1. Vertrauensintervall für einen berechneten y-Wert

1.3. *Prüfung von Hypothesen (Testverfahren)*

Mit G soll der Bereich aller möglichen Werte des Parameters θ bezeichnet werden, während der in G enthaltene Unterbereich g Teilmengen der θ-Werte umfaßt. Eine Prüfung der Hypothese bezüglich der wahren Werte des Parameters θ bedeutet, auf der Grundlage einer begrenzten Stichprobe zu entscheiden, ob der wahre Wert von θ dem Unterbereich g oder dem Unterbereich $(G - g)$ zugehört. Ist g ein einzelner Punkt, so bezeichnet man die Hypothese als einfach, anderenfalls als zusammengesetzt. Die einfache Hypothese läßt sich wie folgt formulieren: Die Nullhypothese H_0: $\theta = \theta^*$, die Alternativhypothese $H_1: \theta \neq \theta^*$.

Je nachdem, ob man auf Grund einer Analyse der Stichprobendaten die Nullhypothese H_0 als richtig oder falsch akzeptiert, sind zwei Fehlerarten möglich:

1. Man akzeptiert die Alternativhypothese $H_1: \theta \neq \theta^*$, obgleich tatsächlich $\theta = \theta^*$ ist. Man bezeichnet diesen Fehler als Fehler erster Art (Ablehnung der richtigen Hypothese). Die Wahrscheinlichkeit für das Auftreten eines solchen Fehlers soll mit $P(I)$ bezeichnet werden.

2. Man akzeptiert die Hypothese $H_0: \theta = \theta^*$, obgleich tatsächlich $\theta \neq \theta^*$ ist. Hier handelt es sich um einen Fehler zweiter Art, um die Annahme einer falschen Hypothese. Die Wahrscheinlichkeit für das Auftreten eines solchen Fehlers wird mit $P(II)$ bezeichnet. In der Regel verwendet man an Stelle von $P(II)$ den Ausdruck

$$\eta = 1 - P(II), \tag{1.68}$$

der auch Gütefunktion des Tests genannt wird. Die Gütefunktion des Tests gibt die Wahrscheinlichkeit der Ablehnung einer falschen Hypothese an, wobei sich η in den Grenzen von $0 \leqq \eta \leqq 1$ bewegt. Es läßt sich beweisen, daß die Gütefunktion eine Funktion der Parameterwerte θ ist. Das bedeutet aber, daß die Gütefunktion für einige θ-Werte einen guten Test („bester Test") und im Bereich anderer θ-Werte einen schlechten Test darstellt. Man führt deshalb den Begriff eines gleichmäßig besten Tests ein. Ein Test heißt gleichmäßig bester Test, wenn für alle θ-Werte $\eta(\theta) > \eta'(\theta)$ gilt, wobei $\eta'(\theta)$ die Güte einer beliebigen anderen Gütefunktion darstellt. Leider läßt sich nicht in allen Fällen ein gleichmäßig bester Test angeben.

Für den Parametertest bezüglich der wahren Werte der Regressionskoeffizienten des Modells (1.1) wird auf das Maximum-Likelihood-Prinzip zurückgegriffen. Es wurde bewiesen, daß diese Gütefunktion einen gleichmäßig besten Test darstellt und eine Reihe anderer optimaler Eigenschaften aufweist. Der Inhalt dieses Tests soll kurz erläutert werden: Es sei die Gültigkeit der Nullhypothese $H_0 : \theta = \theta^*$ gegenüber der Alternativhypothese $H_1 : \theta \neq \theta^*$ zu überprüfen. Zu diesem Zweck wird aus einer Gesamtheit mit einer Verteilungsdichte $\varphi(x, \theta)$ eine Stichprobe $x_1, \ldots, x_n$ entnommen und die Likelihood-Funktion $L(x_1, \ldots, x_n, \theta)$ bestimmt. Anschließend bildet man den Quotienten $Q = L(g)/L(G)$, wobei $L(g)$ den maximalen Wert der Likelihood-Funktion unter der Voraussetzung darstellt, daß der wahre Parameterwert θ im Unterbereich g liegt (in unserem Falle also unter der Voraussetzung $\theta = \theta^*$). $L(G)$ ist der maximale Wert der Likelihood-Funktion unter der Voraussetzung, daß θ im Bereich G liegt. Für $L(G)$ erhält man $L(G) = L(x_1, \ldots, x_n, \theta)$, wobei θ den nach der Likelihood-Methode erhaltenen Stichprobenwert des Parameters θ darstellt. Liegen die Werte $L(g)$ und $L(G)$ (d. h. die Werte θ und θ^*) dicht beieinander, so hat man allen Grund, die Hypothese H_0 als richtig anzunehmen und die Hypothese H_1 abzulehnen. Differieren die Werte von $L(g)$ und $L(G)$ beträchtlich, so erscheint die Richtigkeit der Hypothese H_1 begründet. Offensichtlich bewegt sich Q in den Grenzen von $0 \leqq Q \leqq 1$. Nimmt Q einen kleinen Wert an, wird die Hypothese H_0 abgelehnt, bei einem großen Q-Wert wird H_0 akzeptiert. Es gilt, eine solche Konstante A zu finden, für die man bei $Q < A$ die Hypothese H_0 ablehnen und bei $Q \geqq A$ die Hypothese H_0 als richtig akzeptieren kann.

Wünschenswert wäre eine Wahl von A derart, daß sowohl $P(I)$, als auch $P(II)$ minimale Werte annehmen. Es läßt sich jedoch beweisen, daß bei einem fixierten Stichprobenumfang eine Verringerung von $P(I)$ eine Zunahme von $P(II)$ oder umgekehrt eine Zunahme von $P(I)$ eine Verringerung von $P(II)$ nach sich zieht. Man gibt deshalb in der Regel die Wahrscheinlichkeit des Fehlers erster Art $P(I) = \alpha$ vor, wodurch für eine vorliegende Stichprobe die Gütefunktion des Tests $\eta(\theta^*) = 1 - P(II)$ eindeutig festgelegt wird. Zur Bestimmung der Größe A für einen gewählten Wert $P(I) = \alpha$ ist die Kenntnis der Verteilungsdichte von Q für den Fall, daß die Hypothese H_0 richtig ist, erforderlich. Bezeichnet man diese Verteilungsdichte mit $h(Q, H_0)$, so läßt sich die gesuchte Konstante A aus folgender Gleichung ermitteln:

$$P(I) = \int_0^A h(Q, H_0)\, dQ = \alpha .$$

Für die Gütefunktion des Tests Q läßt sich schreiben:

$$\eta(\theta^*) = \int_0^A h(Q, H_1)\, dQ .$$

An dieser Stelle soll auf eine wichtige Eigenschaft des Maximum-Likelihood-Quotienten eingegangen werden: Ist Q eine monotone Funktion von v, so läßt sich die Größe v äquivalent dem Test Q zur Prüfung der Hypothese H_0 benutzen, was die Anwendung des Tests wesentlich erleichtert.

Der Test mit Hilfe des Maximum-Likelihood-Quotienten setzt sich somit aus folgenden Teilschritten zusammen:

1. Aufstellen einer Nullhypothese, z. B. $H_0 : \theta = \theta^*$ und der Alternativhypothese $H_1 : \theta \neq \theta^*$.
2. Aus einer Gesamtheit mit einer Verteilung $\varphi(\partial, \theta)$ wird eine Zufallsstichprobe $x_1, \ldots, x_n$ entnommen.
3. Es werden die Likelihood-Funktion $L(x_1, \ldots, x_n, \theta)$ ermittelt und ihre Werte $L(g) = \max\,[L(x_1, \ldots, x_n, \theta = \theta^*)]$ und $L(G) = L(x_1, \ldots, x_n, \hat{\theta})$ bestimmt.
4. Man bildet den Quotienten $Q \neq L(g)/L(G)$ und wählt eine Größe v, von der Q monoton abhängig ist.
5. Man ermittelt die Verteilung $f(v, H_0)$ der Größe v unter der Voraussetzung $\theta = \theta^*$.
6. Es wird eine Wahrscheinlichkeit für das Auftreten eines Fehlers erster Art $\alpha = P(I)$ vorgegeben.
7. Aus der Bedingung

   $$\int_{f(0)}^{f(A)} f(v, H_0)\, dv = \alpha$$

   wird die Konstante A derart ermittelt, daß H_0 für richtig angenommen wird, wenn der erhaltene Wert $v \geqq A$ ist und H_0 abgelehnt wird, wenn $v < A$ ist.
8. Man berechnet die Gütefunktion für den Test v für die vorliegenden Werte von α und θ^*.

Als nächstes wird die Anwendung des Tests, der auf dem Maximum-Likelihood-Quotienten beruht, zur Prüfung zweier wichtiger Hypothesen bezüglich der Koeffizienten des Regressionsmodells (1.1) behandelt.

Die erste Hypothese läßt sich folgendermaßen formulieren: $H_0' : B = B^*$ mit der Alternative $H_1' : B \neq B^*$ (B^* stellt hierbei einen $(k \times 1)$-dimensionalen Vektor bekannter Größen dar). Diese Hypothese ist gleichbedeutend mit folgender Behauptung: Der wahre Wert jedes Koeffizienten β_j ist der entsprechenden Größe $\beta_j{}^*$ gleich. Nimmt man $B^* = 0$ an, so läßt sich mit Hilfe der Hypothese $H_0' : B = 0$ feststellen, ob eine Abhängigkeit der Form (1.1) zwischen der Veränderlichen y und den in die Regressionsgleichung eingehenden Veränderlichen $x_1, \ldots, x_k$ besteht. Tatsächlich besteht, wenn man die Hypothese $H_0' : B = 0$ als richtig akzeptiert, zwischen den Veränderlichen y und $x_1, \ldots, x_k$ mit einer Wahrscheinlichkeit $P = 1 - P(I)$ keine Regressionsbeziehung der Form (1.1); wird die Hypothese $H_0' : B = 0$ abgelehnt, so besteht zwischen der Veränderlichen y und zumindest einer Veränderlichen x_i von $x_1, \ldots, x_k$ eine der Gleichung (1.1) entsprechende Regressionsbeziehung.

Zur Prüfung der Hypothese $H_0' : B = B^*$ wird auf die Stichprobe in Form der Beobachtungsmatrizen X und Y zurückgegriffen, wie das auch bei der Ermittlung der Schätzungen $\hat{B}$ und $\hat{\sigma}^2$ der Fall war. Der Ausdruck für die Likelihood-Funktion hat deshalb eine analoge Form zu Gleichung (1.6):

$$L(E, B, \sigma^2) = \frac{1}{(2\pi\sigma^2)^{n/2}} \exp\left[-\frac{(Y - XB)^T (Y - XB)}{2\sigma^2}\right]. \tag{1.69}$$

Als nächstes werden $L(G)$ und $L(g)$ bestimmt. Der Bereich G stellt für den vorliegenden Fall einen $(k+1)$-dimensionalen Parameterraum der Parameter $\beta_1, \ldots, \beta_k, \sigma^2$ dar und ist durch die Bedingungen $-\infty < \beta_j < +\infty$; $j = 1, \ldots, k$ und $0 < \sigma^2 < \infty$ begrenzt. Der Unterbereich g ist ein Raum der gleichen Parameter, der durch die Bedingung $H_0' : \beta_1 = \beta_1{}^*, \ldots, \beta_k = \beta_k{}^*$ und die Ungleichung $0 < \sigma^2 < \infty$ begrenzt wird. Der Unterbereich g stellt einen eindimensionalen Raum dar, die zu prüfende Hypothese ist folglich zusammengesetzt.

Zur Ermittlung von $L(g)$ werden die Bedingung $B = B^*$ in Gleichung (1.69) eingesetzt und beide Seiten der Gleichung (1.69) logarithmiert:

$$\ln L(E, B, \sigma^2) = -\frac{n}{2} \ln 2\pi - \frac{n}{2} \ln \sigma^2 - \frac{(Y - XB^*)^T (Y - XB^*)}{2\sigma^4}. \tag{1.70}$$

Die Größe $L(g)$ stellt das Maximum von Gleichung (1.70) nach der Veränderlichen σ^2 dar, was der Bedingung

$$\frac{\partial}{\partial\sigma^2} \ln L(E, B, \sigma^2) = \frac{(Y - XB^*)^T (Y - XB^*)}{2\sigma^4} - \frac{n}{2\sigma^2} = 0$$

entspricht, woraus

$$\sigma_g{}^2 = \frac{(Y - XB^*)^T (Y - XB^*)}{n}$$

folgt. Damit läßt sich für $L(g)$ angeben:

$$L(g) = L(E, B = B^*, \sigma^2 = \sigma_g^2) = \frac{n^{n/2} e^{-n/2}}{(2\pi)^{n/2} [(Y - XB^*)^T (Y - XB^*)]^{n/2}}.$$

Nach obiger Definition läßt sich die Größe $L(G)$ in folgender Form darstellen:

$$L(G) = L(E, B = \hat{B}, \sigma^2 = s^2). \tag{1.71}$$

$\hat{B}$ und s^2 sind die Schätzungen von B und σ^2, die die Funktion (1.69) maximieren und nach den Gleichungen (1.11) und (1.13) ermittelt werden.

Durch Einsetzen von $\hat{B} = S^{-1}X^TY$ und $s^2 = \frac{1}{n}(Y - X\hat{B})^T (Y - X\hat{B})$ in Ausdruck (1.71) ergibt sich:

$$L(G) = \frac{n^{n/2} e^{-n/2}}{(2\pi)^{n/2} [(Y - X\hat{B})^T (Y - X\hat{B})]}.$$

Der Quotient $Q = L(g)/L(G)$ hat die Form

$$Q = \left[\frac{(Y - X\hat{B})^T (Y - X\hat{B})}{(Y - XB^*)^T (Y - XB^*)}\right]^{n/2}. \tag{1.72}$$

Ist $h(Q, B^*)$ die Verteilung von Q unter der Bedingung $B = B^*$, so wird die Hypothese $H_0' : B = B^*$ abgelehnt, wenn der nach der Stichprobe X und Y berechnete Wert von (1.72) in den kritischen Bereich $0 < Q \leqq A$ fällt, wobei für A

$$\int_0^A h(Q, B^*)\, dQ = \alpha \tag{1.73}$$

gilt.

In Gleichung (1.73) stellt α die Wahrscheinlichkeit eines Fehlers erster Art dar. Zur Bestimmung von A ist für α ein Wert vorzugeben und die Verteilung von Q unter der Bedingung $B = B^*$ zu finden.

Zur Bestimmung von $h(Q, B^*)$ benötigt man folgende Beziehung:

$$(Y - XB^*)^T (Y - XB^*) = (Y - X\hat{B})^T (Y - X\hat{B}) + (\hat{B} - B^*)\, X^TX(\hat{B} - B^*). \tag{1.74}$$

Durch Einsetzen von $\hat{B} = S^{-1}X^TY$ in Ausdruck (1.74) und anschließende Umformungen ergibt sich:

$$(Y - XB^*)^T (Y - XB^*) = (Y - XB^*)^T (I_n - XS^{-1}X^T) \times (Y - XB^*) + (Y - XB^*)\, XS^{-1}X^T(Y - XB^*).$$

Es werden folgende Definitionen eingeführt:

$$Z = Y - XB^*;$$

$$T_1 = I_n - XS^{-1}X^T;$$

$$T_2 = XS^{-1}X^T.$$

Unter Berücksichtigung des Ergebnisses (1.4) läßt sich zeigen, daß

$$Z \sim N_n(XB - XB^*, \sigma^2 I_n)$$

gilt. Nach Gleichung (1.16) sind die Matrizen T_1 und T_2 idempotent und vom Range rg $(T_1) = (n - k)$ und rg $(T_2) = k$. Unter Zuhilfenahme des im Anhang angeführten Theorems und der Gleichung (1.27) läßt sich zeigen, daß

$$\frac{Z^T T_1 Z}{\sigma^2} \sim \chi^2(n - k) \tag{1.75}$$

und

$$\frac{Z^T T_2 Z}{\sigma^2} \sim \chi^{2\prime}(n - k, \lambda_1) \tag{1.76}$$

gilt, wobei für

$$\lambda_1 = \frac{(B - B^*)^T X^T(XS^{-1}X^T) X(B - B^*)}{2\sigma^2} = \frac{(B - B^*)^T S(B - B^*)}{2\sigma^2} \tag{1.77}$$

zu setzen ist.

Die Zufallsgrößen (1.75) und (1.76) sind unabhängig, da

$$T_1 T_2 = (I_n - XS^{-1}X^T)(XS^{-1}X^T) = 0$$

ist. Nach der Definition der nichtzentralen F-Verteilung folgt

$$v_1 = \frac{Z^T T_2 Z}{Z^T T_1 Z} \frac{n - k}{k} \sim F'(k, n - k, \lambda_1). \tag{1.78}$$

Durch Matrizenumformung läßt sich der Quotient Q in der Form

$$Q = \left(\frac{1}{1 + \frac{v_1 - k}{n - k}} \right)^{n/2}$$

darstellen, also als eine monotone Funktion von v_1. Somit läßt sich v_1 zur Prüfung der Hypothese $H_0' : B = B^*$ als Test verwenden, der der Testfunktion Q äquivalent ist. Aus den Gleichungen (1.77) und (1.78) ist ersichtlich, daß die Größe v_1 unter der Bedingung $B = B^*$ zentral F-verteilt mit $(k, n-k)$ Freiheitsgraden ist. Der kritische Bereich für v_1, der dem Bereich $0 < Q \leqq A$ entspricht, lautet somit $F_\alpha(k, n-k) \leqq v_1 < \infty$, weil $F_\alpha(k, n-k)$ die Bedingung

$$\int_{F_\alpha(k,n-k)}^{\infty} F(v_1, k, n-k)\, dv_1 = \alpha$$

befriedigt.

Die Gütefunktion des v_1-Tests, d. h. die Wahrscheinlichkeit dafür, daß der berechnete Wert von v_1 in den kritischen Bereich $F_\alpha(k, n-k) \leqq v_1 < \infty$ fällt, wenn $\lambda_1 \neq 0$ und somit $B \neq B^*$ ist, wird durch den Ausdruck

$$\eta(v_1) = \int_{F_\alpha(k,n-k)}^{\infty} F'(v_1, k, n-k, \lambda_2)\, dv_1$$

bestimmt. Die Größe $\eta(v_1)$ ist eine steigende Funktion des nach Gleichung (1.77) bestimmten Nichtzentralitätsparameters λ_1. Die Prüfung der Hypothese $H_0' : B = B^*$ führt somit auf die Berechnung der Größe

$$v_1 = \frac{(Y - XB^*)^T XS^{-1}X^T(Y - XB^*)}{(Y - XB^*)^T (I_n - XS^{-1}X^T)(Y - XB^*)} \frac{n-k}{n} \tag{1.79}$$

und ihren Vergleich mit dem Tabellenwert der F-Verteilung für ein Signifikanzniveau α sowie für k und $(n-k)$ Freiheitsgrade. Ist der berechnete Wert $v_1 \geqq F_\alpha(k, n-k)$, so wird die Hypothese $H_0' : B = B^*$ abgelehnt, ist $v_1 < F_\alpha(k, n-k)$, so wird sie akzeptiert.

Für den praktisch wichtigen Fall $H_0' : B = 0$ läßt sich Ausdruck (1.79) unter Zuhilfenahme der Beziehungen (1.13), (1.15) und (1.21) wesentlich vereinfachen:

$$v_1 = \frac{Y^T XS^{-1}X^T Y}{Y^T(I_n - XS^{-1}X^T)\, Y} \frac{n-k}{k} = \frac{\hat{B}^T X^T X \hat{B}}{\hat{\sigma}^2 k} = \frac{\sum_{i=1}^{n} \hat{y}_i^2}{\hat{\sigma}^2 k}. \tag{1.80}$$

In Gleichung (1.80) stellt $\hat{y}_i$ den nach der empirischen Regressionsgleichung berechneten y-Wert für X_i dar $(i = 1, \ldots, n)$.

Ist der nach Gleichung (1.80) berechnete Wert größer als der Tabellenwert $F_\alpha(k, n-k)$, so wird die Hypothese $H_0' : B = 0$ abgelehnt, und man kann mit einer Wahrscheinlichkeit von $P = 1 - P(I) = 1 - \alpha$ annehmen, daß die Veränderliche y zumindest mit einer Veränderlichen $x_1, \ldots, x_k$ durch Regressionsbeziehungen verknüpft ist. Ist der nach Gleichung (1.80) berechnete Wert kleiner als $F_\alpha(n, n-k)$, so wird die Hypothese $H_0' : B = 0$ akzeptiert, und man kann mit einer Wahrscheinlichkeit von $P = 1 - P(II) = \eta(v_1)$ annehmen, daß zwischen der Veränderlichen y und den Veränderlichen $x_1, \ldots, x_k$ keine Regressionsbeziehungen existieren.

Die zweite wichtige Hypothese läßt sich wie folgt formulieren: Nur ein Teil der Koeffizienten, nämlich $\beta_1, \ldots, \beta_r$ $(r < k)$ ist gleich den Werten $\beta_1^*, \ldots, \beta_r^*$, während bezüglich der restlichen $(k - r)$ Koeffizienten keinerlei Annahmen gemacht werden. Bei praktischen Aufgaben wird diese Hypothese meist beim Parametertest $H_0'' : \beta_j = 0$ angewendet. Die nacheinanderfolgende Prüfung der Hypothese $H_0'' : \beta_j = 0$ für alle Koeffizienten $\beta_1, \ldots, \beta_k$ gestattet die Ermittlung sog. signifikanter unabhängiger Veränderlicher unter den in Gleichung (1.1) vorhandenen. Mit Hilfe der Hypothese $H_0' : B = 0$ kann man die Existenz von Regressionsbeziehungen der Art (1.1) zwischen y und zumindest einer der Veränderlichen $x_1, \ldots, x_k$ testen. Existieren derartige Beziehungen, so lassen sich durch den Test $H_0'' : \beta_j = 0$ (oder $H_1'' : \beta_j \neq 0$) für $j = 1, \ldots, k$ die Veränderlichen bestimmen, die an den Regressionsbeziehungen beteiligt sind.

Es soll hier nicht auf die Ableitung der Testfunktion für die Hypothese H_0'' eingegangen werden. Der Test hat nach dem Maximum-Likelihood-Prinzip für den Fall $H_0'' : \beta_j = 0$ die Form

$$v_2 = \frac{\hat{\beta}_j}{\hat{\sigma}\sqrt{c_{jj}}}, \tag{1.81}$$

$\hat{\beta}_j$ — Stichprobenschätzung des Koeffizienten β_j;
$\hat{\sigma}^2$ — Restdispersion der Regressionsgleichung;
c_{jj} — Diagonalelement der der Veränderlichen x_j entsprechenden inversen Matrix.

Die Größe v_2 ist nichtzentral t-verteilt und besitzt $(n - k)$ Freiheitsgrade und den Nichtzentralitätsparameter

$$\lambda_2 = \frac{\beta_j}{\sigma\sqrt{c_{jj}}}. \tag{1.82}$$

Der kritische Bereich für die Gütefunktion v_2 lautet $t_\alpha(n - k) \leqq v_2 < \infty$. Ist der berechnete Wert v_2 größer als der für t-Verteilung tabellierte Wert für ein Signifikanzniveau α und $(n - k)$ Freiheitsgrade, so ist die Hypothese $H_0'' : \beta_j = 0$ abzulehnen. Die Veränderliche x_j kann man mit einer Wahrscheinlichkeit von $P = 1 - P(I)$ als signifikant akzeptieren. Ist $v_2 < t_\alpha(n - k)$, so wird die Hypothese $H_0'' : \beta_j = 0$ akzeptiert, und man kann mit einer Wahrscheinlichkeit von

$$\eta(v_2) = \int_{t_\alpha(n-k)}^{\infty} t'(v_2, n - k, \lambda_2)\, dv_2 = 1 - P(II) \tag{1.83}$$

annehmen, daß die Veränderliche x_j nicht an der Regressionsbeziehung (1.1) beteiligt ist.

1.4. *Verallgemeinerte Methode der kleinsten Quadrate*

(Generalized least squares, MARKOW- oder AITKEN-Schätzung)

Im Abschnitt 1.1. wurde ein Regressionsmodell der Form

$$y = \beta_1 x_1 + \cdots + \beta_k x_k + e \tag{1.1}$$

untersucht, für das bezüglich des Fehlervektors E folgende Annahmen gemacht wurden:

$$E \sim N_n(0, \sigma^2 I_n). \tag{1.3}$$

Die erhaltenen Ergebnisse (1.17) und (1.23) für die optimalen Eigenschaften der Schätzungen $\hat{B} = S^{-1}X^TY$ und die sich anschließenden Operationen der statistischen Analyse (Ermittlung der Vertrauensintervalle, Prüfung von statistischen Hypothesen) sind folglich nur bei Einhaltung der Annahme (1.3) gültig. In der Praxis treten jedoch auch Fälle auf, bei denen die Wahrscheinlichkeitseigenschaften des Regressionsfehlers nicht den Beschränkungen (1.3) entsprechen.

Deshalb wird das Regressionsmodell (1.1) unter der Voraussetzung betrachtet, daß die Eigenschaften des Vektors für den Regressionsfehler folgenden Bedingungen genügen:

$$E \sim N_n(\mu, \Sigma), \tag{1.84}$$

μ — Vektor der Erwartungswerte für die Fehler der einzelnen Versuche. Es ist also

$$E[E] = \mu = \begin{pmatrix} \mu_1 \\ \vdots \\ \mu_n \end{pmatrix} \tag{1.85}$$

Σ — Kovarianzmatrix des Fehlervektors:

$$\operatorname{cov}[E] = E[(E - \mu)(E - \mu)^T] = \Sigma = \begin{pmatrix} \sigma_{11}^2 & \sigma_{12}^2 & \cdots & \sigma_{1n}^2 \\ \sigma_{21}^2 & \sigma_{22}^2 & \cdots & \sigma_{2n}^2 \\ \vdots & \vdots & & \vdots \\ \sigma_{n1}^2 & \sigma_{n2}^2 & \cdots & \sigma_{nn}^2 \end{pmatrix}. \tag{1.86}$$

Wird die Annahme (1.3) durch die Bedingung (1.84) ersetzt, so haben für gewöhnliche (d. h. nach der Methode der kleinsten Quadrate berechnete) Schätzungen

$$\hat{B} = S^{-1}X^TY \tag{1.13}$$

folgende Beziehungen Gültigkeit:

$$E[\hat{B}] = B + S^{-1}X^T\mu; \tag{1.87}$$

$$E[(\hat{B} - B)(\hat{B} - B)^T] = S^{-1}X^T(\Sigma + \mu\mu^T)\,XS^{-1}. \tag{1.88}$$

Gleichung (1.88) ergibt sich unter Zuhilfenahme folgender Ausdrücke:

$$(\hat{B} - B) = S^{-1}X^T(XB + E) - B = S^{-1}X^TE; \tag{1.89}$$

$$E[EE^T] = \Sigma + \mu\mu^T. \tag{1.90}$$

In Gleichung (1.88) geht die mittlere quadratische Abweichung der nach der Methode der kleinsten Quadrate berechneten Schätzungen $\hat{B}$ ein, nicht aber ihre Kovarianz, denn diese lautet $E[(\hat{B} - E[\hat{B}])(\hat{B} - E[\hat{B}])^T]$.

Ein Vergleich der Ausdrücke (1.87) und (1.17) führt zu dem Schluß, daß gewöhnliche, nach der Methode der kleinsten Quadrate ermittelte Schätzungen bei Einhaltung der Bedingung (1.84) nichterwartungstreu werden, also ihre Konsistenz verlieren. Ersetzt man die Annahme (1.3) durch die Bedingung (1.84), so verlieren gewöhnliche, nach der Methode der kleinsten Quadrate ermittelte Schätzungen (1.13) ihre optimalen Eigenschaften.

Es wird angenommen, der Vektor μ und die Matrix Σ seien bekannt. Ferner soll die Matrix Σ nichtentartet sein, d. h., es soll $\text{rg}(\Sigma) = n$ gelten. Für das betrachtete Regressionsmodell $Y = XB + E$ werden folgende nichtentartete Umformungen vorgenommen:

$$\begin{aligned} E &= \mu + \Sigma^{1/2}E_1; \\ X &= \Sigma^{1/2}X_1; \\ Y &= \mu + \Sigma^{1/2}Y_1, \end{aligned} \tag{1.91}$$

wobei

$$\Sigma^{1/2}\Sigma^{1/2} = \Sigma \tag{1.92}$$

ist.

Die Ausgangsform des Regressionsmodells erhält damit folgende Form:

$$Y_1 = X_1B + E_1. \tag{1.93}$$

Für den Erwartungswert und die Kovarianz des Vektors E_1 ergeben sich:

$$E[E_1] = E[\Sigma^{-1/2}(E - \mu)] = \Sigma^{-1/2}E[E - \mu] = 0; \tag{1.94}$$

$$\begin{aligned} \text{cov}\,[E_1] &= E[\{\Sigma^{-1/2}(E - \mu)\}\{\Sigma^{-1/2}(E - \mu)\}^T] \\ &= E[\Sigma^{-1/2}(E - \mu)(E - \mu)^T\,\Sigma^{-1/2}] \\ &= \Sigma^{-1/2}E[(E - \mu)(E - \mu)^T]\,\Sigma^{-1/2} = \Sigma^{-1/2}\,\Sigma\Sigma^{-1/2} = I_n. \end{aligned} \tag{1.95}$$

Die Ableitung von Gleichung (1.95) stützt sich auf die Beziehungen (1.84), (1.87) und (1.92).

Die Gleichungen (1.94) und (1.95) besagen, daß für das Modell (1.93) die Voraussetzungen des GAUSS-MARKOW-Theorems (1.31a) erfüllt sind. Die nach der Methode der kleinsten Quadrate erhaltenen Schätzungen

$$\tilde{B} = (X_1^TX_1)^{-1}\,X_1^TY_1 \tag{1.96}$$

stellen deshalb für das Modell (1.93) die besten linearen erwartungstreuen Schätzungen der Koeffizienten $\beta_1, \ldots, \beta_k$ dar. Aus den Gleichungen (1.91) lassen sich Y_1, X_1 und E_1 in expliziter Form angeben:

$$E_1 = \Sigma^{-1/2}(E - \mu);$$
$$X_1 = \Sigma^{-1/2}X; \tag{1.97}$$
$$Y_1 = \Sigma^{-1/2}(Y - \mu).$$

Durch Einsetzen der Beziehungen (1.97) in Gleichung (1.96) erhält man für die nach der Methode der kleinsten Quadrate ermittelten Schätzungen $\tilde{B}$ der unbekannten Koeffizienten B unter der Voraussetzung, daß die Eigenschaften von E der Bedingung (1.84) genügen, folgenden Ausdruck:

$$\begin{aligned}\tilde{B} &= [(X^T\Sigma^{-1/2})\,(\Sigma^{-1/2}X)]^{-1}\,(X^T\Sigma^{-1/2})\,[\Sigma^{-1/2}(Y - \mu)]\\ &= (X^T\Sigma^{-1}X)^{-1}\,X^T\Sigma^{-1}(Y - \mu).\end{aligned} \tag{1.98}$$

Die Schätzungen (1.98) werden als nach der verallgemeinerten Methode der kleinsten Quadrate erhaltene Schätzungen (auch MARKOW- oder AITKEN-Schätzungen) bezeichnet, da sie ein Minimum der verallgemeinerten Summe der kleinsten Quadrate

$$Q = (Y - \mu - XB)^T\,\Sigma^{-1}(Y - \mu - XB) \tag{1.99}$$

garantieren.

Wie unschwer zu erkennen ist, decken sich die Schätzungen (1.98) mit den Schätzwerten nach dem Maximum-Likelihood-Prinzip, weil die Likelihood-Funktion für diesen Fall (siehe Anhang)

$$L(E, B, \Sigma, \mu) = \frac{1}{(2\pi)^{n/2}|\Sigma|^{1/2}}\exp\left[-\frac{1}{2}\,(Y - \mu - XB)^T\,\Sigma^{-1}\,(Y - \mu - XB)\right] \tag{1.100}$$

lautet und das Maximum von $L(E, B, \Sigma, \mu)$ dem Minimum von Q (1.99) entspricht. Für die nach der verallgemeinerten Methode der kleinsten Quadrate ermittelten Schätzungen (1.98) werden $E[\tilde{B}]$ und cov $[\tilde{B}]$ bestimmt:

$$\begin{aligned}E[\tilde{B}] &= (X^T\Sigma^{-1}X)^{-1}\,X^T\Sigma^{-1}E[Y - \mu]\\ &= (X^T\Sigma^{-1}X)^{-1}\,X^T\Sigma^{-1}E[XB + E - \mu] = B.\end{aligned} \tag{1.101}$$

Zur Ableitung von cov $[\tilde{B}]$ dient neben Gleichung (1.101) folgende Beziehung:

$$\tilde{B} - B = (X^T\Sigma^{-1}X)^{-1}\,X^T\Sigma^{-1}(E - \mu). \tag{1.102}$$

Unter Berücksichtigung von Gleichung (1.86) erhält man

$$\begin{aligned}\operatorname{cov}[\tilde{B}] &= E[(\tilde{B} - B)(\tilde{B} - B)^T] \\ &= (X^T\Sigma^{-1}X)^{-1} X^T\Sigma^{-1}E[(E - \mu)(E - \mu)^T] \Sigma^{-1}X(X^T\Sigma^{-1}X)^{-1} \\ &= (X^T\Sigma^{-1}X)^{-1}. \end{aligned} \tag{1.103}$$

Da die nach der verallgemeinerten Methode der kleinsten Quadrate ermittelten Schätzungen $\tilde{B}$ nach Gleichung (1.101) erwartungstreu sind und mit den nach dem Maximum-Likelihood-Prinzip erhaltenen Schätzungen übereinstimmen, sind sie die besten linearen erwartungstreuen Schätzungen der Regressionskoeffizienten $\beta_1, \ldots, \beta_k$ des Modells (1.1) unter der Annahme $E \sim N_n(\mu, \Sigma)$. Für sie gelten folglich auch alle im bisherigen Verlaufe dieses Kapitels abgeleiteten Ergebnisse.

Für den Sonderfall $\mu = 0$ geht die Annahme (1.84) in folgende Form über:

$$E \sim N_n(0, \Sigma). \tag{1.104}$$

Die Schätzungen $\tilde{B}$ nach der verallgemeinerten Methode der kleinsten Quadrate ergeben sich dann aus folgendem Ausdruck:

$$\tilde{B} = (X^T\Sigma^{-1}X)^{-1} X^T\Sigma^{-1}Y. \tag{1.105}$$

Für die Schätzungen (1.105) haben die Aussagen der Gleichungen (1.101) und (1.103) nach wie vor Gültigkeit.

An dieser Stelle soll noch auf einen äußerst wichtigen Umstand eingegangen werden. Zur Bestimmung der Schätzungen (1.98) oder (1.105) der unbekannten Regressionskoeffizienten $\beta_1, \ldots, \beta_k$ des Modells (1.1) sind nicht nur die Beobachtungsmatrizen X und Y, sondern auch die Werte der Komponenten des Vektors μ und der Matrix Σ erforderlich.

In den meisten praktischen Fällen sind die tatsächlichen Werte der Elemente μ_i und σ_{ij}^2, $i, j = 1, \ldots, n$ unbekannt. Es ist jedoch möglich, ihre Schätzungen $\hat{\mu}_i$ und $\hat{\sigma}_{ij}^2$ zu bestimmen, die dann für Schätzungen der Form (1.98) oder (1.105) benutzt werden können.

Um Aussagen darüber machen zu können, wie die Schätzungen $\hat{\mu}_i$ und $\hat{\sigma}_{ij}^2$ gewonnen und gehandhabt werden, erfolgt eine eingehendere Analyse der praktischen Bedeutung der Bedingungen (1.85) und (1.86).

Die Annahme (1.85) besagt, daß der Erwartungswert des Regressionsfehlers bei jedem einzelnen Versuch nicht gleich Null ist und daß er sich von Versuch zu Versuch ändert. Der Erwartungswert des Regressionsfehlers ist also nicht konstant, wobei diese Nichtkonstanz wie eine Abhängigkeit des Erwartungswertes e der Fehler von irgendwelchen Veränderlichen, z. B. der Zeit, den Werten der Variablen $x_1, \ldots, x_k$ usw. zu behandeln ist. Die Berechnung der Schätzungen $\hat{\mu}_1, \ldots, \hat{\mu}_n$ ist mit Hilfe der sog. Regressionsreste $\hat{E}$ möglich. Regressionsreste stellen Differenzen zwischen den tatsächlichen Werten y_i der Variablen y beim i-ten Versuch und dem berechneten Wert $\hat{y}_i$ dar, wobei man letzteren durch Einsetzen der Werte $x_{i1}, \ldots, x_{ik}$ in die empirische Regressionsgleichung erhält. Somit ergibt sich

$$\hat{e}_i = y_i - \hat{y}_i = y_i - \hat{\beta}_1 x_{i1} - \hat{\beta}_2 x_{i2} - \cdots - \hat{\beta}_k x_{ik} \tag{1.106}$$

oder in vektorieller Form

$$\hat{E} = Y - \hat{Y} = Y - X\hat{B}, \tag{1.107}$$

$\hat{B}$ — Vektor der nach der Methode der kleinsten Quadrate ermittelten Schätzungen $\hat{B} = S^{-1}X^TY$.

Bereits aus Gleichung (1.107) folgt, daß die Reste $\hat{e}_i$ die Schätzungen der unbekannten Werte des Regressionsfehlers e_i darstellen. Im Abschnitt 2.6. werden die Eigenschaften der Reste untersucht, wobei gezeigt wird, unter welchen Bedingungen sie die besten linearen erwartungstreuen Schätzungen des Regressionsfehlers e darstellen. An gleicher Stelle werden auf der Restwertanalyse beruhende Testverfahren behandelt, mit deren Hilfe sich Verletzungen der Annahmen (1.3) nachweisen lassen, woraus sich dann der Übergang zu einem Regressionsmodell mit den Voraussetzungen (1.84) ergibt.

Im weiteren folgen Untersuchungen, wie sich über die Regressionsreste die Schätzungen $\hat{\mu}$ und $\hat{\Sigma}$ bestimmen lassen, wenn eine Verletzung der Annahmen (1.3) vorliegt, die wahren Werte von μ und Σ aber unbekannt sind.

Als Ergebnis einer Restwertanalyse (siehe 2.6.) wurde $E[E] = \mu$ gefunden. Außerdem wurde der Faktor, von dem die μ_i beeinflußt werden, ermittelt. Als Beispiel wird der am häufigsten in der Praxis anzutreffende Fall $\mu_i = f(i)$ angenommen, d. h. der Erwartungswert des Regressionsfehlers ist von der Zeit abhängig. In diesem Falle läßt sich zur Ermittlung der Schätzungen $\hat{\mu}_1, \ldots, \hat{\mu}_n$ folgende Verfahrensweise anwenden: Ist eine Wiederholung jedes Versuches $x_{i1}, \ldots, x_{ik}$ möglich, was z. B. bei aktiven Versuchen zutrifft [1], so läßt sich der Wert $\hat{\mu}_i$ in folgender Form darstellen:

$$\hat{\mu}_i = \frac{1}{m} \sum_{f=1}^{m} \hat{e}_{if}, \tag{1.108}$$

m — Zahl der Versuchswiederholungen $x_{i1}, \ldots, x_{ik}$;
$\hat{e}_{if}$ — Wert des Regressionsrestes für den i-ten Versuch in seiner f-ten Wiederholung, $f = 1, \ldots, m$.

Ist eine Versuchswiederholung nicht möglich, aber die Anzahl n der Versuche ist $n \gg k$, so läßt sich die Gesamtzahl von n Versuchen in l Gruppen ($l > 10$) mit je m Versuchen pro Gruppe einteilen und für die Schätzung $\hat{\mu}_i^q$ jedes Versuches in der q-ten Gruppe der Wert

$$\hat{\mu}_i^q = \frac{1}{m} \sum_{f=1}^{m} \hat{e}_{if}, \qquad q = 1, \ldots, l \tag{1.109}$$

annehmen. Die so erhaltenen Schätzungen $\hat{\mu}_i$ werden zur Ermittlung der Schätzungen $\tilde{B}$ nach der verallgemeinerten Methode der kleinsten Quadrate nach Gleichung (1.98) benutzt.

Bei unbekanntem Vektor μ erfolgt die Berechnung der Schätzungen $\tilde{B}$ somit in zwei Stufen. In der ersten Stufe bestimmt man die gewöhnlichen Schätzungen $\hat{B} = S^{-1}X^TY$, über die sich der Restvektor $\hat{E}$ angeben läßt. Mit Hilfe des Vektors $\hat{E}$ wird das Testverfahren $H_0: \mu = 0$ (siehe Abschnitt 2.6.) angewendet. Wird die Hypothese H_0 abgelehnt, dann werden die Schätzungen $\hat{\mu}_i$ der Elemente des Vektors $\hat{\mu}$ über den Restvektor $\hat{E}$ berechnet. Die Werte $\hat{\mu}_i$ bilden die Grundlage zur Ermittlung der Schätzungen $\tilde{B}$ nach der verallgemeinerten Methode der kleinsten Quadrate (1.98).

Wird $\mu_1 = \mu_2 = \cdots = \mu_n = \mu$, d. h. ist der Erwartungswert des Regressionsfehlers verschieden von Null, aber konstant, so läßt sich der Wert von μ für eine Regressionsgleichung mit absolutem Glied nicht schätzen, weil in diesem Falle der Wert von μ im absoluten Glied nicht enthalten ist.

Für den Erwartungswert des Regressionsfehlers wird deshalb nur ein Testverfahren durchgeführt: $H_0: \mu_1 = \mu_2 = \cdots = \mu_n = \mu$. Wird diese Hypothese abgelehnt, so erfolgt die Berechnung von $\tilde{B}$ mit Hilfe der Gleichung (1.98) und des Schätzvektors $\hat{\mu}$. Wird die Hypothese über die Konstanz der μ_i akzeptiert, wird Gleichung (1.105) zur Berechnung der Schätzungen $\tilde{B}$ herangezogen.

Im weiteren wird untersucht, welche praktische Bedeutung folgender Form der Kovarianzmatrix des Fehlervektors $\operatorname{cov}[E] = \Sigma \neq \sigma^2 I_n$ zukommt. Es werden zwei Fälle untersucht:

$$\Sigma = \begin{pmatrix} \sigma_1{}^2 & 0 & \cdots & 0 \\ 0 & \sigma_2{}^2 & \cdots & 0 \\ \vdots & \vdots & \ddots & \vdots \\ 0 & 0 & \cdots & \sigma_n{}^2 \end{pmatrix} \tag{1.110}$$

und

$$\Sigma = \begin{pmatrix} \sigma^2 & \sigma_{12}^2 & \cdots & \sigma_{1n}^2 \\ \sigma_{21}^2 & \sigma^2 & \cdots & \sigma_{2n}^2 \\ \vdots & \vdots & \ddots & \vdots \\ \sigma_{n1}^2 & \sigma_{n2}^2 & \cdots & \sigma^2 \end{pmatrix}. \tag{1.111}$$

Hat $\operatorname{cov}[E]$ die Form (1.110), so entspricht dies dem Fall der sog. „verschiedenen Meßgenauigkeit". Die Regressionsfehler für verschiedene Versuche sind voneinander unabhängig (alle Elemente außerhalb der Hauptdiagonalen sind Null), die Dispersionen der Fehler sind aber für jeden Versuch verschieden. Das hat dann den Anschein, als würde die Größe y in jedem Versuch mit verschiedener Genauigkeit gemessen werden.

Bei Vorliegen der Form (1.111) für $\operatorname{cov}[E]$ spricht man von den sog. „korrelierten Fehlern". Hier ist die Dispersion des Regressionsfehlers für jeden Versuch gleichgroß, die Fehler für verschiedene Versuche stellen aber keine unabhängigen zufälligen Größen dar.

Beide Fälle sollen eingehender untersucht werden: Bei der „verschiedenen Meßgenauigkeit" ist die Dispersion σ_i^2 im gleichen Sinne nichtkonstant wie der Erwartungswert des Regressionsfehlers μ_i. Es ist also anzunehmen, daß die Dispersion σ^2 des Fehlers von irgendwelchen Faktoren abhängig ist (z. B. von der Zeit oder von den Variablen $x_1, \ldots, x_k$ usw.).

Um die Berechnungsgleichungen (1.98) oder (1.105) zur Ermittlung der Schätzungen anwenden zu können, benötigt man eine Stichprobenschätzung $\hat{\Sigma}$ der Matrix (1.110), d. h. Stichprobenschätzungen der Dispersion für jeden Versuch. Zur Bestimmung von $\hat{\sigma}_1^2, \ldots, \hat{\sigma}_n^2$ kann der zur Berechnung der Schätzungen $\hat{\mu}_1, \ldots, \hat{\mu}_n$ angegebene Rechenweg beschritten werden. Lassen besondere Eigenschaften des Objekts die Durchführung aktiver Versuche mit einer mehrfachen Wiederholung jedes Versuches $x_{1i}, \ldots, x_{ni}$ zu, so läßt sich die Schätzung $\hat{\sigma}_i^2$ in folgender Form angeben:

$$\hat{\sigma}_i^2 = \frac{1}{m-1} \sum_{f=1}^{m} (\hat{e}_{if} - \hat{\mu}_i)^2, \tag{1.112}$$

m — Anzahl der Wiederholungen des i-ten Versuches;
$\hat{e}_{if}$ — Wert des Regressionsrestes für den i-ten Versuch bei der f-ten Wiederholung;
$\hat{\mu}_i$ — mittlerer Restwert für den i-ten Versuch.

Ist die Durchführung aktiver Versuche am Objekt nicht möglich, verfügt man aber über Werte aus passiven Versuchen ($n \gg k$), dann läßt sich zur Bestimmung von $\hat{\sigma}_1^2, \ldots, \hat{\sigma}_n^2$ die Gesamtzahl der n Versuche in eine hinreichend große Anzahl von Gruppen ($l > 10$) mit je m Versuchen pro Gruppe aufspalten und die Gruppendispersion

$$\hat{\sigma}_q^2 = \frac{1}{m-1} \sum_{f=1}^{m} (\hat{e}_{iq} - \hat{\mu}_i^q)^2, \qquad q = 1, \ldots, l \tag{1.113}$$

bestimmen. Als Fehlerdispersion für jeden einzelnen Versuch wird dann die Dispersion der Gruppe, die den entsprechenden Versuch enthält, angenommen.

Zusammenfassend wird der Rechenweg zur Ermittlung der Schätzungen $\hat{B}$ für den Fall „verschiedener Meßgenauigkeit" nochmals angegeben: Mit Hilfe der Beobachtungsmatrizen (XY) werden die gewöhnlichen (Methode der kleinsten Quadrate) Schätzungen $\hat{B} = S^{-1}X^TY$ ermittelt. Anschließend wird der Restvektor $\hat{E}$ berechnet und eine Prüfung der Hypothese über die Konstanz der Dispersion vorgenommen, $H_0: \sigma_1^2 = \sigma_2^2 = \cdots = \sigma_n^2 = \sigma^2$ (Anwendung dieses Testverfahrens siehe Abschnitt 2.6.). Wird die Hypothese abgelehnt, dann werden die Schätzungen $\hat{\sigma}_1^2, \ldots, \hat{\sigma}_n^2$ berechnet und wie Elemente der Matrix $\hat{\Sigma}$ der Form (1.110) behandelt. Mit Hilfe der Matrix $\hat{\Sigma}$ lassen sich dann die Schätzungen $\tilde{B}$ (verallgemeinerte Methode der kleinsten Quadrate) nach den Gleichungen (1.98) oder (1.105) ermitteln.

Im Falle „korrelierter Fehler" wird der Regressionsfehler e als MARKOWscher zufälliger Prozeß erster Ordnung angesehen, so daß folgende Beziehung gilt:

$$e_t = \varrho e_{t-1} + \varepsilon_t \,, \tag{1.114}$$

t — diskrete Zeit ($t = \ldots, -1, 0, +1, \ldots$);
ϱ — Autokorrelationskoeffizient, für den gilt:

$$\varrho = \text{const} \quad \text{und} \quad 0 < \varrho < 1 \,; \tag{1.115}$$

ε_t — unabhängige normalverteilte Größen mit einem Erwartungswert von Null und konstanter Dispersion σ_ε^2, d. h.

$$\varepsilon \sim N_n(0, \sigma_\varepsilon^2 I_n) \,. \tag{1.116}$$

Bei Einhaltung der Bedingungen (1.114), (1.115) und (1.116) wird die Zufallsgröße e_t durch die Vorgabe von e_{t-1} eindeutig festgelegt (Form der Verteilungsfunktion und ihre Parameter).

Die Wahl des MARKOWschen Zufallsprozesses (1.114) als Modell für „korrelierte Fehler" hat zweierlei Gründe: Es handelt sich um das einfachste Modell für Autokorrelation und zweitens stellt die exponentiale Autokorrelationsfunktion, die den Prozeß (1.114) beschreibt, eine gute Näherung für die Autokorrelationsfunktionen der meisten realen Prozesse dar. Bei vorgegebenem Wert e_{t-1} ergibt sich auf Grund der Gleichungen (1.114), (1.115) und (1.116)

$$e_t/e_{t-1} \sim N_1(0, \sigma_\varepsilon^2, I_n) \,; \tag{1.117}$$

$$E[e_t/e_{t-1}] = E[\varrho e_{t-1} + \varepsilon_t] = \varrho e_{t-1} \,; \tag{1.118}$$

$$D[e_t/e_{t-1}] = D[\varepsilon_t] = \sigma_\varepsilon^2 \,. \tag{1.119}$$

Bei vorgegebenem e_{t-1} hat die bedingte Wahrscheinlichkeitsdichte für e_t folgende Form:

$$f(e_t/e_{t-1}) = \frac{1}{\sqrt{2\pi}\,\sigma_\varepsilon} \exp\left[-\frac{1}{2\sigma_\varepsilon^2}(e_t - \varrho e_{t-1})^2\right]. \tag{1.120}$$

Zur vollständigen Bestimmung des Prozesses (1.114) muß die Verteilung $f(e_t)$ für jeden diskreten Zeitpunkt bekannt sein.

Weil bei einem MARKOWschen Prozeß erster Ordnung durch die Vorgabe von e_{t-1} die Zufallsgröße e_t eindeutig bestimmt wird, läßt sich die gemeinsame Verteilung der Zufallsgrößen $e_1, e_2, \ldots, e_t$ bei vorgegebenem e_0 in folgender Form darstellen:

$$f[(e_1, \ldots, e_t)/e_0] = f(e_t/e_{t-1}) \cdots f(e_1/e_0) \,. \tag{1.121}$$

Unter Berücksichtigung der Beziehung (1.120) folgt, daß Gleichung (1.121) eine mehrdimensionale Normalverteilung darstellt, für deren eindeutige Beschreibung die Kenntnis von $E[e_t]$ und $\text{cov}\,[e_t e_{t-\varepsilon}]$ für alle diskreten Zeitpunkte erforderlich ist. Nach Gleichung (1.114) wird

$$\begin{aligned} e_1 &= \varrho e_0 + \varepsilon_1 \\ e_2 &= \varrho^2 e_0 + \varrho\varepsilon_1 + \varepsilon_2 \\ e_3 &= \varrho^3 e_0 + \varrho^2\varepsilon_1 + \varrho\varepsilon_2 + \varepsilon_3 \\ &\cdots\cdots\cdots\cdots\cdots\cdots \\ e_t &= \varrho^t e_0 + \varrho^{t-1}\varepsilon_1 + \varrho^{t-2}\varepsilon_2 + \cdots + \varrho\varepsilon_{t-1} + \varepsilon_t . \end{aligned} \tag{1.122}$$

Unter Berücksichtigung der Beziehungen (1.122) und der Gleichung (1.116) besitzen für einen fixierten Anfangswert e_0 folgende Ausdrücke Gültigkeit:

$$E[e_t/e_0] = \varrho^t e_0; \tag{1.123}$$

$$\begin{aligned} D[e_t/e_0] &= D[\varrho^t e_0] + D[\varrho^{t-1}\varepsilon_1] + \cdots + D[\varrho\varepsilon_{t-1}] + D[\varepsilon_t] \\ &= \varrho^{2t-2}\sigma_\varepsilon^2 + \cdots + \varrho^2\sigma_\varepsilon^2 + \sigma_\varepsilon^2 = \sigma_\varepsilon^2 \frac{1-\varrho^{2t}}{1-\varrho^2}. \end{aligned} \tag{1.124}$$

Unter Berücksichtigung der Beschränkung (1.115) liefern die Gleichungen (1.123) und (1.124) beim Grenzübergang $t \to \infty$ folgende Werte:

$$\begin{aligned} E[e_{t\to\infty}/e_0] &= 0 \\ D[e_{t\to\infty}/e_0] &= \sigma_\varepsilon^2 \frac{1}{1-\varrho^2}. \end{aligned} \tag{1.125}$$

Gleichung (1.125) besagt, daß für $0 < \varrho < 1$ die weit zurückliegende „Vorgeschichte" des Prozesses keinen Einfluß auf seine Eigenschaften zum gegenwärtigen Zeitpunkt besitzt. Nimmt man an, daß der Prozeßbeginn bei $t = -\infty$ liegt, d. h. der Wert e_0 wird auf den Zeitpunkt $t = -\infty$ bezogen, so ergibt sich für die Wahrscheinlichkeitsdichte von e_t folgender Ausdruck:

$$f(e_t) = \frac{\sqrt{1-\varrho^2}}{\sqrt{2\pi}\,\sigma_\varepsilon} \exp\left[-\frac{1-\varrho^2}{2\sigma_\varepsilon^2} e_t^2\right]. \tag{1.126}$$

Ein zufälliger Prozeß der Form (1.114) stellt also für einen fixierten Zeitpunkt eine normalverteilte zufällige Größe e mit einer Wahrscheinlichkeitsdichte (1.126) dar. Dabei ist

$$E[e] = 0; \tag{1.127}$$

$$D[e] = \sigma_e^2 = \frac{\sigma_\varepsilon^2}{1-\varrho^2}. \tag{1.128}$$

Es wird angenommen, daß der Regressionsfehler e des Modells (1.1) einen Markowschen Zufallsprozeß der Form (1.114) darstellt. Für die einzelnen

Versuche sind dann $e_1, \ldots, e_n$ zufällige Größen, die mit einem Erwartungswert (1.127) und einer Dispersion (1.128) normalverteilt sind. Außerdem gilt für die Zufallsgrößen $e_1, \ldots, e_n$ ein gemeinsames n-dimensionales Normalverteilungsgesetz mit einem Erwartungswert von Null und einer Kovarianzmatrix (1.86), in der die Elemente der Hauptdiagonalen die Werte

$$\sigma_{11}^2 = \sigma_{22}^2 = \cdots = \sigma_{nn}^2 = \sigma_e{}^2 = \frac{\sigma_\varepsilon{}^2}{1 - \varrho^2} \tag{1.129}$$

besitzen und die restlichen Elemente σ_{ij}^2 Kovarianzen darstellen:

$$\sigma_{ij}^2 = \operatorname{cov}[e_i e_j]. \tag{1.130}$$

Unter Benutzung der bisher abgeleiteten Gleichungen wird die Form der Elemente σ_{ij}^2 am Beispiel des Elementes σ_{12}^2 ermittelt:

$$\sigma_{12}^2 = \operatorname{cov}[e_1 e_2] = E[(e_1 - E[e_1])\,(e_2 - E[e_2])] = E[e_1 e_2]. \tag{1.131}$$

Durch Einsetzen der Ausdrücke für e_1 und e_2 in Gleichung (1.142) erhält man:

$$\begin{aligned} e_1 &= \varrho e_0 + \varepsilon_1 \\ e_2 &= \varrho^2 e_0 + \varrho \varepsilon_1 + \varepsilon_2. \end{aligned} \tag{1.132}$$

Unter Berücksichtigung der bereits erhaltenen Ergebnisse

$$E[e] = 0 \qquad \text{und} \qquad D[e] = \frac{\sigma_\varepsilon{}^2}{1 - \varrho^2}$$

ergibt sich

$$E[\varepsilon_i \varepsilon_j] = \begin{cases} 0 & \text{für } i = j \\ \sigma_\varepsilon{}^2 & \text{für } i \neq j \end{cases}. \tag{1.133}$$

Durch Einsetzen von Ausdruck (1.132) in Gleichung (1.131) erhält man:

$$\sigma_{12}^2 = \operatorname{cov}[e_1 e_2] = \varrho \frac{\sigma_\varepsilon{}^2}{1 - \varrho^2}. \tag{1.134}$$

Analog läßt sich der Wert für σ_{13}^2 ableiten:

$$\sigma_{13}^2 = \operatorname{cov}[e_1 e_3] = \varrho^2 \frac{\sigma_\varepsilon{}^2}{1 - \varrho^2}. \tag{1.135}$$

Für den allgemeinen Fall ergibt sich

$$\sigma_{ij}^2 = \operatorname{cov}[e_i e_j] = \varrho^{|i-j|} \frac{\sigma_\varepsilon{}^2}{1 - \varrho^2}. \tag{1.136}$$

Die Kovarianzmatrix hat im Falle „korrelierter Fehler" somit folgende Form:

$$\Sigma = \frac{\sigma_\varepsilon^2}{1-\varrho^2}\begin{pmatrix} 1 & \varrho & \varrho^2 & \cdots & \varrho^{n-1} \\ \varrho & 1 & \varrho & \cdots & \varrho^{n-2} \\ \varrho^2 & \varphi & 1 & \cdots & \varrho^{n-3} \\ \vdots & \vdots & \vdots & \ddots & \vdots \\ \varrho^{n-1} & \varrho^{n-2} & \varrho^{n-3} & \cdots & 1 \end{pmatrix}. \tag{1.137}$$

Eine Verallgemeinerung der erhaltenen Ergebnisse führt im Falle „korrelierter Fehler" zu folgender Schreibweise für den Vektor E:

$$E \sim N_n(0, \Sigma). \tag{1.138}$$

Σ ergibt sich dabei nach Gleichung (1.137).

Zur Berechnung der Schätzungen $\tilde{B}$ nach den Gleichungen (1.98) oder (1.105) ist der Wert Σ^{-1} erforderlich. Durch Inversion der Matrix (1.137) erhält man:

$$\Sigma^{-1} = \frac{1}{\sigma_\varepsilon^2}\begin{pmatrix} 1 & -\varrho & 0 & 0 & 0 \cdots 0 \\ -\varrho & 1+\varrho^2 & -\varrho & 0 & 0 \cdots 0 \\ 0 & -\varrho & 1+\varrho^2 & -\varrho & 0 \cdots 0 \\ \vdots & \vdots & \vdots & \vdots & \vdots \quad \vdots \\ 0 & 0 & 0 & 0 & 0 \cdots 1 \end{pmatrix}. \tag{1.139}$$

In der Praxis sind die wahren Werte der Dispersion σ_ε^2 und des Autokorrelationskoeffizienten ϱ nicht bekannt. Zur Berechnung der Schätzungen $\tilde{B}$ muß man deshalb auf die Schätzung der Matrix $\hat{\Sigma}^{-1}$ zurückgreifen. Zu ihrer Ermittlung ist die Schätzung $\hat{\varrho}$ des Autokorrelationskoeffizienten ϱ erforderlich.

Nach Gleichung (1.136) läßt sich für zwei benachbarte Werte e_i und e_{i-1} angeben:

$$E[e_i e_{i-1}] = \varrho\sigma_e^2. \tag{1.140}$$

Die Stichprobenschätzung für σ_e^2 lautet

$$\hat{\sigma}_e^2 = \frac{1}{n}\sum_{i=1}^{n} e_i^2, \tag{1.141}$$

weil $E[e] = 0$ gilt.

Für die Stichprobenschätzung der Kovarianz $\operatorname{cov}[e_i e_{i-1}] = E[e_i e_{i-1}]$ ergibt sich (siehe Gleichung (1.39))

$$\hat{d}_{i,i-1} = \frac{1}{n-1}\sum_{i=2}^{n} e_i e_{i-1}. \tag{1.142}$$

Bei hinreichend großem n wird $\frac{n}{n-1} \to 1$, so daß sich für die Schätzung von ϱ folgender Ausdruck angeben läßt:

$$\hat{\varrho} = \frac{\sum_{i=2}^{n} e_i e_{i-1}}{\sum_{i=1}^{n} e_i^2}. \tag{1.143}$$

Zur Schätzung von ϱ wird auch häufig die NEYMANsche Beziehung angewendet:

$$\hat{\varrho}^* = \frac{\sum_{i=2}^{n} (e_i - e_{i-1})^2}{\sum_{i=1}^{n} e_i^2}. \tag{1.144}$$

Die in die Gleichungen (1.143) und (1.144) eingehenden Werte $e_1, \ldots, e_n$ entziehen sich der Beobachtung, so daß man an ihrer Stelle die Schätzungen von e_i und e_{i-1} in der Form ihrer Regressionsreste $\hat{e}_i$ und $\hat{e}_{i-1}$ benutzt, die sich über gewöhnliche, nach der Methode der kleinsten Quadrate erhaltenen Schätzungen $\hat{B} = S^{-1}X^TY$ ermitteln lassen.

Die einzelnen Schritte bei der Berechnung von Schätzungen $\tilde{B}$ nach der verallgemeinerten Methode der kleinsten Quadrate werden zusammenfassend kurz angegeben:

1. An Hand der Beobachtungsmatrizen X und Y werden nach der Methode der kleinsten Quadrate die Schätzungen $\hat{B} = S^{-1}X^TY$ sowie die Restdispersionen $\hat{\sigma}^2$ bestimmt.
2. Berechnung der Regressionsreste nach Gleichung (1.107):

$$\hat{E} = Y - \hat{Y} = Y - X\hat{B}.$$

3. Ist $\mu \neq 0$, so wird $\hat{E}$ zur Berechnung der Stichprobenschätzung des Vektors $\hat{\mu}$ herangezogen. Anschließend erfolgt die Bildung des Vektors $(Y - \hat{\mu})$.
4. Ist $\Sigma \neq \sigma^2 I_n$, dann benutzt man $\hat{E}$ zur Ermittlung der Stichprobenschätzung $\hat{\Sigma}$. Hierbei sind zwei Fälle zu unterscheiden:

a) „verschiedene Meßgenauigkeit". Die Matrix $\hat{\Sigma}^{-1}$ hat folgende Form:

$$\hat{\Sigma}^{-1} = \begin{pmatrix} 1/\hat{\sigma}_1^2 & 0 & \cdots & 0 \\ 0 & 1/\hat{\sigma}_2^2 & \cdots & 0 \\ \cdots & \cdots & \cdots & \cdots \\ 0 & 0 & \cdots & 1/\hat{\sigma}_n^2 \end{pmatrix}. \tag{1.145}$$

Die Schätzungen $\hat{\sigma}_1^2, \ldots, \hat{\sigma}_n^2$ werden über $\hat{E}$ nach der beschriebenen Verfahrensweise ermittelt.

b) „korrelierter Fehler". Die Matrix $\hat{\Sigma}^{-1}$ hat dann die Form (1.139)

$$\hat{\Sigma}^{-1} = \frac{1}{\hat{\sigma}_\varepsilon^2} \begin{pmatrix} 1 & -\hat{\varrho} & 0 & 0 & 0 \cdots 0 \\ -\hat{\varrho} & 1+\hat{\varrho}^2 & -\hat{\varrho} & 0 & 0 \cdots 0 \\ 0 & -\hat{\varrho} & 1+\hat{\varrho}^2 & -\hat{\varrho} & 0 \cdots 0 \\ \vdots & \vdots & \vdots & \vdots & \vdots \quad \vdots \\ 0 & 0 & 0 & 0 & 0 \cdots 1 \end{pmatrix}. \tag{1.146}$$

Zur Berechnung der Schätzungen $\hat{\varrho}$ dienen die Gleichungen

$$\hat{\varrho} = \frac{\sum_{i=2}^{n} \hat{e}_i \hat{e}_{i-1}}{\sum_{i=1}^{n} \hat{e}_i^2} \tag{1.147}$$

oder

$$\hat{\varrho}^* = \frac{\sum_{i=2}^{n} (\hat{e}_i - \hat{e}_{i-1})^2}{\sum_{i=1}^{n} \hat{e}_i^2}, \tag{1.148}$$

$\hat{e}_i$ — Wert der Regressionsreste nach Gleichung (1.106).

Die Schätzung $\hat{\sigma}_\varepsilon^2$ ergibt sich analog zur Beziehung (1.128):

$$\hat{\sigma}^2 = \frac{\hat{\sigma}_\varepsilon^2}{1 - \hat{\varrho}^2}. \tag{1.149}$$

5. Die Berechnung der Schätzungen $\tilde{B}$ nach der verallgemeinerten Methode der kleinsten Quadrate erfolgt analog der Gleichung (1.98):

$$\tilde{B} = (X^T \hat{\Sigma}^{-1} X)^{-1} X^T \hat{\Sigma}^{-1} (Y - \hat{\mu}). \tag{1.150}$$

Aus den bisherigen Darlegungen ist ersichtlich, daß beim Übergang von der gewöhnlichen zur verallgemeinerten Methode der kleinsten Quadrate der Rechenaufwand zur Aufstellung und Analyse der empirischen Regressionsgleichung erheblich zunimmt. In diesem Zusammenhang ist es interessant, Aussagen darüber zu erhalten, welche Verluste bezüglich der Optimalität die Schätzungen der Koeffizienten $\beta_1, \ldots, \beta_k$ erleiden, wenn bei einer Fehlerverteilung der Form (1.84) Schätzungen nach der Methode der kleinsten Quadrate, also $\hat{B} = S^{-1} X^T Y$ verwendet werden. Es soll untersucht werden, unter welchen Bedingungen beim Vorliegen einer Fehlerverteilung der Form (1.84) ein Übergang von den Schätzungen $\hat{B}$ zu $\tilde{B}$ erforderlich ist.

Um die Bedingung für die Zweckmäßigkeit eines Überganges zu den Schätzungen $\tilde{B}$ festzulegen, wird die Effektivität der Schätzungen $\hat{B}$ und $\tilde{B}$ bei einer Fehlerverteilung der Form (1.84) nach folgendem Kriterium miteinander verglichen:

$$v = \frac{1}{k} \operatorname{sp} \left\{ \frac{E[(\hat{B} - B)(\hat{B} - B)^T]}{E[(\tilde{B} - B)(\tilde{B} - B)^T]} \right\}. \tag{1.151}$$

Ein Vergleich der Ausdrücke (1.88) und (1.103) ergibt

$$E[(\hat{B} - B)(\hat{B} - B)^T] \geqq E[(\tilde{B} - B)(\tilde{B} - B)^T], \tag{1.152}$$

woraus $v \geqq 1$ folgt.

Die Anwendung des v-Kriteriums in der Form (1.151) zur Abschätzung der Zweckmäßigkeit eines Überganges zur verallgemeinerten Methode der kleinsten Quadrate läßt sich wie folgt begründen [62]. Die Aufgabe besteht im Vergleich zweier Matrizen $A_1 = E[(\hat{B} - B)(\hat{B} - B)^T]$ und $A_2 = E[(\tilde{B} - B)(\tilde{B} - B)^T]$. Die einzige Forderung, die an das Vergleichskriterium gestellt wird, besteht in einer streng monotonen Änderung der Größen $v(A_1A_m)$, $v(A_2A_m)$, ..., $v(A_mA_m)$ bei einer beliebig geordneten Folge von Matrizen $A_1 > A_2 > \cdots > A_m$. Das Kriterium (1.151) genügt dieser Forderung. Außerdem ist es auch physikalisch sinnvoll: Es gibt die relative Abnahme der Dispersion der Schätzungen B beim Übergang zur verallgemeinerten Methode der kleinsten Quadrate an. Ein weiterer Vorteil besteht in der relativ einfachen Bestimmung eines analytischen Ausdruckes zum Abschätzen der Zweckmäßigkeit eines Überganges zur verallgemeinerten Methode der kleinsten Quadrate.

Der Ausdruck (1.151) ist in recht komplizierter Weise von der Beobachtungsmatrix X abhängig. Unter Benutzung der Gleichungen (1.88) und (1.103) läßt sich diese Abhängigkeit auf eine Abhängigkeit von T_2 zurückführen. $T_2 = XS^{-1}X^T$ stellt eine idempotente Matrix dar, deren Rang rg $(T_2) = k$ ist (vergleiche Ausdruck (1.16)). Die Abhängigkeit des v-Kriteriums von T_2 lautet:

$$\begin{aligned} v &= \frac{1}{k} \operatorname{sp} \{S^{-1}X^T(\Sigma + \mu\mu^T) XS^{-1}(X^T\Sigma^{-1}X)\} \\ &= \frac{1}{k} \operatorname{sp} \{XS^{-1}X^T)(\Sigma + \mu\mu^T)(XS^{-1}X^T)\Sigma^{-1}\} \\ &= \frac{1}{k} \operatorname{sp} \{T_2(\Sigma + \mu\mu^T) T_2\Sigma^{-1}\}. \end{aligned} \tag{1.153}$$

In der Form (1.153) läßt sich das v-Kriterium schlecht anwenden, weil sich bei gleichen Bedingungen, aber verschiedenen Beobachtungsmatrizen X verschiedene Werte für v ergeben. Nach [62] wird deshalb eine näherungsweise Abhängigkeit für v nur von μ und Σ abgeleitet. Die Matrix T_2 und das Kriterium (1.153) sind nur vom Richtungssinn des Unterraumes, der durch die Spalten der Matrix X gebildet wird, abhängig. Es wird angenommen, daß alle

Richtungssinne dieses Unterraumes gleichberechtigt sind, d. h., daß alle möglichen Matrizen T_2 gleichwahrscheinlich sind. Ein Ausdruck, der eine spezielle Matrix T_2 enthält, wird sich deshalb nicht stark von einem Mittelwert dieses Ausdruckes, gebildet über alle möglichen Matrizen T_2, unterscheiden.

Eine Mittelung der v-Werte in Gleichung (1.153) über alle Werte von T_2 liefert [62]:

$$\bar{v} = 1 + \frac{(n-k+1)\,n}{n(n+1)-2}\left[\frac{1}{n^2}\operatorname{sp}\Sigma\operatorname{sp}\Sigma^{-1} - 1\right] + \frac{1}{n}\left[1 - \frac{(n-k+1)\,n}{n(n+1)-2}\right]\mu^T\Sigma^{-1}\mu + \frac{n-k}{n[n(n+1)-2]}\,\mu^T\mu\cdot\operatorname{sp}\Sigma^{-1}. \tag{1.154}$$

Aus Gleichung (1.154) folgt, daß für $\Sigma = \sigma^2 I_n$ und $\mu = 0$, d. h. bei Erfüllung der Bedingungen des GAUSS-MARKOW-Theorems (1.31a), die Effektivität der Schätzungen $\hat{B}$ und $\tilde{B}$ gleich ist und $\bar{v}$ den Wert $\bar{v} = 1$ annimmt. Zur Abschätzung der Zweckmäßigkeit des Überganges zu Schätzungen nach der verallgemeinerten Methode der kleinsten Quadrate werden zwei Fälle untersucht:

$$\operatorname{cov}[E] = \sigma^2 I_n, \qquad \mu \neq 0 \tag{1.155}$$

und

$$\operatorname{cov}[E] = \Sigma \neq \sigma^2 I_n, \qquad \mu = 0. \tag{1.156}$$

Das $\bar{v}$-Kriterium (1.154) nimmt für diese Fälle folgende Formen an:

$$\bar{v} = 1 + \left[\frac{1}{n} - \frac{1}{n(n+1)-2}\right]\frac{\mu^T\mu}{\sigma^2} \tag{1.157}$$

und

$$\bar{v} = 1 + \frac{(n-k+1)n}{n(n+1)-2}\left[\frac{1}{n^2}\operatorname{sp}\Sigma\operatorname{sp}\Sigma^{-1} - 1\right]. \tag{1.158}$$

Für hinreichend große n läßt sich Ausdruck (1.157) vereinfachen:

$$\bar{v} = 1 + \frac{1}{n\sigma^2}\,\mu^T\mu. \tag{1.159}$$

Die Größe von $\bar{v}$ gibt an, um das Wievielfache die Dispersion der Schätzungen der Regressionskoeffizienten B bei Anwendung der Methode der kleinsten Quadrate im Vergleich zur verallgemeinerten Methode der kleinsten Quadrate durchschnittlich ansteigt. Die Zweckmäßigkeit des Überganges von den $\hat{B}$-Schätzungen zu $\tilde{B}$-Schätzungen wird dann durch die Beziehung $\bar{v} \gtrless \bar{v}_0$ ausgedrückt ($\bar{v}_0$ — vorgegebener Grenzwert von $\bar{v}$). Die Wahl des Grenzwertes $\bar{v}_0$ ist in jedem konkreten Fall von einer Vielzahl von Faktoren abhängig, wie z. B. der Existenz von Rechnerprogrammen nach der verallgemeinerten Methode der kleinsten Quadrate, den Kosten für die Rechenzeit, den Anforderungen an die Genauigkeit der mathematischen Beschreibung usw. Als Beispiel wird für $\bar{v}_0 = 1{,}1$ angenommen, was eine 10%ige Zunahme der Dispersion der Schätzungen der Koeffizienten $\beta_1, \ldots, \beta_k$ bedeutet. Ergibt sich für $\bar{v} < \bar{v}_0 = 1{,}1$, so beträgt die Effektivitätsabnahme bei Anwendung der Methode der kleinsten Quadrate an Stelle der verallgemeinerten Methode im Falle (1.155) oder (1.156) maximal 10%.

Für einen praktischen Anwendungsfall des $\bar{v}$-Kriteriums soll vorausgesetzt werden, daß sich die Erwartungswerte des Fehlers zeitlich ändern. Diese Änderung soll linearen Charakter besitzen:

$$E[e_i] = \mu_i = \gamma(t_i - \bar{t}), \qquad t_i = 1, 2, \ldots, n, \tag{1.160}$$

γ — Proportionalitätsfaktor,
t_i — Zeitpunkte der Datenerfassung,

$$\bar{t} = \frac{1}{n} \sum_{i=1}^{n} t_i = \frac{n+1}{2}.$$

Der Wert für $\mu^T\mu$ hat dann die Form

$$\mu^T\mu = \gamma^2 \sum_{i=1}^{n} \left(i - \frac{n+1}{2}\right)^2 = \gamma^2 n(n+1)\frac{n-1}{12} \approx \frac{\gamma^2 n^3}{12}. \tag{1.161}$$

Durch Einsetzen dieses Wertes in Gleichung (1.159) ergibt sich

$$\bar{v} = 1 + \frac{1}{12}\left(\frac{\gamma n}{\sigma}\right)^2. \tag{1.162}$$

Nimmt man als Grenzwert für $\bar{v}$ in Ausdruck (1.162) $\bar{v} = \bar{v}_0 = 1{,}1$ an, so erhält man näherungsweise

$$\gamma n \approx \sigma. \tag{1.163}$$

Die Größe γn gibt hier die maximale Änderung des Erwartungswertes von μ an.

Die Effektivität der Schätzungen $\hat{B}$ ist für $E[e] = f(i) \neq 0$, wenn

$$\max_i \mu_i - \min_i \mu_i = \sigma, \tag{1.164}$$

σ^2 — Dispersion des Regressionsfehlers

gilt, um 10% geringer als die Effektivität der Schätzungen $\tilde{B}$.

Für einen beliebigen Grenzwert $\bar{v}_0$ läßt sich unter Berücksichtigung von Gleichung (1.162)

$$\gamma n = \sigma \sqrt{12(\bar{v}_0 - 1)} \tag{1.165}$$

angeben, d. h. für einen vorgegebenen zulässigen Wert $\bar{v}_0$ ist ein Übergang von $\hat{B}$-Schätzungen zu $\tilde{B}$-Schätzungen zweckmäßig, wenn

$$\max_i \mu_i - \min_i \mu_i > \sigma \sqrt{12(\bar{v}_0 - 1)} \tag{1.166}$$

ist.

Ergänzend sei bemerkt, daß die Beziehung (1.166) für Abhängigkeiten $\mu_i = f(i)$ beliebiger Art (nicht nur bei Linearität) Gültigkeit besitzt, weil der Koeffizient γ nicht in Ausdruck (1.166) eingeht.

Es wird nun der Fall $E[e_i] = 0$, $E[e_ie_j] = 0$, $i \neq j$ untersucht. Die Dispersion des Regressionsfehlers soll für verschiedene Versuche verschieden groß sein, d. h., es liegt der Fall „verschiedener Meßgenauigkeit" vor, für den die Kovarianzmatrix der Fehler die Form (1.110) besitzt. Zur Einschätzung der Zweckmäßigkeit eines Überganges zur verallgemeinerten Methode der kleinsten Quadrate ist der $\bar{v}$-Wert nach Gleichung (1.158) zu berechnen, die unter Berücksichtigung von Gleichung (1.110) folgende Form annimmt:

$$\bar{v} = 1 + \frac{(n-k)\,n}{n(n+1)-2} \left\{ \frac{1}{n^2} \left(\sum_{i=1}^{n} \sigma_i^2 \right) \left(\sum_{i=1}^{n} 1/\sigma_i^2 \right) - 1 \right\}. \tag{1.167}$$

Ist die Dispersion nichtkonstant und ändert sie sich kontinuierlich von $\sigma^2_{\min}$ bis $\sigma^2_{\max}$, läßt sich für $n \gg k$ und $\sigma^2_{\max}/\sigma^2_{\min} < 100$ für $\bar{v}$ folgende Näherungsgleichung angeben [62]:

$$\bar{v} = 1 + \frac{1}{12} \left(\ln \frac{\sigma^2_{\max}}{\sigma^2_{\min}} \right)^2. \tag{1.168}$$

Für $\bar{v}_0 = 1{,}1$ folgt aus Gleichung (1.168)

$$\frac{\sigma^2_{\max}}{\sigma^2_{\min}} \approx 3. \tag{1.169}$$

Der Wert (1.169) besagt, daß eine Nichtkonstanz der Dispersion der Fehler die Effektivität der herkömmlichen Schätzungen $\hat{B}$ nur unwesentlich mindert. Für einen beliebigen Grenzwert $\bar{v}_0 < 3$ läßt sich auf der Grundlage von Ausdruck (1.168) angeben:

$$\frac{\sigma^2_{\max}}{\sigma^2_{\min}} = \exp \sqrt{12(\bar{v}_0 - 1)}. \tag{1.170}$$

Gleichung (1.170) besagt, daß bei vorgegebenem $\bar{v}_0 < 3$ ein Übergang von $\hat{B}$-Schätzungen zu $\tilde{B}$-Schätzungen erforderlich ist, wenn der Quotient $\sigma^2_{\max}/\sigma^2_{\min}$ den Wert der rechten Seite von Gleichung (1.170) übersteigt.

Abschließend soll der Fall der „korrelierten Regressionsfehler" untersucht werden. Unter Berücksichtigung der Gleichungen (1.137) und (1.139) ergibt sich für $\bar{v}$:

$$\bar{v} = 1 + \frac{(n-1)(n-k)}{n(n+1)-2} \cdot \frac{2\varrho^2}{1-\varrho^2}. \tag{1.171}$$

Für $n \gg k$ läßt sich folgende Vereinfachung vornehmen:

$$\bar{v} = \frac{1+\varrho^2}{1-\varrho^2}. \tag{1.172}$$

Für $\bar{v}_0 = 1{,}1$ ist ein Übergang zu $\hat{B}$-Schätzungen zweckmäßig, wenn $\varrho > 0{,}22$ ist.

Durch Umformung von Gleichung (1.172) ergibt sich für einen beliebigen Wert $\bar{v}_0$ für ϱ_0 folgender Ausdruck:

$$\varrho_0 = \sqrt{\frac{\bar{v}_0 - 1}{\bar{v}_0 + 1}}. \tag{1.173}$$

Bei vorgegebenem $\bar{v}_0$ ist also ein Übergang von $\hat{B}$-Schätzungen zu $\tilde{B}$-Schätzungen erforderlich, wenn der Wert des Autokorrelationskoeffizienten einen durch die rechte Seite der Gleichung (1.173) bestimmten Wert übersteigt.

Bei Ableitung der Gleichungen (1.162), (1.170) und (1.173) zur Abschätzung der Notwendigkeit eines Überganges zu Schätzungen nach der verallgemeinerten Methode der kleinsten Quadrate wurden die wahren Werte μ_i, σ_i^2 und ϱ benutzt. In der Praxis sind die wahren Werte dieser Größen unbekannt, so daß man an ihrer Stelle die Stichprobenschätzungen $\hat{\mu}_i$, $\hat{\sigma}_i^2$ und $\hat{\varrho}$ verwendet, die sich über die Regressionsreste $\hat{E}$ bestimmen lassen. Es läßt sich beweisen, daß für hinreichend große Werte von n ($n \gg k$) die Änderung der Effektivität der Schätzungen (d. h. die Änderung von $\bar{v}$) bei Benutzung von $\hat{\mu}$ und $\hat{\Sigma}$ an Stelle von μ und Σ in der Größenordnung von $\frac{1}{n}$ liegt. Dieser geringfügige Wert ist ohne weiteres vernachlässigbar.

2. Anwendung der Mehrfachregression zur mathematischen Beschreibung von technologischen Objekten

2.1. *Vorbemerkungen*

In diesem Kapitel werden die Besonderheiten bei der Anwendung der Mehrfachregression zur Beschreibung von technologischen Objekten mit Hilfe statistischer Methoden behandelt.

Es soll angenommen werden, daß im zu beschreibenden System ein kontinuierlicher Prozeß abläuft, der sich in Form des in Abb. 2.1 gezeigten Schemas darstellen läßt. Alle kontrollierbaren Parameter der Gruppen A und B werden zu einer neuen Variablengruppe $X = (x_1, \ldots, x_l)$ mit $l = m + r$ zusammengefaßt und als Eingangs- oder technologische Veränderliche bezeichnet. Entsprechend soll dann die Veränderliche y Ausgangsvariable heißen.

Für die Veränderlichen, die den momentanen Zustand des Objekts bestimmen, werden folgende Annahmen gemacht:

1. Die Änderung jeder Eingangsvariablen $x_1, \ldots, x_l$ stellt einen normalverteilten stationären Zufallsprozeß dar, der die Eigenschaft der Ergodizität besitzt.
2. Jede Variable der Gruppe D charakterisiert einen zufällig und unabhängig wirkenden Faktor; unter ihnen gibt es keinen bevorzugten.
3. Keine der Variablen der Gruppe D ist mit den Eingangsvariablen korreliert. Ihre Änderungen stellen einen stationären Zufallsprozeß mit einem Erwartungswert von Null dar.

Diese Annahmen entsprechen in der Regel den realen Bedingungen und werden bei der Mehrzahl technologischer Objekte erfüllt.

Die statistische mathematische Beschreibung stellt den Zusammenhang zwischen den entsprechenden Augenblickswerten der Veränderlichen y und denen der Variablen $x_1, \ldots, x_l$ dar. In allgemeiner Form wird ein komplexes Objekt statistisch durch ein System von Gleichungen der Art

$$y_j(t) = \psi_j[x_1(t), \ldots, x_l(t), d_1(t), \ldots, d_s(t)], \qquad (2.1)$$

$j = 1, \ldots, q$; q — Anzahl der Ausgangsvariablen

beschrieben.

Da nach den oben festgelegten Voraussetzungen jede Variable $d_1, \ldots, d_s$ einen zufällig und unabhängig wirkenden Faktor, der mit den Eingangsvariablen nichtkorreliert ist, charakterisiert, läßt sich jede der Gleichungen (2.1) auf die Form

$$y(t) = \psi[x_1(t), \ldots, x_l(t)] + \xi[d_1(t), \ldots, d_s(t)]$$
$$= \psi[x_1(t), \ldots, x_l(t)] + e(t) \quad (2.2)$$

bringen. $e(t)$ ist hierbei eine äquivalente Störung am Ausgang des Objekts, die die Wirkung aller unkontrollierbarer Variablen ersetzen soll. Nach den gemachten Annahmen läßt sich das Strukturschema des Objekts auf die in Abb. 2.1 gezeigte Form bringen. Die Störung e verletzt das Prinzip der Ein-

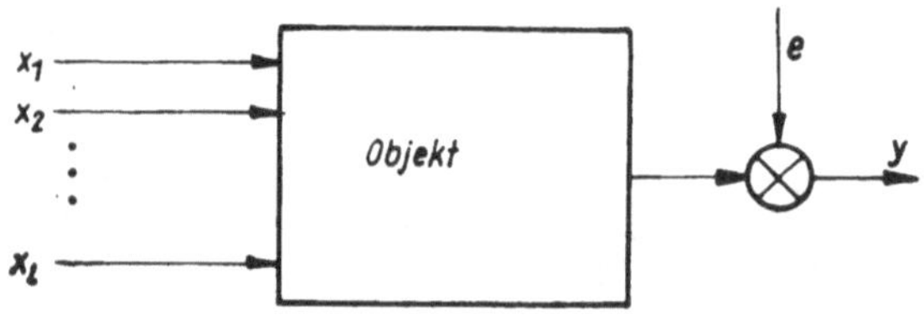

Abb. 2.1. Vereinfachtes Strukturschema eines komplexen Objekts

deutigkeit zwischen der Veränderlichen y einerseits und den Variablen $x_1, \ldots, x_l$ andererseits. Deshalb kann man sie nur wahrscheinlichkeitstheoretisch betrachten.

Da die äquivalente Störung aus einer Vielzahl zufällig und unabhängig wirkender Faktoren $d_1, \ldots, d_s$, unter denen kein bevorzugter existiert, resultiert, läßt sich annehmen [14], daß $e(t)$ einen Zufallsprozeß mit einem Erwartungswert von Null darstellt und normalverteilt ist. Der Erwartungswert für y beträgt dann für jeden fixierten Zeitpunkt

$$E[y] = \psi(x_1, \ldots, x_l).$$

Bei den weiteren Ableitungen ist es sinnvoll, die Abhängigkeit $\psi(x_1, \ldots, x_l)$ in Form eines Polynoms darzustellen:

$$\psi(x_1, \ldots, x_l) = \sum_j \beta_j x_j + \sum_{j,q} \beta_{jq} x_j x_q + \cdots. \quad (2.3)$$

Benutzt man formal linearisierte Veränderliche, so läßt sich die statistische Beschreibung des Objekts für jeden fixierten Zeitpunkt in Form eines mathematischen Modells

$$y(t_i) = \beta_1 x_1(t_i) + \cdots + \beta_k x_k(t_i) + e(t_i), \quad (2.4)$$

$e(t_i)$ — normalverteilter Zufallsfehler mit dem Erwartungswert Null;
k — Anzahl der Glieder des Polynoms (2.3)

darstellen.

Im weiteren wird der Index t_i weggelassen; ausgenommen sind Fälle, wo speziell darauf hingewiesen wird, daß das Modell (2.4) für fixierte Zeitpunkte betrachtet wird.

Die statistische Beschreibung eines komplexen Objektes besteht in der Bestimmung der Schätzwerte des Modells (2.4) auf der Grundlage von Beobachtungswerten, wobei man Regressionsmethoden benutzen kann.

Als statistisches „Ausgangsmaterial" zur Bestimmung der Stichprobenschätzungen $\hat{\beta}_1, \ldots, \hat{\beta}_k$ können experimentelle Daten, die während des Normalbetriebes am Objekt gewonnen wurden, dienen. Diese Daten stellen Wertesätze der Variablen y und $x_1, \ldots, x_l$ zu festgelegten diskreten Zeitpunkten dar. Wie bereits im ersten Kapitel, wird ein zu einem bestimmten Zeitpunkt t_i gehörender Datensatz (Wertetupel) $(y_i, x_{1i}, \ldots, x_{li})$, der über den laufenden i-ten Zustand des Objekts Auskunft gibt, als Versuch bezeichnet.

Alle n im Verlaufe der Versuchsdurchführung gemachten Versuche werden in Form der Beobachtungsmatrizen Y und X dargestellt; die erstgenannte Matrix ist vom Typ $(n \times 1)$, die zweite vom Typ $(n \times k)$, wobei k die Anzahl der Glieder im Modell (2.4) unter Berücksichtigung der linearisierten Veränderlichen des Polynoms (2.3) darstellt. Das Polynom (2.3) kann beliebiger Ordnung sein; die Praxis hat jedoch bewiesen, daß man sich bei der mathematischen Beschreibung technischer Objekte auf Polynome zweiter oder dritter Ordnung beschränken kann.

2.2. *Versuchsdauer und Zeitintervall zwischen den Versuchspunkten*

Über den erforderlichen Umfang der Stichprobe werden von einigen Autoren [15] Empfehlungen gegeben, die auf folgendem Kriterium beruhen: Der Umfang der Stichprobe n ist hinreichend groß, wenn die Stichprobenschätzung des Parameters mit einer vorgegebenen Wahrscheinlichkeit P nicht mehr als um eine vorgegebene Größe δ vom wahren Wert abweicht. Mit Hilfe dieses Kriteriums erhält man jedoch einen stark überhöhten Stichprobenumfang, was unvertretbar ist, weil die Durchführung aktiver Experimente am technologischen Objekt stets mit beträchtlichen materiellen Aufwendungen verbunden ist. Außerdem ist bei der Datengewinnung an einem technologischen Objekt mit kontiniuerlicher Änderung der Variablen die Beurteilung der statistischen Zulänglichkeit an Hand nur eines Kriteriums unzureichend, weil keinerlei Aussagen darüber gemacht werden, in welchem Zeitraum die n Versuche durchzuführen sind. Bekanntlich läßt sich die Regressionsgleichung effektiv nur in dem Bereich benutzen, in dem auch die Änderungen der Variablen bei der Datengewinnung beobachtet wurden. Jede Extrapolation der Gleichung über die Grenzen des untersuchten Bereiches hinaus ist höchst zweifelhaft und kann zu beträchtlichen Ungenauigkeiten führen [9, 16]. Führt man n Versuche in zu kurzen Zeitabständen durch, so daß die technologischen Veränderlichen nur einen Teil ihres Wertebereiches durchlaufen können, kann sich die mathematische Beschreibung des Objekts für den gesamten Wertebereich als ungeeignet erweisen. Deshalb ist es notwendig, den Charakter der zeitlichen Änderung aller technologischen Veränderlichen des Objekts zu berücksichtigen.

Die Aufgabenstellung läßt sich dann wie folgt formulieren: Für die technologische Veränderliche x ist ein Änderungsbereich endlicher Größe vorgegeben. Die Änderungen von x stellen einen stationären Zufallsprozeß (Abb. 2.2) dar:

$$\Delta x = x_{\max} - x_{\min}. \tag{2.5}$$

Der gesamte Bereich Δx wird in eine bestimmte Anzahl gleichgroßer Abschnitte zerlegt, deren Größe von der Genauigkeit des eingesetzten Meßgerätes abhängt. Es soll angenommen werden, daß der Zeitabstand Δt zwischen zwei

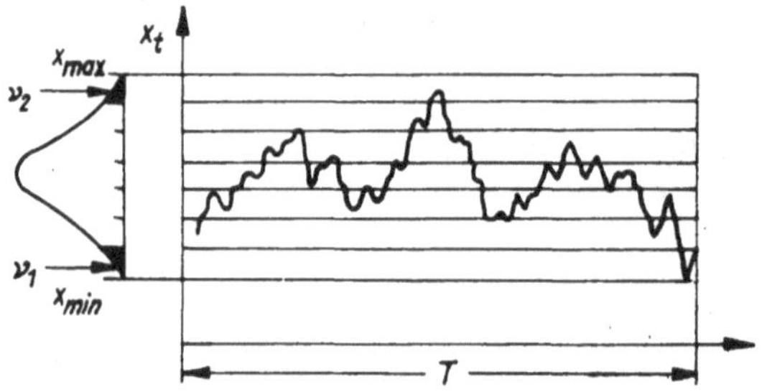

Abb. 2.2. Zerlegung von $\Delta x = x_{\max} - x_{\min}$ zur Berechnung der Versuchsdauer T

Versuchen und die Wahrscheinlichkeiten ν_1 und ν_2, mit der die Zufallsgröße x in den untersten bzw. obersten Abschnitt des Bereiches Δx fällt, bekannt sind.

Es gilt die Zeit T zur Beobachtung der Veränderlichen x zu bestimmen, in deren Verlauf für eine Meßreihe $n = T/\Delta t$ die Veränderliche x mit einer Wahrscheinlichkeit P zumindest einmal im obersten und im untersten Abschnitt zu finden ist. Bei Erfüllung dieser Forderung ist selbstverständlich zu erwarten, daß der gesamte Änderungsbereich der Variablen erfaßt wird, weil die Wahrscheinlichkeit des Antreffens in der Mitte des Bereiches größer ist als die in der Nähe seiner Grenzen.

In der Regel sind die technologischen Veränderlichen von technischen Objekten bei guter Fahrweise geringen Schwankungen unterworfen; deshalb sind die Wahrscheinlichkeiten ν_1 und ν_2 für das Durchfahren der äußersten Abschnitte des Bereiches gering. In diesem Falle läßt sich die POISSONsche Gleichung benutzen, die eine Aussage darüber liefert, mit welcher Wahrscheinlichkeit die Veränderliche x m-mal in den äußersten Abschnitt fällt:

$$P_m = \frac{\lambda^m}{m!} e^{-\lambda}. \tag{2.6}$$

Der Parameter λ kann in folgender Form dargestellt werden:

$$\lambda = aT, \tag{2.7}$$

a — mittlere Zahl des Auftretens im äußersten Abschnitt je Zeiteinheit;
T — gesamte Beobachtungszeit.

λ charakterisiert somit die mittlere Zahl des Durchfahrens der Veränderlichen im äußersten Abschnitt des Bereichs während der Versuchsdauer.

Hat die Veränderliche x innerhalb des Bereiches eine symmetrische Verteilung, so ist $\nu_1 = \nu_2 = \nu$ und die Wahrscheinlichkeit dafür, daß die Werte von x im Verlaufe von n Beobachtungen zumindest einmal in den obersten und einmal in den untersten Abschnitt fallen, beträgt [2]:

$$P = (1 - e^{-\lambda})^2. \tag{2.8}$$

Durch Vorgabe eines günstigen Wertes für P läßt sich aus Gleichung (2.8) λ ermitteln und über Gleichung (2.7) die erforderliche Beobachtungsdauer T bestimmen. In der folgenden Tabelle sind die λ-Werte für in der Ingenieurpraxis häufig gebrauchte P-Werte angeführt.

Tabelle 2.1

P	0,94	0,95	0,96	0,97	0,98	0,99
λ	3,52	3,68	3,90	4,19	4,6	5,3

Die mittlere Anzahl des Auftretens der Veränderlichen im äußeren Abschnitt beträgt je Zeiteinheit

$$a = \frac{\nu}{\Delta t}. \tag{2.9}$$

Folglich gilt

$$\lambda = \frac{T}{\Delta t}\nu = n\nu, \tag{2.10}$$

woraus

$$T = \frac{\Delta t \lambda}{\nu} \tag{2.11}$$

folgt.

Durch Berechnung des Quotienten $\Delta t/\nu$ und Entnahme des der gewählten Wahrscheinlichkeit P entsprechenden λ-Wertes aus der Tabelle 2.1 läßt sich nach Gleichung (2.11) die erforderliche Beobachtungszeit T ermitteln. Sie besitzt die gleiche Maßeinheit wie Δt. Abbildung 2.3 zeigt die Abhängigkeit zwischen T und $\Delta t/\nu$ für zwei verbreitet angewendete Werte von P.

Bei der praktischen Bestimmung von T können die Wahrscheinlichkeiten ν_1 und ν_2 durch die entsprechenden Häufigkeiten $\hat{\nu}_1$ und $\hat{\nu}_2$ ersetzt werden. Zur Ermittlung von $\hat{\nu}_1$ und $\hat{\nu}_2$ lassen die sich von jeder Industrieanlage vorhandenen Archivdaten heranziehen.

Zur endgültigen Wahl der Versuchsdauer $T_{\text{Vers.}}$ sind alle für die technologischen Veränderlichen x_j berechneten Werte T_j zu berücksichtigen.

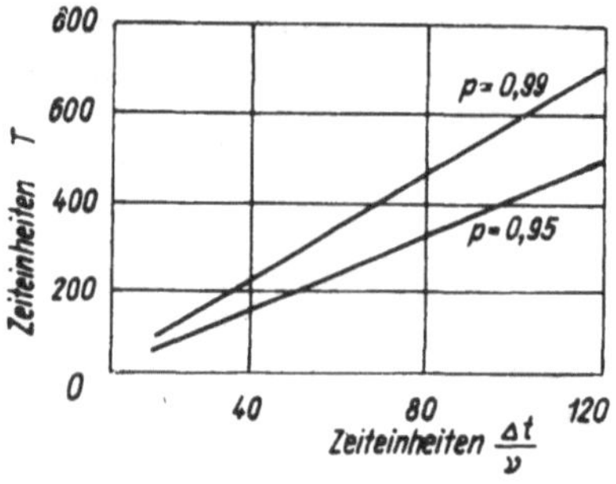

Abb. 2.3. Diagramm zur Ermittlung von T

Bei der Bestimmung des Zeitabstandes Δt zwischen der Datensammlung kann man von folgenden Vorstellungen ausgehen: Die Regressionsanalyse baut auf der Voraussetzung auf, daß die beobachteten y-Werte unkorreliert sind. Das Zeitintervall zwischen zwei benachbarten Versuchspunkten muß der Erfüllung dieser Voraussetzung Rechnung tragen. Für kontinuierliche technologische Prozesse, bei denen die Änderungen der Veränderlichen einen gewissen Zufallsprozeß darstellen, ist das gleichbedeutend mit der Forderung

$$R_y(\theta) \approx 0,$$

$R_y(\theta)$ — Autokorrelationsfunktion der Ausgangsvariablen y.

In der Praxis wählt man das Intervall Δt aus der Bedingung

$$\Delta t \geqq \theta_y^*, \qquad (2.12)$$

θ_y^* — Korrelationszeit der Veränderlichen y, für die

$$R_y(\theta^*) = 0{,}05 R_y(0)$$

gilt.

Die Korrelationszeit θ_y^* läßt sich leicht an Hand einer empirischen Kurve der Autokorrelationsfunktion $\hat{R}_y(\theta)$ ermitteln. $\hat{R}_y(\theta)$ ist durch spezielle Versuche mit hinreichender Häufigkeit (etwa 10 bis 20 Minuten) fixierter y-Werte [17] zu bestimmen. Ein Näherungswert für θ_y^* läßt sich aus den in Diagrammform vorliegenden y-Werten berechnen. In das Diagramm wird der näherungsweise bestimmte Mittelwert eingezeichnet und die Anzahl F der Schnittpunkte mit dieser Mittelwertslinie in dem Zeitraum t ermittelt. Die Praxis hat gezeigt [17], daß sich der Wert für die mittlere Anzahl von Schnittpunkten je Zeiteinheit $f_0 = \frac{F}{t}$ hinreichend stabilisiert, wenn F etwa 40 bis 70 beträgt. Es ist dann

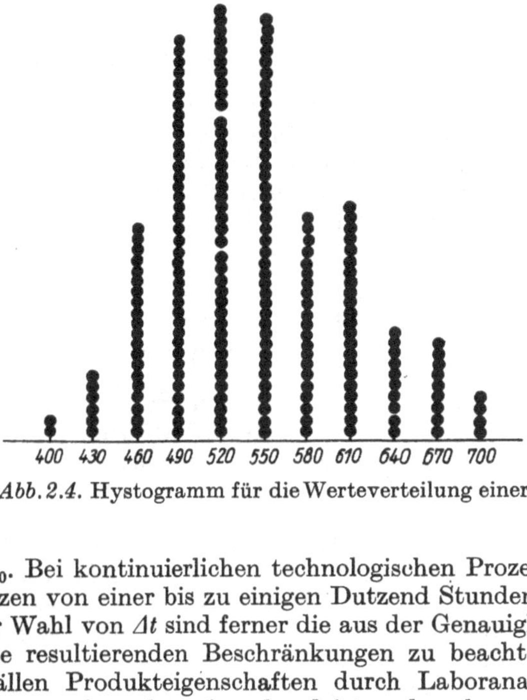

Abb. 2.4. Hystogramm für die Werteverteilung einer technologischen Variablen

$\theta_y^* \approx 2/f_0$. Bei kontinuierlichen technologischen Prozessen bewegt sich θ_y^* in den Grenzen von einer bis zu einigen Dutzend Stunden.

Bei der Wahl von Δt sind ferner die aus der Genauigkeit der Meß- und Kontrollgeräte resultierenden Beschränkungen zu beachten. So werden z. B. in vielen Fällen Produkteigenschaften durch Laboranalysen bestimmt, deren Durchführung oft recht zeitraubend ist und mehrere Stunden dauern kann. Bei der Versuchsdurchführung kann man in solchen Fällen keine neue Probe nehmen, bis nicht die Ergebnisse der vorhergehenden vorliegen.

Bei der Wahl der oberen Grenze von Δt sind auch solche Faktoren, wie mögliche zeitliche Änderung der Objektparameter, Verletzung von Bedingungen, unter denen die Versuche durchgeführt werden oder Begrenzung der für den Versuch zur Verfügung stehenden Mittel zu berücksichtigen. Wird das Intervall Δt sehr groß gewählt, so können die Ergebnisse bereits den Änderungen der technologischen Parameter des Objekts unterworfen sein. Man wählt deshalb das Intervall Δt zweckmäßigerweise so, daß es näher am unteren Grenzwert liegt.

Beispiel 2-1:

Bei der mathematischen Beschreibung des Prozesses der Koagulation von Latex wurde nach einer Analyse der Diagrammaufzeichnungen für die Ausgangsveränderliche Δt mit $\Delta t = 3$ h festgelegt. Das Hystogramm für die Verteilung der Ausgangsveränderlichen wurde an Hand von 200 aus Diagrammaufzeichnungen stammender Werte konstruiert und ist in Abb. 2.4 wiedergegeben.

Aus dem Hystogramm folgt, daß man die Häufigkeiten p_1 und p_2 mit $p_1 = p_2 = p \approx 3/200$ festlegen kann. Der Quotient $\Delta t/\nu$ beträgt dann $\Delta t/\nu = \frac{3}{3/200} = 200$. Nach Tab. 2.1 ergibt sich bei einer Wahrscheinlichkeit von $P = 0{,}95$ ein λ-Wert von $\lambda = 3{,}68$. Durch Einsetzen dieses Wertes in Gleichung (2.11) erhält man einen Schätzwert für die Versuchsdauer von $T = 200 \cdot 3{,}68 = 736$ h, d. h. bei einer Arbeit rund um die Uhr ist für die Versuchsdurchführung etwa ein Monat erforderlich, wobei in diesem Zeitraum $n = T/\Delta t \approx 245$ Versuche gemacht werden müssen.

2.3. *Der Einfluß fehlerbehafteten statistischen Datenmaterials auf die Genauigkeit der mathematischen Beschreibung*

Die Mehrfachregression beruht auf der Voraussetzung, daß alle in die Matrix X eingehenden Daten den wahren Werten der Variablen zum Beobachtungszeitpunkt entsprechen. Die Datengewinnung an einer technologischen Anlage ist jedoch immer fehlerbehaftet, was in erster Linie in der Meßgenauigkeit der verwendeten Geräte und in der Ungenauigkeit der verwendeten Laborwerte seine Ursachen hat. Diese Meßfehler der Variablen erhöhen die Unbestimmtheit der Regressionsgleichung und sind in ihrer Wirkung einer zusätzlichen äußeren Störgröße gleichzusetzen. Das führt dann zu einem Anwachsen der Restdispersion der Gleichung im Vergleich zur Restdispersion, die sich bei genauen Eingangsdaten ergibt. Der Zuwachs der Restdispersion infolge ungenauer Messungen kann mitunter so groß sein, daß die gewonnene Regressionsgleichung keinen praktischen Sinn besitzt. Deshalb stellt die Untersuchung des Einflusses von Meßfehlern auf die Genauigkeit der erhaltenen Regressionsgleichung ein wichtiges Problem dar.

Für die i-te Messung der unabhängigen Variablen x_j gilt:

$$x_{ji} = x_{ji}^0 + \varepsilon_{ji},$$

x_{ji}^0 — wahrer Wert der Variablen x_j;
ε_{ji} — Wert des Meßfehlers.

In gleicher Art läßt sich der Meßfehler der abhängigen Variablen y darstellen. Es wird angenommen, daß die Meßfehler aller Variablen Zufallsgrößen mit einem Erwartungswert von Null und einer Dispersion ζ_j^2 darstellen, so daß gilt:

$$E[\varepsilon_j] = 0; \qquad E[\varepsilon_j \varepsilon_j] = \zeta_j^2. \tag{2.13}$$

Ferner wird vorausgesetzt, daß die Meßfehler der Variablen untereinander unkorreliert sind und daß keine Korrelationsbeziehung zwischen Meßwert und Meßfehler einer Variablen besteht. Folglich gilt:

$$E[\varepsilon_j \varepsilon_q] = 0; \qquad E[\varepsilon_j(x_j - E[x_j])] = 0; \qquad E\big[\varepsilon_j(x_q - E[x_q])\big] = 0. \tag{2.14}$$

Die gemachten Voraussetzungen sind real und werden in den meisten praktischen Fällen erfüllt. Auf der Grundlage der Beobachtungsmatrix X, die die meßfehlerbehafteten Werte $x_1, \ldots, x_k$ enthält, sind die vom verfälschenden Einfluß der Meßfehler befreiten Schätzungen der Koeffizienten $\hat{\beta}_1, \ldots, \hat{\beta}_k$ zu bestimmen und der durch die Meßfehler der einzelnen Variablen bedingte Wertezuwachs der Restdispersion zu ermitteln. Um die Ableitungen zu vereinfachen, werden die Beziehungen für die Grundgesamtheit und deren Parameter verwendet. Am Schluß dieses Abschnittes werden die erhaltenen Gleichungen durch die Stichprobenschätzungen ausgedrückt.

Nach Gleichung (1.45) ist die Fehlerdispersion σ^2 mit dem Mehrfachkorrelationskoeffizienten $R_{y.x_1,\ldots,x_k}$ durch folgende Beziehung verknüpft:

$$\sigma^2 = \sigma_y^2(1 - R_{y.x_1,\ldots,x_k}). \tag{2.15}$$

Die Dispersion σ_y^2 der Ausgangsvariablen ist unabhängig von den Meßfehlern der Variablen $x_1, \ldots, x_k$. Deshalb beeinflussen die Meßfehler auch nur die Größe $R^2_{y.x_1,\ldots,x_k}$. Nach Gleichung (1.46) ergibt sich:

$$R^2_{y.x_1,\ldots,x_k} = 1 - \frac{D}{\sigma_y^2 D_{yy}}. \tag{2.16}$$

Die Elemente der Determinante D stellen die Kovarianzen der Variablen dar

$$d_{jq} = E\big[(x_j - E[x_j])\,(x_q - E[x_q])\big]. \tag{2.17}$$

Im Ausdruck (2.17) wird x durch $(x^0 + \varepsilon)$ substituiert. Unter Verwendung der Beziehungen (2.13) und (2.14) läßt sich Gleichung (2.17) auf folgende Form bringen:

$$\left.\begin{aligned} d_{jq} &= d_{jq}^0 = E\big[(x_j{}^0 - E[x_j{}^0])\,(x_q{}^0 - E[x_q{}^0])\big]; \\ d_{jj} &= d_{jj}^0 + \zeta_j{}^2 = (\sigma_j{}^0)^2 + \zeta_j{}^2; \end{aligned}\right\} \tag{2.18}$$

d_{jq}^0 — Kovarianz der fehlerfreien Variablen x_j und x_q;
$d_{jj}^0 = (\sigma_j{}^0)^2$ — Dispersion der fehlerfreien Variablen x_j.

Zur Ermittlung der Abhängigkeit des Ausdruckes $R_{y.x_1,\ldots,x_k}$ werden, ausgehend von der Gleichung (2.16), die partiellen Ableitungen $\partial R^2/\partial \zeta_j^2$ ($j = 1, \ldots, k$) gebildet. Unter Beachtung der Differentiationsregeln für Determinanten ergibt sich [18]:

$$\frac{\partial R^2}{\partial \zeta_j^2} = -\frac{(b_j)^2}{\sigma_y^2} = -\frac{(b_j^*)^2}{\sigma_j^2}. \tag{2.19}$$

Alle auf der rechten Gleichungsseite von (2.19) stehenden Größen sind positiv. Der Meßfehler einer unabhängigen Variablen x_j zieht deshalb stets eine Verringerung des Wertes für den Mehrfachkorrelationskoeffizienten $R_{y.x_1,\ldots,x}$ nach sich. Diese Verringerung ist dem Quadrat des normierten Regressionskoeffizienten b_j^* direkt und der Dispersion der Veränderlichen x_j umgekehrt proportional.

Zur Abschätzung des quantitativen Einflusses der Meßfehler auf die Größe $R_{y.x_1,\ldots,x_k}$ werden in Gleichung (2.19) die Differentiale durch Differenzen ersetzt:

$$\left.\begin{aligned} dR^2 &\approx \Delta R^2 = R^2 - (R^0)^2; \\ d\zeta_j^2 &\approx \Delta \zeta_j^2 = \zeta_j^2, \end{aligned}\right\} \tag{2.20}$$

R^0 — Wert des Mehrfachkorrelationskoeffizienten ohne Meßfehler, d. h., wenn für alle $\zeta_j^2 = 0$ gilt.

Nach Gleichung (2.19) führt dann jeder Meßfehler einer Variablen zu einer Abnahme der Größe $(R^0)^2$ um den Betrag

$$\Delta R^2_{(j)} \approx \frac{\zeta_j^2}{\sigma_j^2} (b_j^*)^2. \tag{2.21}$$

Ausdruck (2.21) beweist, daß der Zuwachs der Restdispersion bei einer fehlerhaften Messung der Variablen x_j nicht nur durch die Größe des eigentlichen Meßfehlers ζ_j^2, sondern auch durch die Breite des Variationsbereiches dieser Veränderlichen σ_j^2 und durch die Art ihres Einflusses auf die abhängige Variable b_j^* bedingt ist. Aus dieser Feststellung läßt sich eine für die Praxis wichtige Schlußfolgerung ziehen: Je größer der Variationsbereich der unabhängigen Variablen bei der Datenerfassung gewählt wird, um so weniger wirken sich die Meßfehler auf die Genauigkeit der mathematischen Beschreibung aus. Mit Hilfe von Gleichung (2.21) lassen sich alle technologischen Variablen nach dem Einfluß ihres Meßfehlers auf die Genauigkeitsabnahme der mathematischen Beschreibung ordnen. Damit wird es möglich, besonders „unangenehme“ Variable herauszufinden, die bei der Datenerfassung vor allem einer höheren Meßgenauigkeit bedürfen. In Gleichung (2.21) und bei den folgenden Ableitungen werden die Werte der Regressionskoeffizienten b_j^* und die Dispersionen σ_j^2 der Variablen an Hand der praktisch gemessenen, d. h., der mit Meßfehlern behafteten Werte berechnet.

Nach der gleichen Methodik läßt sich zeigen, daß der durch Meßfehler der abhängigen Variablen y bedingte Dispersionszuwachs

$$\Delta R^2_{(y)} \approx \frac{\zeta_y^2}{\sigma_y^2}$$

beträgt.

Aus dem totalen Differential einer Funktion mehrerer Variabler folgt:

$$\Delta R^2 = \sum_{j=1}^{k} \Delta R^2_{(j)} \approx \sum_{j=1}^{k} \frac{\zeta_j^2}{\sigma_j^2} (b_j^*)^2, \tag{2.22}$$

ΔR^2 — totales Differential $(R^0_{y.x_1,\ldots,x_k})^2$ infolge der Meßfehler aller unabhängigen Variablen $x_1, \ldots, x_k$.

Unter Berücksichtigung der Ausdrücke (2.19) und (2.20) läßt sich Gleichung (2.15) in folgender Form darstellen:

$$\begin{aligned} \sigma^2 &= \sigma_y^2\{1 - [(R^0_{y.x_1,\ldots,x_k})^2 - \Delta R^2]\} \\ &= \sigma_y^2[1 - (R^0)^2] + \sigma_y^2 \Delta R^2 = (\sigma^0)^2 + \Delta\sigma^2. \end{aligned} \tag{2.23}$$

$\Delta\sigma^2$ stellt die quantitative Dispersionszunahme der Regressionsgleichung dar. Durch Einsetzen von Beziehung (2.22) in Ausdruck (2.23) erhält man eine Gleichung zur Berechnung des gesamten, durch Meßfehler der unabhängigen Variablen bei der Datenerfassung hervorgerufenen Dispersionszuwachses:

$$\Delta\sigma^2 \approx \sigma_y^2 \sum_{j=1}^{k} \frac{\zeta_j^2}{\sigma_j^2} (b_j^*)^2. \tag{2.24}$$

Der Einfluß des Meßfehlers von x_j auf die Größe des Koeffizienten b_j ergibt sich aus der partiellen Ableitung [18]

$$\frac{\partial b_j}{\partial \zeta_j^2} = -\frac{b_j}{\sigma_j^2} \frac{1}{1 - R^2_{j.1,2,\ldots,(k-1)}}, \tag{2.25}$$

$R_{j.1,2,\ldots,(k-1)}$ — Mehrfachkorrelationskoeffizient der unabhängigen Variablen x_j zu den restlichen Variablen.

Aus Gleichung (2.25) folgt, daß die Meßfehler der Variablen x_j stets eine Verringerung des entsprechenden Koeffizienten b_j zur Folge haben. Diese Verringerung ist dem Wert b_j und dem Korrelationskoeffizienten zwischen der Variablen x_j und den restlichen Variablen $x_1, x_2, \ldots, x_{(k-1)}$ direkt und der Dispersion der Variablen x_j umgekehrt proportional. Je enger die unabhängigen Variablen korreliert sind, um so stärker werden die Regressionskoeffizienten durch die Meßfehler verfälscht.

Zur Untersuchung des Einflusses der Meßfehler der abhängigen Variablen y auf b_j dient die partielle Ableitung

$$\frac{\partial b_j}{\partial \zeta_y^2} = \frac{\partial}{\partial \zeta_y^2}\left(-\frac{D_{yj}}{D_{yy}}\right) = 0.$$

Hieraus folgt, daß der Meßfehler ε_y der abhängigen Variablen keinen Einfluß auf die Größe der Koeffizienten der Regressionsgleichung besitzt.

Die Empfindlichkeit des Koeffizienten b_j gegenüber Meßfehlern der übrigen unabhängigen Variablen wird durch folgende partielle Ableitung bestimmt:

$$\frac{\partial b_j}{\partial \zeta_q^2} = -b_q \frac{D_{yy \cdot jq}}{D_{yy}}. \tag{2.26}$$

Im allgemeinen kann die Größe $b_q \frac{D_{yy \cdot jq}}{D_{yy}}$ sowohl positive, als auch negative Werte annehmen. Die Meßfehler der unabhängigen Variablen x_q ($q = 1, \ldots, (k-1)$ und $q \neq j$) können deshalb sowohl eine Zunahme, als auch eine Verringerung des Koeffizienten b_j hervorrufen. Die Änderung von b_j ist aber immer dem Wert des entsprechenden Koeffizienten b_q proportional. Zur näherungsweisen Bestimmung der Änderung der Größe b_j werden die Differentiale in den Gleichungen (2.25) und (2.26) durch die entsprechenden Differenzen ersetzt:

$$\partial b_j \approx \Delta b_j = b_j - b_j^0;$$

$$\partial \zeta_j^2 \approx \Delta \zeta_j^2 = \zeta_j^2.$$

Nach Gleichung (2.25) ergibt sich somit eine durch den Meßfehler der Variablen x_j verursachte Verringerung des Koeffizienten b_j um den Betrag

$$\Delta b_{j(j)} \approx \frac{\zeta_j^2}{\sigma_j^2} \frac{b_j}{1 - R^2_{j.1,2,\ldots,(k-1)}}, \tag{2.27}$$

während die durch den Meßfehler der Variablen x_q bedingte Änderung des Koeffizienten b_j den Wert

$$\Delta b_{j(q)} \approx -b_q \zeta_q^2 \frac{D_{yy \cdot jq}}{D_{yy}} \tag{2.28}$$

annimmt.

Die Gesamtänderung Δb_j des Koeffizienten b_j, hervorgerufen durch die Meßfehler aller unabhängiger Variabler, läßt sich nach folgender Gleichung berechnen:

$$\Delta b_j = \sum_{q=1}^{k} \Delta b_{j(q)} \approx -\sum_{q=1}^{k} b_q \zeta_q^2 \frac{D_{yy \cdot qj}}{D_{yy}}. \tag{2.29}$$

Sind die unabhängigen Variablen untereinander unkorreliert, so gilt für alle Determinanten $D_{yy.qj} = 0$, $(q \neq j)$. Gleichung (2.29) nimmt für diesen Fall die einfachere Form

$$\Delta b_j = \Delta b_{j(j)} \approx \frac{\zeta_j^2}{\sigma_j^2} b_j \tag{2.30}$$

an, weil sich die Determinanten $D_{yy.jj}$ und D_{yy} als Produkt ihrer Diagonalelemente ergeben.

Große Meßfehler bei der Datenerfassung können die wahren Beziehungen zwischen den Koeffizienten der Regressionsgleichung erheblich verfälschen, was zu falschen Schlußfolgerungen bei der technologischen Interpretation der gewonnenen Ergebnisse führt. Nach den Gleichungen (2.29) und (2.30) läßt sich eine Korrektur der Koeffizienten vornehmen, so daß man eine vom verfälschenden Einfluß der Meßfehler freie Regressionsgleichung erhält.

Durch den Übergang zu den Stichprobenschätzungen lassen sich die wichtigsten Ergebnisse dieses Abschnittes in folgender Form darstellen:

$$\Delta \hat{R}^2_{(j)} \approx \frac{\hat{\zeta}_j^2}{\hat{\sigma}_j^2} (\hat{b}_j^*)^2; \tag{2.31}$$

$$\Delta \hat{\sigma}^2 \approx \frac{n-1}{n-k} \hat{\sigma}_y^2 \sum_{j=1}^{k} \frac{\hat{\zeta}_j^2}{\hat{\sigma}_j^2} (\hat{b}_j^*)^2; \tag{2.32}$$

$$\Delta \hat{b}_{j(q)} \approx -\hat{b}_q \hat{\zeta}_q^2 \frac{\hat{D}_{yy.jq}}{\hat{D}_{yy}}; \quad q = 1, \ldots, k. \tag{2.33}$$

Die Stichprobenschätzung der Fehlerdispersion $\hat{\zeta}^2$ läßt sich entweder aus der Güteklasse des verwendeten Meßgerätes entnehmen oder experimentell bestimmen. Die restlichen in die Gleichungen (2.31) bis (2.33) eingehenden Größen lassen sich aus den Beobachtungsmatrizen X und Y berechnen, die mit Meßfehlern behaftete Daten enthalten. Die abgeleiteten Beziehungen ermöglichen die Lösung folgender, praktisch wichtiger Aufgaben:

1. Elimination von Variablen, deren Meßfehler den Hauptanteil des Zuwachses der Restdispersion verursachen. Man wird damit in die Lage versetzt, Forderungen an die Meßgenauigkeit der einzelnen technologischen Variablen zu stellen.
2. Berechnung des durch die Meßfehler der unabhängigen Variablen verursachten Gesamtzuwachses der Restdispersion.
3. Berechnung von Regressionskoeffizienten, die nicht durch den Einfluß von Meßfehlern verfälscht sind.

Die abgeleiteten Beziehungen gelten für eine lineare Regressionsgleichung, d. h. für $k = l$. Benutzt man als Modell (2.3) ein Polynom höher als erster Ordnung, so nehmen sämtliche Ableitungen kompliziertere Formen an. Als Beispiel für diese Aussage dienen die Gleichungen (2.31) und (2.32) für ein quadratisches Polynom:

$$\Delta \hat{R}^2_{(j)} \approx \frac{\hat{\xi}_j^2}{\hat{\sigma}_y^2} \left(\hat{b}_j^2 + \sum_{q,r=1}^{l} \hat{d}_{qr} \hat{b}_{jq} \hat{b}_{jr} \right); \tag{2.34}$$

$$\Delta \hat{\sigma}^2 \approx \frac{n-1}{n-k} \sum_{j=1}^{l} \hat{\xi}_j^2 \left(\hat{b}_j^2 + \sum_{q,r=1}^{l} \hat{d}_{qr} \hat{b}_{jr} \hat{b}_{jq} \right). \tag{2.35}$$

Beispiel 2-2:

Die mathematische Beschreibung des Koagulationsprozesses wurde in Form einer Regressionsgleichung erhalten, die die Kapazität einer Bandgießmaschine

Tabelle 2.2

Variable	$\hat{\xi}_j^2$	$\hat{\sigma}_j^2$	$\hat{b}_j^*$	Meßfehler [%]	$\Delta \hat{R}^2_{(j)}$
x_{17}	4,0	113,0	0,38	5	0,005
x_{11}	3,0	90,0	0,3	5	0,003
x_4	351	1660	0,12	15	0,003
x_{14}	0,16	31,2	0,70	2	0,0025
x_{12}	0,3	96,9	0,18	5	0,001
x_{15}	1100	47700	0,14	5	0,0005
x_5	0,64	68,5	0,17	10	0,0003

mit einer Anzahl technologischer Parameter verknüpft. Nach Vernachlässigen nichtsignifikanter Koeffizienten ergab sich für die normierte Gleichung folgender Ausdruck:

$$\hat{y}^* = -0{,}12x_4^* - 0{,}17x_5^* - 0{,}3x_{11}^* + 0{,}18x_{12}^* + 0{,}7x_{14}^* + 0{,}14x_{15}^* + 0{,}38x_{17}^*. \tag{2.36}$$

Die abgeleitete Gleichung diente zur näherungsweisen Vorausberechnung der Arbeitsweise des Objekts an Hand der laufenden Werte der technologischen Variablen x_4, x_5, x_{11}, x_{12}, x_{14}, x_{15} und x_{17}.

Da das Objekt infolge der langsamen Bewegung des Siebes ein ausgeprägtes Trägheitsverhalten aufweist, ist die laufende Vorausberechnung als Methode zum rechtzeitigen Erkennen von Abweichungen vom Normalregime zur Steuerung des Objekts geeignet.

Zur weiteren Vervollkommnung des Modells (2.36) wurde der Einfluß der Meßfehler der einzelnen technologischen Variablen untersucht. Hierzu wurden der Anteil der Meßfehler der einzelnen Variablen am Zuwachs der Restdispersion $\hat{\sigma}^2$ und der Gesamtzuwachs der Restdispersion, hervorgerufen durch die Meßfehler der technologischen Variablen, berechnet. In der Tab. 2.2 sind die Ergebnisse dieser Berechnungen zusammengefaßt, wobei es sich um die

Stichprobendispersion der Meßfehler $\hat{\zeta}_j^2$, die Stichprobendispersion der Variablen $\hat{\sigma}_j^2$, den absoluten Wert des Regressionskoeffizienten $\hat{b}_j^*$, die Meßgerätegenauigkeit für die jeweilige Variable in Prozent und den Anteil des durch Meßfehler hervorgerufenen Zuwachses der Restdispersion $\Delta \hat{R}^2_{(j)}$ für alle in Gleichung (2.36) eingehenden Variablen handelt.

Zur besseren Übersicht wurden die Ergebnisse auch in Diagrammform dargestellt. Abb. 2.5a zeigt in geordneter Reihenfolge den durch die Meßfehler der

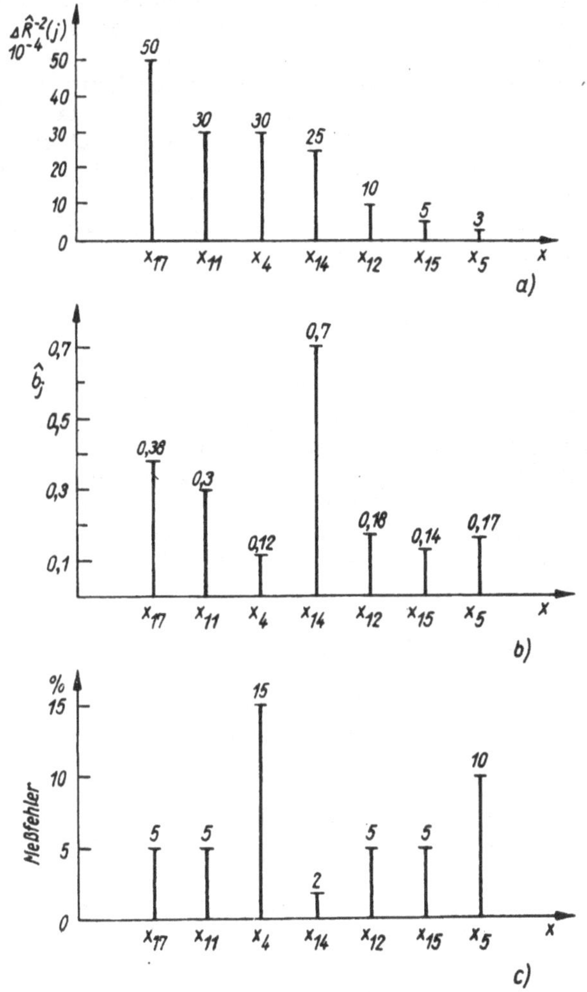

Abb. 2.5. Diagramme zur Analyse des Meßfehlers

einzelnen Variablen hervorgerufenen Anteil $\Delta\hat{R}^2_{(j)}$ am Zuwachs der Restdispersion. In Abb. 2.5b ist der Einfluß der einzelnen Variablen auf die abhängige Veränderliche y dargestellt, während Abb. 2.5c die Meßgenauigkeit der einzelnen Variablen zeigt. Eine Analyse der Diagramme erlaubt folgende Schlußfolgerungen:

Die Hauptanteile am Zuwachs $\Delta\hat{\sigma}^2$ liefern die Variablen x_{17}, x_{11}, x_4 und x_{14}. Am meisten fällt dabei der Einfluß von x_{17} ins Gewicht, obgleich ihr Meßfehler relativ gering ist. Demgegenüber ist der Anteil der Variablen x_4 am Zuwachs $\Delta\hat{\sigma}^2$ nur gut halb so groß, während ihr Meßfehler den dreifachen Wert von x_{17} besitzt. An diesem Beispiel ist gut ersichtlich, daß die Meßgenauigkeit sog. „unangenehmer" Variabler, d. h. solcher, die einen großen Zuwachs der Restdispersion verursachen, durchaus hohen Ansprüchen genügen kann. Bei Versuchsvorbereitungen sollte deshalb der absolute Wert des Meßfehlers nicht das alleinige Kriterium für die Auswahl von Meßgeräten und Meßmethoden sein. Als Beweise für die Richtigkeit dieser Aussage kann die Variable x_{14} dienen. Trotz höchster Meßgenauigkeit ist ihr Anteil am Zuwachs $\Delta\hat{\sigma}^2$ beträchtlich. Der Gesamtzuwachs der Restdispersion beträgt

$$\Delta\hat{\sigma}^2 = \frac{n-1}{n-7} \sum_{j=1}^{7} \Delta\hat{R}^2_{(j)} = 0{,}65\,.$$

Die Genauigkeit der Regressionsgleichung (2.36) läßt sich durch Verringerung der Meßfehler für die Variablen x_{17}, x_{11}, x_4 und x_{14} erhöhen. Der durch Meßfehler bedingte Gesamtzuwachs der Restdispersion ist allerdings relativ unbedeutend ($\sim 8\%$ von $\hat{\sigma}^2$), so daß eine Erhöhung der Meßgenauigkeit wenig sinnvoll ist. Zweckmäßigerweise müßten andere Wege zur Verbesserung des Modells beschritten werden (Aufnahme neuer Variabler, Berücksichtigung von Wechselwirkungen usw.).

2.4. *Test der Güte von mathematischen Beschreibungen*

Die mathematische Beschreibung in Form einer empirischen Regressionsgleichung ist bei der Steuerung technologischer Objekte zur Vorausberechnung des Wertes der Ausgangsveränderlichen y anwendbar. Aber nicht in jedem Falle genügt die aus experimentellen Daten erhaltene Gleichung den Anforderungen, die bei der Steuerung eines Objekts an die Genauigkeit gestellt werden. Selbst wenn die Hypothese $H_0' : \beta_1 = \beta_2 = \cdots = \beta_k = 0$ abgelehnt und somit eine Beziehung zwischen y und den Veränderlichen $x_1, \ldots, x_k$ akzeptiert wird, bleibt noch ungeklärt, ob die erhaltene mathematische Beschreibung zur Prozeßsteuerung geeignet ist oder ob ihre Genauigkeit zur Vorausberechnung unzureichend ist.

Bei kontinuierlichen Prozessen (z. B. in der chemischen, der Glas- und Papierindustrie) lassen sich die Anforderungen an die Genauigkeit der Steuerung als

Beschränkung der Differenz zwischen dem tatsächlichen und dem berechneten Wert der Ausgangsveränderlichen y angeben: $\delta_{\max} \geqq |y - \hat{y}|$. Die Güte der mathematischen Beschreibung ist hinreichend, wenn $\delta \leqq \delta_{\max}$ ist. Als Maß für die Güte einer mathematischen Beschreibung läßt sich ein Test verwenden, der auf einem Vergleich der Fehler des berechneten Wertes der Ausgangsveränderlichen auf Grund des Mittelwertes und auf der Grundlage der empirischen Regressionsgleichung beruht.

Die Erfüllung der Gleichung

$$\hat{y}^* = \bar{y}, \tag{2.37}$$

$$\bar{y} = \frac{1}{n} \sum_{i=1}^{n} y_i$$

gewährleistet den besten berechneten Wert der Ausgangsveränderlichen (des Regressanden) y für den Fall, daß die quantitativen Beziehungen zwischen den zu untersuchenden Veränderlichen des Objekts unbekannt sind. Der Fehler nach Gleichung (2.37) beträgt

$$\delta_i^* = y_i - \hat{y}_i^* = y_i - \bar{y}.$$

Bei Einhaltung der getroffenen Voraussetzungen und unter Hinzuziehung des Begriffes der t-Verteilung einer Zufallsgröße läßt sich beweisen [20], daß bei jeder i-ten Beobachtung die Größe

$$t_i^* = \frac{\delta_i^*}{\hat{\sigma}_y} \sqrt{\frac{n+1}{n}}$$

eine Zufallsgröße darstellt, die mit $(n - 1)$ Freiheitsgraden zentral t-verteilt ist:

$$t^* \sim t(n-1). \tag{2.38}$$

Auf Grund von (2.38) läßt sich folgende Gleichung angeben:

$$P\{|\delta_i^*| = |y_i - \bar{y}| \leqq \Delta_i^*\} = 1 - \alpha, \tag{2.39}$$

$$\Delta^* = t_{\alpha/2}(n-1)\, \hat{\sigma}_y \sqrt{\frac{n+1}{n}};$$

$\hat{\sigma}_y^2$ — Stichprobendispersion der Ausgangsveränderlichen;
$t_{\alpha/2}(n-1)$ — Tabellenwert der t-Verteilung für ein Signifikanzniveau von $\alpha/2$ und $(n-1)$ Freiheitsgrade.

Aus Gleichung (2.39) folgt, daß die Intervallbreite eines einzelnen berechneten y-Wertes für Gleichung (2.37) mit einer Wahrscheinlichkeit von $P = 1 - \alpha$ den Absolutwert Δ^* nicht übersteigt.

Der berechnete Fehler des Mittelwertes der Ausgangsveränderlichen nach der empirischen Gleichung beträgt

$$\hat{y} = \hat{b}_1(x_1 - \bar{x}_1) + \cdots + \hat{b}_k(x_k - \bar{x}_k). \tag{2.40}$$

Der Wert $y_i = \bar{y}$ entspricht dem technologischen Zustand $x_1 = \bar{x}_1, \ldots, x_k = \bar{x}_k$. Nach Gleichung (1.66) beträgt die Breite des $(1 - \alpha)$-Vertrauensintervalls eines einzelnen berechneten Wertes für Gleichung (2.40)

$$\Delta_i = t_{\alpha/2}(n - k)\, \hat{\sigma} \sqrt{1 + \frac{1}{n}}.$$

Für $(n - k) > 30$ gilt $t(n - 1) = t(n - k)$, was in der Praxis stets erfüllt ist.

Als Testgröße zur Beurteilung der Effektivität bei der Anwendung der empirischen Regressionsgleichung wird folgender Quotient eingeführt:

$$\hat{\omega} = \frac{\Delta_i}{\Delta_i^*} = \frac{t_{\alpha/2}\, \hat{\sigma} \sqrt{1 + \frac{1}{n}}}{t_{\alpha/2} \hat{\sigma}_y \sqrt{1 + \frac{1}{n}}} = \frac{\hat{\sigma}}{\hat{\sigma}_y}. \tag{2.41}$$

Um den Inhalt dieses Tests zu verdeutlichen, wird Gleichung (2.41) umgeformt. Unter Berücksichtigung der Beziehungen

$$\left.\begin{aligned} \hat{\sigma}^2 &= \frac{1}{n - k}\,(Y^T Y - \hat{B}^T X^T Y); \\ \hat{\sigma}_y^2 &= \frac{1}{n - 1}\, Y^T Y \end{aligned}\right\} \tag{2.42}$$

läßt sich Gleichung (2.41) in der Form

$$\hat{\omega} = \sqrt{\frac{n - 1}{n - k}\left(1 - \frac{\hat{B}^T X^T Y}{Y^T Y}\right)}$$

darstellen.

In (2.42) entspricht die Größe $\hat{B}^T X^T Y$ der Verringerung der gesamten Quadratsumme $Y^T Y$ auf Kosten der Veränderlichen $x_1, \ldots, x_k$.

Für den Grenzübergang $n \to \infty$ ergibt sich

$$\omega = \lim_{n \to \infty} \hat{\omega} = \sqrt{1 - \frac{B^T X^T Y}{Y^T Y}}. \tag{2.43}$$

Aus Gleichung (2.43) ist ersichtlich, daß ω nur Werte zwischen $0 \leqq \omega \leqq 1$

annehmen kann. Für $\omega = 0$ gilt

$$B^T X^T Y = Y^T Y,$$

d. h., am Objekt gibt es keine zufällige Störung, so daß die Streuung der Ausgangsveränderlichen y nur durch die Änderung der technologischen Veränderlichen $x_1, \ldots, x_k$ bedingt ist; der berechnete Wert nach der Regressionsgleichung ist fehlerfrei. $\omega = 1$ entspricht dem Fall

$$B^T X^T Y = 0,$$

d. h., die Koeffizienten $\beta_1, \ldots, \beta_k$ sind Null, und es existiert keinerlei Abhängigkeit zwischen der Ausgangsveränderlichen des Objekts (dem Regressanden) und den in die Regressionsgleichung eingeführten technologischen Veränderlichen (Regressoren); die Streuung der Werte von y hat ausschließlich in der Wirkung des Störfeldes e seine Ursachen.

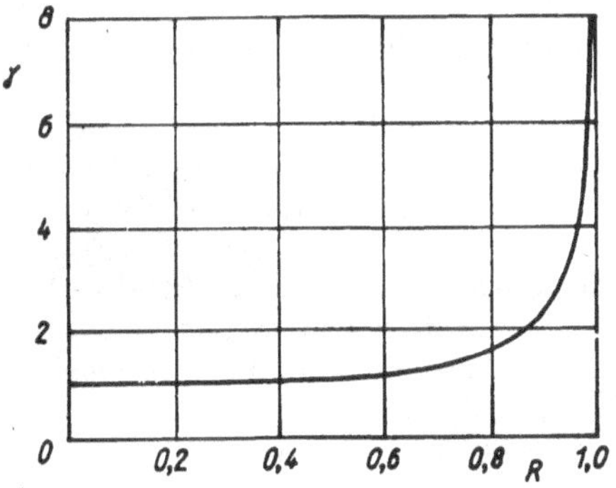

Abb. 2.6. Abhängigkeit des Koeffizienten γ von R

Liegt der Wert von ω im Bereich $0 < \omega < 1$, so existiert zwischen y und den Veränderlichen $x_1, \ldots, x_k$ eine bestimmte Abhängigkeit, die von der Wirkung eines bestimmten Störfeldes e, das die Fehler bei der Berechnung nach der Regressionsgleichung bedingt, überlagert wird.

Obgleich die nachstehend angeführte Tatsache auf die grundlegenden Eigenschaften des ω-Kriteriums ohne Einfluß ist, sei darauf hingewiesen, daß sich die Intervalle Δ_i^* und Δ_i bei Annäherung an die Bereichsgrenzen verbreitern.

Die folgenden Ableitungen werden übersichtlicher, wenn an Stelle von $\hat{\omega}$ der reziproke Wert γ eingeführt wird:

$$\gamma = \frac{\Delta_i^*}{\Delta_i} = \frac{\hat{\sigma}_y}{\hat{\sigma}}.$$

Der Koeffizient $\wp$ gibt an, um das Wievielfache sich das Intervall des Fehlers des vorausberechneten Wertes bei einem Übergang von der Berechnung der Ausgangsveränderlichen nach dem Mittelwert zur Berechnung nach der empirischen Regressionsgleichung verringert.

Der Koeffizient $\wp$ ermöglicht den Vergleich der nach Form und Zusammensetzung der Veränderlichen verschiedenartigsten Regressionsgleichungen und die anschließende Wahl derjenigen Gleichung, die die beste Vorausberechnung der Ausgangsgröße garantiert. In der Praxis ist es stets wichtig, Kenntnis darüber zu besitzen, inwieweit das Modell dem zu beschreibenden Objekt entspricht, ob eine Verbesserung der mathematischen Beschreibung erforderlich ist und ob man die Genauigkeit der berechneten y-Werte zusätzlich erhöhen muß. Alle diese Probleme lassen sich über den Schwellwert $\wp_{\min}$ klären, der sich aus den allgemeinen Forderungen, die an die Genauigkeit $\delta_{\max}$ bei der Steuerung eines vorliegenden Prozesses gestellt werden, berechnen läßt.

Von Interesse ist ein Vergleich des Koeffizienten $\wp$ mit dem Mehrfachkorrelationskoeffizienten $R_{y.x_1,\ldots,x_k}$. Obgleich letzterer für die Regressionsanalyse keine so exakte Interpretation wie für die Korrelationsanalyse aufweist, wird er häufig als indirektes Maß für die Güte der Regressionsgleichung herangezogen.

Abbildung 2.6 zeigt die Abhängigkeit zwischen $\wp$ und R. Im Bereich großer Werte von R ist ein starkes Anwachsen von $\wp$ zu verzeichnen. Die empirische Regressionsgleichung hat offenbar nur dann einen praktischen Sinn, wenn $\wp \geqq 2$ ist, d. h., wenn der Fehler des berechneten Wertes nach der Regressionsgleichung zumindest nur halb so groß ist wie der nach dem Mittelwert $\bar{y}$. Das entspricht einem Wert von $R \geqq 0{,}86$. Aus Abb. 2.6 ist ferner ersichtlich, daß sich beliebige Maßnahmen, die zur Erhöhung des Mehrfachkorrelationskoeffizienten über den Wert von $R = 0{,}86$ führen, in der Praxis stets von Vorteil sind, weil dadurch die Güte der Gleichung wesentlich zunimmt.

2.5. Wahl der optimalen Struktur der mathematischen Beschreibung

Die Wahl der Ordnung und der Form des Polynoms (2.3) stellt einen entscheidenden Schritt bei der mathematischen Beschreibung eines technologischen industriellen Objekts dar. Die richtige Lösung der Frage, wieviele und vor allem welche Glieder in der Abhängigkeit (2.3) berücksichtigt werden sollen, hat einen unmittelbaren Einfluß auf die Güte der mathematischen Beschreibung.

Die mathematische Beschreibung eines Objekts wird um so besser, je genauer die postulierte Abhängigkeit (2.3) der tatsächlichen entspricht, d. h. je „adäquater" die empirische Regressionsgleichung das Objekt beschreibt.

Wie später noch bewiesen wird, nimmt die Restdispersion $\hat{\sigma}^2$ bei einer adäquaten mathematischen Beschreibung einen minimalen Wert an. Aus Gleichung (2.41) folgt, daß in diesem Falle die Effektivität bei der Anwendung einer empirischen Regressionsgleichung am höchsten ist.

Die wahre Abhängigkeit soll folgende Form besitzen:

$$y = \beta_1 x_1 + \cdots + \beta_k x_k + e. \tag{2.44}$$

Bei der Wahl des Modells wurden aus irgendwelchen Gründen die Eingangsvariablen $x_{m+1}, \ldots, x_k$ nicht berücksichtigt, so daß die Gleichung für das postulierte Modell lautet;

$$y = \beta_1 x_1 + \cdots + \beta_m x_m + e. \tag{2.45}$$

Der Spaltenvektor der Koeffizienten β_j für die Variablen $x_1, \ldots, x_m$ wird mit B_1 und der für die Variablen $x_{m+1}, \ldots, x_k$ mit B_2 bezeichnet. Die entsprechenden Beobachtungsmatrizen seien X_1 und X_2, d. h., es gilt $B = (B_1 B_2)$ und $X = (X_1 X_2)$.

Das Modell (2.44) lautet dann in Matrizenform

$$Y = X_1 B_1 + X_2 B_2 + E, \tag{2.46}$$

während für das postulierte Modell (2.45)

$$Y = X_1 B_1 + E \tag{2.47}$$

gilt.

Für den Erwartungswert der Schätzungen $\hat{B}_1$ ergibt sich

$$\begin{aligned} E[\hat{B}_1] &= (X_1^T X_1)^{-1} X_1^T E[Y] \\ &= (X_1^T X_1)^{-1} X_1^T (X_1 B_1 + X_2 B_2 + E[E]) \\ &= (X_1^T X_1)^{-1} X_1^T X_1 B_1 + (X_1^T X_1)^{-1} X_2 B_2 = B_1 + A B_2. \end{aligned} \tag{2.48}$$

$$A = (X_1^T X_1)^{-1} X_2. \tag{2.49}$$

Postuliert man an Stelle der wahren Abhängigkeit (2.44) das unvollständige Modell (2.45), so sind die Schätzungen der Regressionskoeffizienten $\hat{B}_1$ verzerrt. Mit Hilfe der Beziehungen (1.15) läßt sich bis auf einen Faktor, der von der Anzahl der Freiheitsgrade abhängt, folgende Beziehung angeben:

$$E[\hat{\sigma}^2] \simeq \sigma^2, \tag{2.50}$$

$\hat{\sigma}^2$ — Restdispersion für das Modell (2.46).

Demgegenüber gilt

$$E[\hat{\sigma}_1^2] \simeq \sigma^2 + B_2^T (X_2 - X_1 A)^T (X_2 - X_1 A) B_2, \tag{2.51}$$

$\hat{\sigma}_1^2$ — Restdispersion für das Modell (2.47).

Durch Vergleich der Ausdrücke (2.50) und (2.51) ergibt sich, daß im Falle der Wahl der tatsächlichen Abhängigkeit gegenüber dem postulierten Modell die Größe $\hat{\sigma}^2$ nur die Schätzung der Fehlerdispersion $\hat{\sigma}^2$ darstellt. Beim unvollständigen Modell (2.47) beträgt die Größe $\hat{\sigma}_1^2$

$$\hat{\sigma}_1^2 = \frac{(Y - X_1\hat{B}_1)^T (Y - X_1\hat{B}_1)}{n - m} \tag{2.52}$$

und stellt die Schätzungen der Fehlerdispersion $\hat{\sigma}^2$ und des Quadrates der Verzerrung der Schätzungen $\hat{B}_1$ dar. $\hat{\sigma}_1^2$ ist also größer als $\hat{\sigma}^2$, so daß die Genauigkeit der nach der Gleichung

$$\hat{y} = \hat{\beta}_1 x_1 + \cdots + \hat{\beta}_m x_m$$

berechneten Werte geringer ist als die der nach

$$\hat{y} = \hat{\beta}_1 x_1 + \cdots + \hat{\beta}_k x_k$$

berechneten.

In der Regel ist die wahre Form der Abhängigkeit (2.3) nicht bekannt, so daß man den folgenden formalen Weg der „sukzessiven Elimination" nichtsignifikanter Koeffizienten einschlagen könnte:

$\psi(x_1, \ldots, x_l)$ wird in Form eines vollständigen Polynoms hinreichend hoher Ordnung dargestellt. Anschließend berechnet man die Schätzungen aller Koeffizienten und eliminiert alle nichtsignifikanten Glieder nach Prüfung der Hypothese $H_0'' : \beta_j = 0$ mit Hilfe des v_2-Kriteriums (1.81), sofern die Nullhypothese akzeptiert wird. Diese formal gesehen bequeme Verfahrensweise zur Gewinnung einer adäquaten mathematischen Beschreibung wird durch einige Besonderheiten des Tests v_2 erheblich erschwert.

Auf diese Besonderheiten soll näher eingegangen werden. Bei Benutzung des Tests v_2 zur Prüfung der Hypothese $H_0'' : \beta_j = 0$ kann einer der zwei folgenden Fehler unterlaufen:

1. Fehler erster Art: Man akzeptiert $\beta_j \neq 0$, obgleich tatsächlich $\beta_j = 0$ ist.
2. Fehler zweiter Art: Man akzeptiert $\beta_j = 0$, obgleich tatsächlich $\beta_j \neq 0$ ist.

Besteht die Aufgabe in einer Auswahl der signifikanten Variablen, so ist das Auftreten eines Fehlers zweiter Art weitaus unerwünschter, weil in diesem Falle ein unmittelbar an der Regressionsbeziehung beteiligtes Glied in der Regressionsgleichung eliminiert wird. Die so gewonnene unvollständige empirische Regressionsgleichung führt dann zu einer Verzerrung der restlichen Regressionskoeffizienten und zu einer Zunahme der Restdispersion $\hat{\sigma}^2$.

Die Wahrscheinlichkeit dafür, daß die Hypothese $H_0'' : \beta_i = 0$ abgelehnt wird, wenn tatsächlich $\beta_j \neq 0$ gilt, ist gleich der Gütefunktion (1.83) des Tests, die eine steigende Funktion des Nichtzentralitätsparameters λ_2 darstellt. Aus den Gleichungen (1.82) und (1.83) folgt, daß der Test v_2 für eine vorliegende Regressionsgleichung mit endlicher Fehlerdispersion σ^2 dem zu prüfenden Koeffizienten β_j einen von Null verschiedenen Wert zuschreibt, wenn auch tatsächlich $\beta_j \neq 0$ ist, und zwar mit einer dem wahren Wert β_j proportionalen und der Größe des Diagonalelements c_{jj} der inversen Matrix umgekehrt proportionalen Wahrscheinlichkeit. Dieses Diagonalelement der Matrix $C = S^{-1}$ soll näher untersucht werden. Durch Zerlegung von S in Untermatrizen erhält man:

$$S = \begin{pmatrix} X_j{}^T X_j & X_j{}^T X_{(k-1)} \\ X_{(k-1)}^T X_j & X_{(k-1)}^T X_{(k-1)} \end{pmatrix} \tag{2.53}$$

X_j — $(n \times 1)$-dimensionaler Spaltenvektor der Matrix X, der den n Werten der Variablen x_j entspricht;

$X_{(k-1)}$ — durch Streichen der Spalte X_j aus X entstandene Matrix.

Auf gleiche Art wird die Matrix C zerlegt

$$C = \begin{pmatrix} c_{jj} & C_{j(k-1)} \\ C_{(k-1),j} & C_{(k-1),(k-1)} \end{pmatrix}. \tag{2.54}$$

Unter Berücksichtigung der Gleichung $C = S^{-1}$ läßt sich durch algebraische Umformungen der Ausdrücke (2.53) und (2.54) folgende Beziehung für c_{jj} finden:

$$c_{jj} = \frac{1}{X_j{}^T X_j - X_j{}^T X_{(k-1)} (X_{(k-1)}^T X_{(k-1)})^{-1} X_{k-1}^T X_j}. \tag{2.55}$$

Der Nenner in Gleichung (2.55) läßt sich auf folgende Form bringen:

$$\hat{\sigma}_j{}^2 (n - 1) (1 - \hat{R}^2_{j.1,2,\ldots,(k-1)}). \tag{2.56}$$

$\hat{\sigma}_j{}^2$ — nach den Werten X_j berechnete Stichprobendispersion der Veränderlichen x_j;

n — Anzahl der Versuche in der Matrix X;

$\hat{R}_{j.1,2,\ldots,(k-1)}$ — durch Stichprobe ermittelter Mehrfachkorrelationskoeffizient zwischen der Variablen x_j und den restlichen Veränderlichen $x_1, \ldots, x_{(k-1)}$.

Mit Hilfe der Ausdrücke (2.55) und (2.56) läßt sich die Gleichung (1.82) in der Form

$$\lambda_2 = \frac{\beta_j}{\sigma} \hat{\sigma}_j \sqrt{(n - 1) (1 - \hat{R}^1_{j.1,2,\ldots,(k-1)}}. \tag{2.57}$$

darstellen.

Aus Gleichung (2.57) lassen sich folgende Schlüsse ziehen:

1. Für fixierte endliche Werte von β_j, σ^2 und den Stichprobenumfang n ist die Gütefunktion des Tests v_2 um so größer, je größer der Variationsbereich der

Veränderlichen x_j in der Beobachtungsmatrix X_j ist. Deshalb ist es bei der Durchführung von Versuchen, die in der Erfassung statistischer Daten bestehen, stets erstrebenswert, den Wertebereich der unabhängigen Variablen weit „auseinanderzuziehen".

2. Die Gütefunktion des Tests v_2 wächst mit der Abnahme der Korrelation der Spalten der Matrix X. Stellen die Werte der Variablen x_j Linearkombinationen der Werte anderer Veränderlicher dar, d. h. gilt $\hat{R}_{j.1,2,\ldots,(k-1)} = 1$, so nimmt die Gütefunktion des Tests v_2 einen minimalen Wert an ($\lambda_2 = 0$), und sie wird gegenüber einem noch so großen Wert des Koeffizienten β_j ($-\infty < \beta_j < +\infty$) unempfindlich. Sind die Werte der Veränderlichen x_j mit den Werten anderer Variabler unkorreliert, d. h. gilt $\hat{R}_{j.1,2,\ldots,(k-1)} = 0$, was dem Fall der Orthogonalmatrix X entspricht, so nimmt die Gütefunktion des Tests v_2 einen maximalen Wert an. Für $0 < \hat{R}_{j.1,2,\ldots,(k-1)} < 1$ hängt die Wahrscheinlichkeit der Annahme $\beta_j = 0$, obgleich in Wahrheit $\beta_j \neq 0$ gilt, vom Grad der Korrelation der Spalten der Matrix X ab.

Die zweite Schlußfolgerung gestattet eine Erklärung des in der Praxis nicht selten anzutreffenden Paradoxons, daß man als Testergebnis $H_0' : \beta_1 = \beta_2 = \cdots = \beta_k = 0$ abzulehnen hat, während gleichzeitig die Hypothese $H_0'' : \beta_j = 0$ für alle Koeffizienten $\beta_1, \ldots, \beta_k$ akzeptiert wird. Ein solches Beispiel wird auch in der Literatur [9] angeführt. In diesen Fällen ist die Korrelation der Spalten der Matrix X derart groß, daß der Quotient von β_j und c_{jj} für alle $j = 1, \ldots, k$ keine hinreichende Güte des Tests v_2 für ein zuverlässiges Auffinden der von Null verschiedenen Koeffizienten garantiert, während der Test v_1 nicht empfindlich genug gegenüber den Besonderheiten der Matrix X ist und die Verteilung der Größe v_1, wie aus Gleichung (1.77) folgt, in eine zentrale F-Verteilung übergeht, wenn $\beta_1 = \beta_2 = \cdots = \beta_k = 0$ gilt, d. h. bei Akzeptieren der Hypothese $H_0' : \beta_j = 0$.

Der Test v_2 ist also zur Gewinnung einer adäquaten mathematischen Beschreibung durch „sukzessive Elimination" nichtsignifikanter Variabler nur dann geeignet, wenn alle Spalten X_j der Matrix X paarweise orthogonal sind, d. h., wenn für ein beliebiges Paar von Spaltenvektoren X_j und X_q folgende Beziehung erfüllt wird:

$$\sum_{i=1}^{n} x_{ij} x_{iq} = 0, \qquad j \neq q. \tag{2.58}$$

Ein Vergleich der Beziehung (2.58) mit dem Ausdruck (1.43a) für den Stichprobenwert des partiellen Korrelationskoeffizienten 1. Ordnung $\hat{r}_{jq}$ ergibt, daß die Bedingung (2.58) gleichbedeutend mit $\hat{r}_{jq} = 0$ ist. Der Test v_2 ist also nur dann zur „sukzessiven Elimination" nichtsignifikanter Koeffizienten geeignet, wenn alle Stichprobenwerte der partiellen Korrelationskoeffizienten 1. Ordnung $\hat{r}_{jq}$ für $j, q = 1, \ldots, k$ ($j \neq q$) den Wert Null annehmen.

Das Auftreten von Elementen $\hat{r}_{jq}$ in der Matrix $\hat{\varrho}$ (siehe Gleichung (1.42a)), die einen von Null verschiedenen Wert aufweisen, führt zu einer Abnahme der

Güte des Tests v_2. Die Anwendung des Tests v_2 zur Ermittlung der Modellstruktur durch „sukzessive Elimination" nichtsignifikanter Größen kann deshalb leicht zu falschen Ergebnissen führen.

Die Richtigkeit der gemachten Aussagen soll an einem Modellbeispiel demonstriert werden:

Beispiel 2-3:

Für vier Variable x_1, x_2, x_3, x_4, die die Eingangsvariablen eines Objekts darstellen sollen, wurde eine aus $n = 50$ Datensätzen bestehende Stichprobe zusammengestellt, so daß die Schätzungen der partiellen Korrelationskoeffizienten 1. Ordnung $\hat{r}_{jq}$ folgende Werte annehmen:

$$\hat{r}_{12} = -0{,}707 \qquad \hat{r}_{23} = 0{,}363$$

$$\hat{r}_{13} = -0{,}665 \qquad \hat{r}_{24} = 0{,}386$$

$$\hat{r}_{14} = -0{,}571 \qquad \hat{r}_{34} = 0{,}848.$$

Für die „wahre" Abhängigkeit werden folgende zwei Varianten gewählt:

$$y^{(1)} = 2x_1 + 3x_2 - x_3 + e = \varphi(x_1, x_2, x_3) + e \tag{2.59}$$

$$y^{(2)} = 2x_4 + e = \varphi(x_4) + e. \tag{2.60}$$

Für beide Fälle wurden die Werte $Y_1^T = (y_1^{(1)}, \ldots, y_{50}^{(1)})$ und $Y_2^T = (y_1^{(2)}, \ldots, y_{50}^{(2)})$ mit Hilfe der Matrix X bestimmt. Bei der Berechnung von Y_1 und Y_2 wurde für e der Tabellenwert einer normalverteilten Zufallsgröße mit einem Erwartungswert von Null und einer Dispersion von Eins verwendet.

Bei der Modellwahl werden für die beiden Varianten (2.59) und (2.60) folgende postulierte Abhängigkeiten angenommen:

$$y^{(1)} = \beta_0 + \beta_1 x_1 + \beta_2 x_2 + \beta_3 x_3 + \beta_4 x_4 + e = \varphi(x_1, x_2, x_3, x_4) + e \tag{2.61}$$

$$y^{(2)} = \beta_0 + \beta_3 x_3 + \beta_4 x_4 + \beta_{34} x_3 x_4 + \beta_{44} x_4^2 + e$$
$$= \varphi(x_3, x_4, x_3 x_4, x_4^2) + e. \tag{2.62}$$

Aus den an Hand der Matrizen (XY_1) und (XY_2) berechneten empirischen Regressionsgleichungen

$$\hat{y}^{(1)} = \hat{\beta}_0 + \hat{\beta}_1 x_1 + \hat{\beta}_2 x_2 + \hat{\beta}_3 x_3 + \hat{\beta}_4 x_4 = \hat{\varphi}(x_1, x_2, x_3, x_4) \tag{2.63}$$

und

$$\hat{y}^{(2)} = \hat{\beta}_0 + \hat{\beta}_3 x_3 + \hat{\beta}_4 x_4 + \hat{\beta}_{34} x_3 x_4 + \hat{\beta}_{44} x_4^2 = \hat{\varphi}(x_3, x_4, x_3 x_4, x_4^2) \tag{2.64}$$

soll mit Hilfe des Tests v_2 die Methode der „sukzessiven Elimination" nichtsignifikanter Größen mit dem Ziel angewendet werden, den wahren Abhängigkeiten adäquate Modellstrukturen zu erhalten.

Für beide Fälle sind folgende Rechenschritte erforderlich:

1. Für ein gewähltes Signifikanzniveau von $\alpha = 0{,}05$ und die Zahl der Freiheitsgrade $n - k = 50 - 5 = 45$ wird der Tabellenwert bei t-Verteilung zu $t_{\alpha/2(n-k)} = t_{0,025;45} = t_{\text{Tab}} = 1{,}96$ bestimmt.
Der Wert t_{Tab} ändert sich im Verlauf der weiteren Berechnungen nicht, weil mit der Elimination von Variablen aus den Gleichungen (2.63) und (2.64) die Anzahl der Freiheitsgrade zwar zunimmt, man aber für $t_{0,025;(n-k)>30} \approx \text{const} = 1{,}96$ annehmen kann.
2. Für jeden Koeffizienten der Gleichungen (2.63) und (2.64) wird der Wert

$$v_{2(j)} = \frac{|\hat{\beta}_j|}{\hat{\sigma}\sqrt{c_{jj}}}$$

berechnet.
3. Der jeweils kleinste Wert $v_{2(j)}^{\min} = v_2{}^0$ wird mit t_{Tab} verglichen. Ist $v_2{}^0 \geqq t_{\text{Tab}}$, so läßt sich mit einer Wahrscheinlichkeit von $P = 1 - \alpha$ annehmen, daß alle in die postulierte Abhängigkeit eingehenden Variablen signifikant sind.

Ergibt sich $v_2{}^0 < t_{\text{Tab}}$, wird die Hypothese $H_0'' : \beta_j = 0$ also akzeptiert, so wird die dem Koeffizienten $\hat{\beta}_j$ zugeordnete Variable als nichtsignifikant aus der postulierten Abhängigkeit eliminiert. Anschließend erfolgt eine erneute Berechnung der Schätzungen $\hat{\beta}$ und des Wertes $\hat{\sigma}^2$ bei der verringerten Anzahl von Variablen, wonach der Rechenweg wieder bei Punkt 2. beginnt.

Diese Verfahrensweise wird so lange fortgesetzt, bis in der empirischen Regressionsgleichung ausschließlich signifikante Variable verbleiben.

Ergänzend sei bemerkt, daß sich bei einer geringen Anzahl von Freiheitsgraden $(n - k)$ der Wert $t_{\alpha/2(n-k)}$ in Abhängigkeit von $(n - k)$ ändert, so daß der Rechenweg bereits bei Punkt 1. zu beginnen hat.

Die durch Anwendung der beschriebenen Methode erhaltenen Ergebnisse sind in den Tab. 2.3 (für Gleichung (2.63)) und 2.4 (für Gleichung (2.64)) zusammengefaßt dargestellt. In beiden Fällen änderte sich der Wert t_{Tab} nicht und betrug konstant $t_{\text{Tab}} = 1{,}96$. Das neben der Variablen stehende Minuszeichen symbolisiert ihre Elimination im entsprechenden Zyklus.

Wie aus der Tab. 2.3 zu entnehmen ist, führte die Methode der „sukzessiven Elimination“ nichtsignifikanter Variabler mit Hilfe des Tests v_2 zu einem guten Ergebnis: Aus der postulierten Abhängigkeit (2.61) wurde die überflüssige Variable x_4 als nichtsignifikant eliminiert, so daß das erhaltene lineare Polynom $\hat{y}^{(1)} = \varphi(x_1, x_2, x_3)$ der tatsächlichen Abhängigkeit (2.59) von der Struktur her adäquat ist.

Für das zweite Beispiel (Tab. 2.4) verbleiben als nichtsignifikante Variable $x_4{}^2$ und x_3x_4. Das erhaltene Polynom $\hat{y}^{(2)} = \hat{\varphi}(x_4{}^2, x_3x_4)$ weist also eine andere Struktur als die wahre Abhängigkeit (2.60) auf.

Die Abweichungen im Vergleich zur tatsächlichen Abhängigkeit haben in einer wesentlichen Verringerung der Güte des Tests v_2 ihre Ursache, die durch eine hohe Korrelation zwischen den Variablen quadratischen Typs und Wechselwirkungen in der postulierten Abhängigkeit bedingt sind. Als Beweis dienen folgende Werte:

$$\hat{r}_{34} = 0{,}848 \qquad \hat{r}_{4(34)} = 0{,}962$$
$$\hat{r}_{3(34)} = 0{,}832 \qquad \hat{r}_{4(44)} = 0{,}968$$
$$\hat{r}_{3(44)} = 0{,}926 \qquad \hat{r}_{(34)(44)} = 0{,}978 .$$

Die Anwendbarkeit der Methode der „sukzessiven Elimination“ nichtsignifikanter Variabler mit Hilfe des Tests v_2 ist also in sehr starkem Maße von der Korrelation der Spalten der Matrix X abhängig. In diesem Zusammenhang erscheint die Frage sinnvoll, ob sich nicht auf Grund der Form der Korre-

Tabelle 2.3

Variable in der postulierten Abhängigkeit	Werte von $v_{2(j)}$ in jedem Zyklus			
	1. Zyklus		2. Zyklus	
x_1	4,71	+	4,78	+
x_2	5,43	+	5,58	+
x_3	2,23	+	3,66	+
x_4	0,09	—		

Tabelle 2.4

Variable in der postulierten Abhängigkeit	Wert von $v_{2(j)}$ in jedem Zyklus					
	1. Zyklus		2. Zyklus		3. Zyklus	
x_3	0,85	+	0,09	—		
x_4	1,99	+	2,59	+	6,59	+
x_3x_4	0,08	+	1,70	+	2,94	+
x_4^2	0,04	—				

lationsmatrix $\hat{\varrho}$ (siehe Gleichung (1.42a)) a priori-Aussagen über die Zweckmäßigkeit der Anwendung der Methode der „sukzessiven Elimination“ für ein konkretes Polynom machen lassen. Völlig unzureichend wäre die Einführung eines bestimmten Schwellwertes für die Elemente der Matrix $\hat{\varrho}$, nach dem man die Zweckmäßigkeit der Anwendung des Tests v_2 bei der „sukzessiven Elimination“ abschätzen könnte.

In [53] wird folgende Verfahrensweise empfohlen: Der Test v_2 liefert hinreichend gute Ergebnisse, wenn der größte partielle Korrelationskoeffizient

1. Ordnung $\hat{r}_{jq}^{\max}$ in der Matrix $\hat{\varrho}$ kleiner als der Mehrfachkorrelationskoeffizient $\hat{R}_{y.x_1,\ldots,x_k}$ ist, der ein Maß für die Wechselwirkung zwischen der Ausgangsvariablen y und den restlichen Veränderlichen $x_1, \ldots, x_k$ der postulierten Abhängigkeit darstellt. Wird $\hat{r}_{jq} \geqq \hat{R}_{y.x_1,\ldots,x_k}$, so ist die Wechselwirkung (Korrelation) der Variablen x_j und x_q für die Anwendung des Tests v_2 zu stark. Trotz ihrer Einfachheit weist die empfohlene Methode einen entscheidenden Mangel auf: Bei relativ kleinen Werten für den partiellen Korrelationskoeffizienten 1. Ordnung $\hat{r}_{jl}$, $l = 1, \ldots, (k-1)$ kann die Wechselwirkung zwischen der Variablen x_j und den restlichen Veränderlichen $x_1, \ldots, x_{(k-1)}$ stark ausgeprägt sein, so daß der Mehrfachkorrelationskoeffizient $\hat{R}_{j.1,\ldots,(k-1)}$ recht hohe Werte annehmen kann, was nach Gleichung (2.58) mit einer erheblichen Abnahme der Güte des Tests v_2 verbunden ist. Es ist deshalb sinnvoll, die empfohlene Einführung eines Schwellwertes für den partiellen Korrelationskoeffizienten 1. Ordnung $\hat{r}_{jq}^{\max}$ auch auf den Mehrfachkorrelationskoeffizienten $\hat{R}_{j.1,\ldots,(k-1)}$ auszudehnen. Die Abhängigkeit zwischen der Variablen x_j und den restlichen Veränderlichen wird als „schädlich“ angesehen, wenn $\hat{R}_{j.1,\ldots,(k-1)} \geqq \hat{R}_{y.x,\ldots,x_k}$ ist. Sind die Werte der Koeffizienten $\hat{R}_{j.1,\ldots,(k-1)}$ bekannt, so verfügt man zwar über ein nicht sonderlich genaues, aber doch hinreichendes Mittel zum Auffinden „schädlich“ korrelierter Variabler des postulierten Modells. Auf Grund der so gewonnenen Information entfernt man entweder die als „schädlich“ erkannten Variablen aus dem postulierten Modell oder man „verbessert“ die Matrix X durch spezielle Versuche mit dem Ziel, die Korrelation der Spalten der Matrix X zu vermindern. Die letztgenannte Verfahrensweise wird in den Arbeiten [54, 55] eingehend behandelt.

Beim Entfernen „schädlich“ korrelierter Variabler aus dem postulierten Modell muß mit größter Vorsicht vorgegangen werden, weil, wie noch im Verlaufe dieses Abschnittes gezeigt wird, in einigen Fällen gerade diese korrelierten Variablen zur Gewinnung einer optimalen Modellstruktur unbedingt erforderlich sind.

Durch die dem Test v_2 innewohnende Unzulänglichkeit ist also auch die Methode der „sukzessiven Elimination“ zur Auswahl der signifikanten Variablen und der Gewinnung eines adäquaten Modells wenig geeignet. Im folgenden werden einige Verfahren, die der Aufgabenstellung besser gerecht werden, behandelt.

Bei der Methode der „schrittweisen multiplen Regression“ werden alle unabhängigen Variablen der postulierten Abhängigkeit nacheinander in die Regressionsgleichung eingeführt. Zur Entscheidungsfindung, welche der Variablen im Modell aufgenommen werden soll, dient der partielle Korrelationskoeffizient, der ein Maß für die Stärke der Korrelation zwischen der Ausgangsvariablen y und einer einzelnen Veränderlichen x_j unter Ausschluß des Einflusses aller anderen, bereits im Modell befindlichen Variablen darstellt [8, 56, 57].

Die Berechnung der Werte für die partiellen Korrelationskoeffizienten erfolgt zweckmäßigerweise über die partiellen Korrelationskoeffizienten 1. Ordnung.

Für den partiellen Korrelationskoeffizienten zwischen y und der Variablen x_2 ergibt sich nach dem Ausschluß des Einflusses der Variablen x_1

$$r_{y1.2} = \frac{\hat{r}_{y1} - \hat{r}_{y2}\hat{r}_{12}}{\sqrt{(1 - \hat{r}_{y2}^2)(1 - \hat{r}_{12}^2)}}. \tag{2.65}$$

Für den allgemeinen Fall der Bestimmung des partiellen Korrelationskoeffizienten unter Ausschluß des Einflusses zweier oder mehrerer Variabler gilt folgende rekursive Gleichung:

$$r_{y1.23\ldots k} = \frac{r_{y1.23\ldots(k-1)} - r_{yk.23\ldots(k-1)}r_{1k.23\ldots(k-1)}}{\sqrt{(1 - r_{yk.23\ldots(k-1)}^2)(1 - r_{1k.23\ldots(k-1)}^2)}}. \tag{2.66}$$

Mit Hilfe von Gleichung (2.66) lassen sich bei bekannten partiellen Korrelationskoeffizienten $(k-1)$-ter Ordnung die partiellen Korrelationskoeffizienten k-ter Ordnung berechnen.

Die Vorgehensweise bei der Methode der „schrittweisen multiplen Regression" ist folgende:

Es wird die unabhängige Variable, die am stärksten mit y korreliert ist, d. h. diejenige, die den größten Wert für den partiellen Korrelationskoeffizienten $\hat{r}_{yj}$ aufweist, gewählt. Nach Aufstellen der empirischen Regressionsgleichung $\hat{y} = \hat{\varphi}(x_j)$ wird ihre Signifikanz nach dem Test v_1 überprüft. Erweist sich die erhaltene Gleichung als signifikant, so werden beim nächsten Schritt die partiellen Korrelationskoeffizienten zwischen allen nicht in die Gleichung $\hat{y} = \hat{\varphi}(x_j)$ eingehenden Variablen und der Veränderlichen y bestimmt. Die Variable mit dem größten Wert für den partiellen Korrelationskoeffizienten $\hat{r}_{yj.m}$ wird als nächste in das Modell aufzunehmende Variable gewählt. Nach dem Aufstellen der neuen Regressionsgleichung $\hat{y} = \hat{\varphi}(x_j, x_m)$ wird wiederum ihre Signifikanz überprüft. Außerdem überprüft man die Signifikanz der in das Modell aufgenommenen Variablen x_m nach dem Test v_2. Stellt sie sich als signifikant heraus, wird die Prozedur so lange wiederholt, bis sich eine neu ins Modell aufgenommene Variable als nichtsignifikant erweist. In das endgültige Modell gehen dann alle vorher aufgenommenen Variablen ein.

Die praktische Anwendung der Methode der „schrittweisen multiplen Regression" wird an Hand des Beispiels 2-3 erläutert, d. h. für die wahren Abhängigkeiten (2.59) und (2.60) und die ihnen entsprechenden postulierten Abhängigkeiten (2.61) und (2.62). Die erhaltenen Ergebnisse sind in den Tab. 2.5 und 2.6 zusammengefaßt.

Der Tabellenwert t_{Tab} beträgt wie bei der Anwendung der Methode der „sukzessiven Elimination" $t_{\text{Tab}} = 1{,}96$. Das Pluszeichen hinter den Variablen kennzeichnet die Neuaufnahme dieser Veränderlichen in die Regressionsgleichung oder ihre bereits vorher erfolgte Aufnahme. In der Tab. 2.5 wurde beim ersten Rechenschritt die Variable x_3 überprüft, für die der partielle

Korrelationskoeffizient $\hat{r}_{yj}$ mit $\hat{r}_{y3} = -0{,}675$ betragsmäßig den größten Wert annimmt. Eine Anwendung des Tests v_2 ergab $v_{2(3)} = 6{,}10$. Dieser Wert ist größer als $t_{\text{Tab}} = 1{,}96$, so daß die Variable x_3 in die Regressionsgleichung aufgenommen wird. Der zweite Rechenschritt beginnt mit der Berechnung der partiellen Korrelationskoeffizienten $\hat{r}_{y3.j}$ der noch verbliebenen Variablen. Für $\hat{r}_{y3.2}$ ergibt sich mit 0,36 der größte Wert, so daß als nächstes die Variable x_2

Tabelle 2.5

Variable in der postulierten Abhängigkeit	1. Schritt		2. Schritt		3. Schritt		4. Schritt	
	$\hat{r}_{yj}$	$v_{2(3)}$	$\hat{r}_{y3.j}$	$v_{2(2)}$	$\hat{r}_{y32.j}$	$v_{2(1)}$	$\hat{r}_{y321.4}$	$v_{2(4)}$
x_1	0,562	—	0,16	—	0,57	4,8	+	+
x_2	0,013	—	0,36	2,65	+	+	+	+
x_3	−0,657	6,10	+	+	+	+	+	+
x_4	−0,513	—	0,13	—	0,08	—	0,09	0,56

in die Regressionsgleichung einbezogen wird. Der Test v_2 liefert $v_{2(2)} = 2{,}65 > t_{\text{Tab}} = 1{,}96$, so daß auch x_2 in der Regressionsgleichung verbleibt. Wie aus Tab. 2.5 zu entnehmen ist, liefert der vierte und letzte Rechenschritt beim Test v_2 für x_4 einen geringeren Wert als t_{Tab}. Die Variable x_4 wird folglich nicht in die Regressionsgleichung aufgenommen und damit aus der postulierten Abhängigkeit (2.61) gestrichen. Das Endergebnis lautet somit $\hat{y}^{(1)} = \hat{\varphi}(x_1, x_2, x_3)$, ist also der tatsächlichen Abhängigkeit (2.59) adäquat.

Tabelle 2.6

Variable in der postulierten Abhängigkeit	1. Schritt		2. Schritt		3. Schritt		4. Schritt	
	$\hat{r}_{yj}$	$v_{2(44)}$	$\hat{r}_{y(44)j}$	$v_{2(4)}$	$\hat{r}_{y(44)4.j}$	$v_{2(3)}$	$\hat{r}_{y(44)43.(34)}$	$v_{2(34)}$
x_3	0,861	—	0,01	—	0,74	2,8	+	+
x_4	0,916	—	0,29	2,9	+	+	+	+
x_3x_4	0,901	—	0,15	—	0,25	—	0,08	0,23
x_4^2	0,919	14,4	+	+	+	+	+	+

Aus der Tab. 2.6 ist ersichtlich, daß die Methode der „schrittweisen multiplen Regression" bei ihrer Anwendung auf die postulierte Abhängigkeit (2.62) ein Ergebnis der Form $\hat{y}^{(2)} = \hat{\varphi}(x_3, x_4, x_4^2)$ liefert, das sich wesentlich von der tatsächlichen Abhängigkeit (2.60) unterscheidet. Obgleich die Methodik der „schrittweisen multiplen Regression" gegenüber der „sukzessiven Elimination" rechnerisch erheblich einfacher ist, läßt sich bereits an diesem Beispiel ihr grundlegender Mangel aufzeigen: Das Ergebnis ist in sehr starkem Maße von der Wahl der Variablen im Verlaufe des ersten Rechenschrittes abhängig. Die nur geringe Differenz zwischen $\hat{r}_{y4}$ und $\hat{r}_{y(44)}$, eine Folge der starken Korrelation der Variablen x_4 und x_4^2, führt beim ersten Rechenschritt zu einer Wahl zugunsten von x_4^2, wodurch sich dann im weiteren Verlauf eine nichtadäquate mathematische Beschreibung ergibt.

Das folgende einfache Beispiel [58] illustriert die Unzulänglichkeiten der Methode der „schrittweisen multiplen Regression“ besonders gut. Für die Abhängigkeit der Variablen y von vier der fünf unabhängigen Variablen x_1, x_2, x_3, x_4, x_5 soll das beste lineare Modell aufgestellt werden. Die partiellen Korrelationskoeffizienten 1. Ordnung der unabhängigen Variablen mit der Veränderlichen y betragen:

$$\hat{r}_{y1} = 0{,}5 \qquad \hat{r}_{y4} = 0{,}25$$

$$\hat{r}_{y2} = 0{,}4 \qquad \hat{r}_{y5} = 0{,}25.$$

$$\hat{r}_{y3} = 0{,}3$$

Ferner ist bekannt, daß $\hat{r}_{45} = -0{,}75$ beträgt, während die restlichen Variablen untereinander unkorreliert sind. Bei formaler Anwendung der Methode der „schrittweisen multiplen Regression“ werden die Variablen in der Reihenfolge x_1, x_2, x_3 und eine der Variablen x_4 oder x_5 in die Regressionsgleichung aufgenommen. Für eine solche Reihenfolge der Berücksichtigung in der Regressionsgleichung ergibt sich für den Mehrfachregressionskoeffizienten der Wert $R^2_{y.(1,2,3,4)} = 0{,}56$. Würde man die Variablen in der Reihenfolge x_4, x_5, x_2, x_3 in die Regressionsgleichung aufnehmen, so ergäbe sich für den Mehrfachregressionskoeffizienten $R^2_{y.(4,5,2,3)} = 0{,}90$. Dieses Beispiel zeigt nochmals, daß beim formalen Eliminieren einzelner stark korrelierter Variabler äußerste Vorsicht geboten ist.

Die Mängel beider beschriebenen Methoden haben eine gemeinsame Ursache, nämlich die starke Korrelation unabhängiger Variabler. Sie führt dazu, daß eine Variable, die im Verlaufe eines vorherigen Rechenschrittes als signifikant identifiziert wurde, beim letzten Rechenschritt nichtsignifikant wird (oder umgekehrt). Zur Verminderung dieses Effekts beim Aufstellen einer adäquaten Modellstruktur wurde eine modifizierte Methode der „schrittweisen multiplen Regression“ vorgeschlagen [59], die auch als kombinierte Methode bezeichnet wird. Hier wird bei jedem Rechenschritt eine Auswahl der Variablen nach der Methode der „schrittweisen multiplen Regression“ vorgenommen. Anschließend wird die Signifikanz aller beim jeweiligen Rechenschritt in der Regressionsgleichung befindlichen Variablen nach der Methode der „sukzessiven Elimination“ überprüft. Werden bei dieser Überprüfung eine oder mehrere Variable, die bei vorherigen Schritten als signifikant erkannt und somit in die Regressionsgleichung aufgenommen wurden, beim laufenden Rechenschritt als nichtsignifikant identifiziert, so werden sie aus der Regressionsgleichung ausgeschlossen und im weiteren Verlauf der Rechnung nicht mehr berücksichtigt. Dieser Prozeß wird so lange fortgesetzt, bis keine Variablen mehr in die Gleichung aufzunehmen sind oder aus ihr eliminiert werden müssen. Dadurch ist bei jedem Rechenschritt der Einfluß bereits vorher aufgenommener Variabler ersichtlich. Bei der kombinierten Methode wird die „sukzessive Elimination“ der Reihe nach auf jede Variable angewendet, und zwar unter Einhaltung des vollen Zyklus, beginnend bei der Variablen mit dem kleinsten Wert für v_2.

Als praktischer Anwendungsfall für die kombinierte Methode dient wiederum das Beispiel 2-3. Die Ergebnisse sind den Tab. 2.7 und 2.8 zu entnehmen. In Tab. 2.7 läßt sich die Änderung des Wertes v_2 für die einzelnen Variablen infolge des Einflusses bereits vorher aufgenommener Variabler gut verfolgen. Die Methode der „sukzessiven Elimination“ bei jedem Rechenschritt identifizierte jedoch, beginnend beim zweiten Schritt, keine bereits aufgenommene

Tabelle 2.7

Variable in der postulierten Abhängigkeit	1. Schritt		2. Schritt		3. Schritt		4. Schritt	
	$\hat{r}_{yj}$	v_2	$\hat{r}_{y3.j}$	v_2	$\hat{r}_{y32.j}$	v_2	$\hat{r}_{y321.4}$	v_2
x_1	0,526	—	0,16	—	0,57	4,8	+	4,7
x_2	0,013	—	0,36	2,65	+	5,6	+	5,4
x_3	−0,657	6,10	+	6,98	+	3,6	+	2,2
x_4	−0,513	—	0,13	—	0,08	—	0,09	0,56

Tabelle 2.8

Variable in der postulierten Abhängigkeit	1. Schritt		2. Schritt		3. Schritt		4. Schritt	
	$\hat{r}_{yj}$	v_2	$\hat{r}_{y(44).j}$	v_2	$\hat{r}_{y(44)4.j}$	v_2	$\hat{r}_{y43.(34)}$	v_2
x_3	0,861	—	0,01	—	0,74	2,95	+	1,7
x_4	0,916	—	0,29	2,9	+	6,5	+	2,6
x_3x_4	0,901	—	0,01	—	0,25	—	0,07	0,09
x_4^2	0,919	14,4	+	0,08	—	—	—	—

Variable als nichtsignifikant. Lediglich für die beim 4. Rechenschritt aufgenommene Variable x_4 ergab sich für $v_{2(4)}$ ein kleinerer Wert als t_{Tab}. Die kombinierte Methode führt also, wie bereits die beiden anderen Methoden, zu einem Ausschluß von x_4 aus der postulierten Abhängigkeit (2.61) und damit zu einer adäquaten mathematischen Beschreibung der Form

$$\hat{y}^{(1)} = \hat{\varphi}(x_1, x_2, x_3).$$

Bei Anwendung der kombinierten Methode auf die Abhängigkeit (2.62) wird zuerst die Variable x_4^2 in die Regressionsgleichung aufgenommen. Bereits beim zweiten Rechenschritt nach Aufnahme der Variablen x_4 ergibt die „sukzessive

Elimination", daß x_4^2 nichtsignifikant und aus der Regressionsgleichung auszuschließen ist ($v_{2(44)} = 0{,}08 < t_{\text{Tab}} = 1{,}96$).

Nach dem dritten Rechenschritt verbleiben in der empirischen Regressionsgleichung die Variablen x_3 mit $v_{2(3)} = 2{,}95$ und x_4 mit $v_{2(4)} = 6{,}5$. Im Verlaufe des vierten Rechenschrittes ergab der Test v_2 nach Aufnahme der Variablen x_3x_4, daß diese Variable wieder zu eliminieren ist, weil $v_{2(34)} < t_{\text{Tab}}$ ermittelt wurde. Nach einer erneuten Berechnung der Koeffizienten von x_3 und x_4 und der Ermittlung der neuen Werte $v'_{2(3)}$ und $v'_{2(4)}$ ist die Variable x_3 wegen $v'_{2(3)} = 1{,}7 < t_{\text{Tab}} = 1{,}96$ aus der Regressionsgleichung auszuschließen. Die neuerliche Anwendung des Tests v_2 auf die noch verbliebene Variable x_4 lieferte $v''_{2(4)} = 2{,}6 > t_{\text{Tab}}$. Die kombinierte Methode liefert also bei ihrer Anwendung auf die postulierte Abhängigkeit (2.62) eine adäquate Modellstruktur der Form $\hat{y}^{(2)} = \hat{\varphi}(x_4)$.

Die kombinierte Methode hat sich beim Ermitteln einer adäquaten mathematischen Beschreibung als die zuverlässigste und effektivste Methode erwiesen. In [59] wird diese Methode einer eingehenden Analyse unterzogen. Ebenda wird ein rationeller Algorithmus zu ihrer Anwendung angegeben. Einige spezielle Probleme bei der Auswahl signifikanter Variabler werden in den Arbeiten [10—13] untersucht.

Abschließend soll noch kurz auf eine Methode zur Ermittlung der Modellstruktur eingegangen werden, die unter der Bezeichnung „totale Regression" bekannt ist. Als postulierte Abhängigkeiten werden alle möglichen Abhängigkeiten der Ausgangsvariablen y von den Eingangsvariablen $x_1, \ldots, x_l$ (siehe Abb. 2.1), deren Quadraten und gemischten Gliedern (für ein Polynom zweiter Ordnung) angenommen. Für jedes Glied eines vollständigen quadratischen Polynoms für l Eingangsvariable und k Glieder sind zwei Fälle möglich: Entweder es geht in die postulierte Abhängigkeit ein oder es fehlt in ihr. Somit lassen sich 2^k Abhängigkeiten postulieren. Für jede dieser Abhängigkeiten wird der Mehrfachkorrelationskoeffizient R berechnet; ein Vergleich aller Werte für R führt schließlich zur Wahl derjenigen Abhängigkeit, für die R den größten Wert besitzt. Die Methode der „totalen Regression" ist mit großem rechnerischen Aufwand verbunden und schwer zu algorithmieren, weshalb sie kaum praktische Anwendung findet. Weitere Angaben zu dieser Methode sind der Literatur [60, 61] zu entnehmen.

2.6. Reststreuungsanalyse

Die im Abschnitt 1. abgeleiteten Gleichungen besitzen im statistischen Sinne nur volle Gültigkeit, wenn die für die Wahrscheinlichkeitseigenschaften des zufälligen Fehlers e gemachten Annahmen erfüllt werden. Diese Annahmen wurden zu Beginn des ersten Kapitels aufgestellt und lassen sich in folgender Form angeben:

$$E \sim N_n(0, \sigma^2 I_n). \tag{1.3}$$

Bei der Anwendung von Methoden der Regressionsanalyse zur Gewinnung der mathematischen Beschreibung technischer Objekte nehmen die Voraussetzungen (1.3) hypothetischen Charakter an, weil die realen Bedingungen am technischen Objekt nur in den wenigsten Fällen eine Erfüllung der aufgestellten Forderungen bezüglich der Eigenschaften des Fehlers e zulassen. Die Verletzung einzelner Voraussetzungen von (1.3) führt entweder zum Verlust der optimalen Eigenschaften der Schätzungen $\hat{\beta}_1, \ldots, \hat{\beta}_k$ und $\hat{\sigma}^2$ oder zu Unkorrektheiten bei der Anwendung statistischer Methoden. Beispielsweise führt $E[E] \neq 0$ zu verzerrten Punktschätzungen und damit zu einer Verringerung ihrer Effektivität. Für ungleiche Fehlerdispersionen bei den einzelnen Versuchen oder bei Korrelation der Fehler, d. h. bei Gültigkeit von $\operatorname{cov}[E] = \Sigma \neq \sigma^2 I_n$, ergeben sich nichteffektive Schätzungen $\hat{B} = S^{-1}X^TY$ (siehe Abschnitt 1.4.). Abweichungen der Fehlerverteilung von der Normalverteilung verbieten die Anwendung von t-, χ^2- oder F-Verteilungen zur Berechnung der Vertrauensintervalle und zu Testverfahren. Diese Aufzählung unterstreicht die praktische Notwendigkeit einer Überprüfung der Einhaltung der Annahmen (1.3).

Gegenstand dieses Abschnittes sind einige Verfahren zur Überprüfung der Annahmen (1.3). Neben einer Beschreibung der meistverbreiteten Methoden und ihres Vergleiches werden Korrekturprobleme der mathematischen Beschreibung für den Fall der Nichteinhaltung einer der Annahmen (1.3) behandelt.

In der Regel können folgende Verletzungen der Annahmen (1.3) auftreten:

a) Die Fehler sind nicht normalverteilt;
b) die Fehlerdispersion ist nichtkonstant („verschiedene Meßgenauigkeit" der Experimente);
c) die Fehler benachbarter Versuche sind korreliert, wobei ein Modell der Markowschen Autokorrelation der Form (1.114) betrachtet wird;
d) die Fehlererwartung ist ungleich Null und nichtkonstant, d. h., es gilt $E[e_i] = \mu_i$.

Die Einhaltung der Annahmen (1.3) wird mit Hilfe der Restdispersion überprüft:

$$\hat{E} = Y - \hat{Y} = Y - X\hat{B} = (I_n - XS^{-1}X^T)\,Y$$
$$= (I_n - XS^{-1}X^T)\,(XB + E) = (I_n - XS^{-1}X^T)\,E = T_1E, \qquad (2.67)$$

$T_1 = I_n - XS^{-1}X^T$ – idempotente Matrix vom Typ $(n \times n)$ und vom Rang $\operatorname{rg}(T_1) = n - k$ (siehe Abschnitt 1.3.).

Es läßt sich beweisen [63 bis 66], daß die Restdispersionen (2.67) bei Erfüllung der Bedingungen (1.3) die besten linearen erwartungstreuen Schätzungen des Fehlervektors E darstellen.

Die Kovarianzmatrix der Restdispersionen lautet

$$E[EE]^T = E[T_1EE^TT_1] = \sigma^2T_1. \qquad (2.68)$$

Aus Gleichung (2.68) folgt, daß die Reste $\hat{E}$ sogar bei Einhaltung der Bedingungen für die Nullhypothese $H_0 : E \sim N_n(0, \sigma^2 I_n)$ entartet normalverteilt sind:

$$\hat{E} \sim N_n(0, \sigma^2 T_1). \tag{2.69}$$

Die Kovarianzmatrix der Verteilung (2.69) ist von der Form der Beobachtungsmatrix X abhängig, d. h. die konkreten Werte der Regressionsvariablen beeinflussen die statistischen Eigenschaften der Restdispersionen. Dieser Einfluß wird als Regressionseffekt bezeichnet. Die Regressionseffekte erschweren eine Prüfung der Nullhypothese mittels der Restdispersionen $\hat{E}$, da eine Anwendung der herkömmlichen statistischen Methoden für eine Verteilung der Form (2.69) nicht korrekt ist (die Zufallsgrößen $\hat{e}_i$ sind nicht voneinander unabhängig).
Aus den bisherigen Veröffentlichungen über die Analyse der Restdispersionen sind drei Grundrichtungen zur Überwindung des aufgezeigten Problems erkennbar:

1. Vernachlässigung der Regressionseffekte: Bei passiven Versuchen ist in der Regel $n \gg k$, so daß sich die Kovarianzmatrix $\sigma^2 T_1$ nur wenig von $\sigma^2 I_n$ unterscheidet. Folglich lassen sich auch auf die Reste die herkömmlichen statistischen Methoden anwenden [67]. Diese Verfahrensweise birgt die Gefahr in sich, erheblich verfälschte Aussagen zu erhalten. Ihr Vorteil liegt in der Einfachheit des Testverfahrens.
2. Exakte Berücksichtigung der Regressionseffekte: Man berücksichtigt die Verletzungen der üblichen statistischen Testverfahren, die durch den Einfluß der Regressionseffekte hervorgerufen werden. Diese Verfahrensweise wird in [69] eingehend am Beispiel des Alternativtests $H_1 : \varrho > 0$ beschrieben.
3. Transformation der Reste $\hat{E}$ zu einem Vektor von Zufallsgrößen $\check{E}$, die eine Verteilung $\check{E} \sim N(0, \sigma^2 I)$ besitzen: Auf diesen Vektor sind herkömmliche statistische Methoden anwendbar.

Im folgenden werden die jeder Verfahrensweise eigenen Prüfverfahren beschrieben.

Vernachlässigung der Regressionseffekte:

Am eingehendsten werden die Methoden der Restanalyse ohne Berücksichtigung der Regressionseffekte in der Arbeit [67] behandelt. Die Autoren halten folgende graphische Darstellungen zum Auffinden von Verletzungen der Voraussetzungen (1.3) für hinreichend:

1. Hystogramm der Restdispersionen zur Überprüfung auf Normalverteilung.
2. Zeitliche Abhängigkeit der Reste. Im Idealfall hat das Diagramm die in Abb. 2.7a gezeigte Form. Bei linearem (Abb. 2.7b) oder quadratischem (Abb. 2.7c) Trend ist im Modell unbedingt die zeitliche Abhängigkeit zu berücksichtigen. Der Fall 2.7d entspricht einer nichtkonstanten Dispersion.

3. Abhängigkeit der Reste von den Regressionsvariablen. Die hauptsächlich auftretenden Möglichkeiten sind die gleichen wie die unter Punkt 2. genannten. Formen wie in den Abb. 2.7b und 2.7c deuten auf „vergessene" Variable hin. Bei der Überprüfung der Richtigkeit des gewählten Modells können solche graphische Darstellungen eine wesentliche Hilfe sein; für kompliziertere Modelle verlieren sie jedoch ihre Aussagekraft.

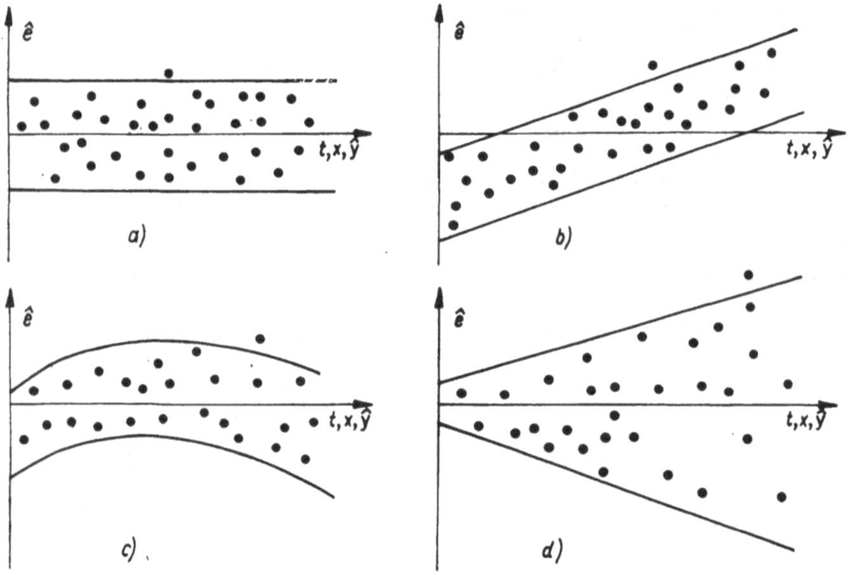

Abb. 2.7. Zeitliche Abhängigkeit der Restdispersion

a — unabhängig (Idealfall);
b — linear abhängig;
c — quadratisch abhängig;
d — nichtkonstante Dispersion

4. Analoge graphische Darstellungen der Abhängigkeit der Reste vom Wert der Ausgangsvariablen y oder von irgendwelchen fiktiven Veränderlichen.

Zur Überprüfung der Konstanz der Dispersion wird von einigen Autoren [63] empfohlen, als Ordinatenwerte nicht die Reste, sondern ihre Quadrate aufzutragen.

Die Methode zeichnet sich zwar durch Einfachheit aus, besitzt aber zwei entscheidende Mängel. Der erste trifft auf alle graphischen Testverfahren zu und besteht im Fehlen genauer Sicherheitswahrscheinlichkeiten. Außerdem gibt die Methode keine exakte Grenze an, wann die Regressionseffekte vernachlässigt werden können und wann nicht. In [67] wird dazu lediglich angegeben, daß eine Vernachlässigung für $n \gg k$ statthaft ist. Wie in [69] gezeigt wird, muß die Bedingung $n \gg k$ nicht hinreichend sein, da die Restdispersionen bei $n \gg k$ zu einer Änderung der Verteilungsparameter der Teststatistiken in der Größenordnung $\frac{k}{n}$ führen, während die Standardabweichungen dieser Statistiken in der Größenordnung $\frac{1}{n}$ liegen. Eine Vernachlässigung der Regressionseffekte ist deshalb nur für $\frac{k}{n} \ll \frac{1}{n}$ statthaft. Es muß also die Bedingung

$$k \ll \sqrt{n} \tag{2.70}$$

erfüllt sein, was durchaus nicht für alle praktischen Aufgaben der Mehrfachregression zutreffend ist.

Exakte Berücksichtigung der Regressionseffekte:

Diese Verfahrensweise basiert auf dem Versuch, den Einfluß der Regressionseffekte auf die Verteilung der üblichen statistischen Testgrößen exakt zu ermitteln. In [69] geschieht dies am Beispiel der Überprüfung der Regressionsfehler auf ihre Unabhängigkeit. Als Regressionsmodell wird dabei die Form

$$y_i = \beta_1 x_{i1} + \cdots + \beta_k x_{ik} + e_i$$
$$e_i = \varrho e_{i-1} + \varepsilon_i$$

unter den Bedingungen $0 < \varrho < 1$; $E[\varepsilon_i] = 0$; $E[\varepsilon_i^2] = \sigma_\varepsilon^2$; $E[\varepsilon_i \varepsilon_j] = 0$ angenommen, d. h., e_i stellt einen MARKOWschen Prozeß erster Ordnung dar. Zur Prüfung der Alternativhypothese $H_1 : \varrho > 0$ benutzen die Autoren [69] die NEYMAN-Statistik

$$\hat{q} = \frac{\sum_{i=2}^{n} (\hat{e}_i - \hat{e}_{i-1})^2}{\sum_{i=1}^{n} \hat{e}_i^2}. \tag{2.71}$$

Bei Benutzung der Reste in Gleichung (2.71) ist man gezwungen, die Verteilung der Statistik $\hat{q}$ für jede Matrix X erneut zu tabellieren. Diese Umständlichkeit des Verfahrens läßt sich durch die Einführung eines tabellierten, vom Wert der Matrix X unabhängigen Grenztests vermeiden. Dieser Grenztest basiert auf der in [69] bewiesenen Behauptung

$$q_a \leqq q \leqq q_b \tag{2.72}$$

q_a, q_b — in expliziter Form ermittelte Statistiken, die unabhängig von den Werten der Matrix X sind.

Die Statistiken q_a und q_b wurden in [69] für verschiedene Sicherheitswahrscheinlichkeiten α tabelliert.

Die Bedingung (2.72) besagt, daß die wahre Verteilung der Statistik q „zwischen den Verteilungen" der Grenzstatistiken q_a und q_b liegt. Als Beispiel diene die Prüfung der Alternativhypothese $H_1 : \varrho > 0$. Ist $q < q_{a;\alpha}$, so gilt um so mehr $q_a < q_\alpha$ (q_α — unbekannter Wert der Statistik q für ein Signifikanzniveau α). Für $\hat{q} < q_{a;\alpha}$ ist folglich die Hypothese $H_1 : \varrho > 0$ zu akzeptieren. Gilt hingegen $\hat{q} > q_{b;\alpha}$, so gilt erst recht $q > q_\alpha$, wonach die Hypothese $H_0 : \varrho = 0$ zu akzeptieren ist. Im Falle $q_{a;\alpha} < \hat{q} < q_{b;\alpha}$ ist die „Lage" der Statistik $\hat{q}$ bezüglich des tatsächlichen Quantils q_α nicht bekannt; der Grenztest bringt kein Ergebnis. Durch Approximation der wahren Verteilung der Statistik q läßt sich das tatsächliche Quantil q_α in solchen Fällen näherungsweise berechnen.

Der Hauptnachteil der auf einer exakten Berücksichtigung der Regressionseffekte beruhenden Verfahrensweise besteht darin, daß die verwendeten Teststatistiken keinen universellen Charakter besitzen. Für jede Alternativhypothese ist eine spezielle tabellierte Statistik erforderlich, was stets mit umfangreichen und recht schwierigen Berechnungen verbunden ist.

Transformation der Reste:

Diese Methode ist universeller und stellt ein mathematisch exaktes Verfahren zur Prüfung der Erfüllung der Annahmen (1.3) dar. Das Wesen der Methode besteht in der Umformung des Restvektors zu einem Vektor $\check{E}$, der Zufallsgrößen enthält, die die besten linearen erwartungstreuen Schätzungen in der Klasse der Schätzungen mit skalarer Kovarianzmatrix darstellen. Die Größen $\check{E}$ werden als BLUE-Schätzungen (best linear unbiased estimation — beste lineare unverzerrte Schätzung) bezeichnet. Auf sie sind alle herkömmlichen statistischen Methoden anwendbar, da $E[\check{E}] = 0$ und $E[\check{E}\check{E}^T] = \sigma^2 I$ gilt.

Laut Definition müssen die Größen $\check{E}$ folgende Bedingungen erfüllen:

1. $\check{E} = GY$ (Linearitätsbedingung);
2. $E[\check{E}] = 0$ (Bedingung für Erwartungstreue);
3. $E[\check{E}\check{E}^T] = \sigma^2 GG^T = \sigma^2 I$ (Bedingung einer skalaren Kovarianzmatrix).

Die dritte Bedingung ist nur bei einer Matrix G des Typs $(n-k)\times n$ erfüllbar. Der Vektor der BLUE-Schätzungen enthält dann $(n-k)$ Elemente, ist also vom Typ $(n-k)\times 1$. Der Vektor der BLUE-Schätzungen schätzt somit nur $(n-k)$ Fehler e_i. Dieser Untervektor des Typs $(n-k)\times 1$ wird mit E_1 bezeichnet. Die restlichen k Fehler, die den $(k\times 1)$-dimensionalen Untervektor E_0 bilden, werden nicht geschätzt. Analog zur Aufspaltung des Vektors E in die Untervektoren E_1 und E_0 läßt sich die Matrix X in zwei Untermatrizen X_1 des Typs $(n-k)\times k$ und X_0 vom Typ $(k\times k)$ aufspalten. In der Untermatrix X_0 finden die den Fehlern E_0 entsprechenden Zeilen der Matrix X Aufnahme. Analoges gilt für die Untermatrix X_1.

Da $\check{E}$ die besten Schätzungen für E_1 darstellen soll, ist die Größe

$$E[(\check{E} - E_1)^T (\check{E} - E_1)]$$

zu minimieren. Dies stellt die vierte Bedingung zur Gewinnung der gesuchten BLUE-Schätzungen $\check{E}$ dar.

Die Ermittlung von $\check{E}$ zerfällt somit in folgende Teilschritte [66]:

1. Abtrennung von k Komponenten des Vektors E, die nicht der Schätzung unterliegen.
2. Aufspalten der Matrix X in X_1 und X_0 entsprechend der Aufteilung des Vektors E in E_1 und E_0.
3. Berechnung der normierten Eigenvektoren Q_j und der Eigenwerte ν_j der Matrix
$$X_0(X^TX)^{-1} X_0^T$$
vom Typ $(k \times k)$.
4. Berechnung der BLUE-Schätzungen nach der Gleichung

$$\check{E} = \hat{E}_1 - X_1X_0^{-1} \sum_{j=1}^{k} \frac{\sqrt{\nu_j}}{1 + \sqrt{\nu_j}} Q_jQ_j^T\hat{E}_0. \tag{2.73}$$

In [66] wird nicht auf die Art der Auswahl der Komponenten, die die Matrizen X_1 und X_0 bilden, eingegangen, obgleich gerade dieser Schritt die Effektivität des Prüfverfahrens ganz erheblich beeinflußt.

Die nach Gleichung (2.73) ermittelten BLUE-Schätzungen $\check{E}$ besitzen bei Erfüllung der Annahmen (1.3) folgende Verteilung:

$$\check{E} \sim N_{n-k}(0, \sigma^2 I_{n-k}).$$

Auf $\check{E}$ sind folglich alle statistischen Standardkriterien zur Prüfung der Hypothese $H_0: E \sim N_n(0, \sigma^2 I_n)$ anwendbar.

Die Ermittlung der Schätzungen (2.73) ist mit recht aufwendigen Rechnungen verbunden, die sich nur unzureichend algorithmieren lassen. In [70] wird deshalb eine einfachere Methode zur Ermittlung von Schätzungen mit skalarer Kovarianzmatrix vorgeschlagen, die auf folgenden Überlegungen beruht:

Aus Gleichung (2.73) ist ersichtlich, daß zur Erfüllung der Bedingung $E[\check{E}\check{E}^T] = \sigma^2 I_{n-k}$ dem Vektor $\hat{E}_1$ ein von $\hat{E}_0$ abhängiger Term zuzufügen ist. Der $(k \times 1)$-dimensionale Vektor $\hat{E}_0$ ist bezüglich $\hat{E}_1$ zufällig. Deshalb läßt sich zum Vektor $\hat{E}$ ein Zufallsvektor V_0 derart addieren, daß für den Vektor

$$\tilde{E} = \hat{E} + V_0 \tag{2.74}$$

die Beziehung

$$E[\tilde{E}\tilde{E}^T] = \sigma^2 I_n$$

erfüllt wird.

Der Vektor V_0 erfüllt diese Bedingung in der Form

$$V_0 = \sigma(I_n - T_1) V,$$

V – Zufallsvektor, der Zufallstafeln mit Normalverteilung und einem Erwartungswert Null entnommen wird.

Eine Prüfung, ob die Kovarianzmatrix des Vektors $\tilde{E}$ skalar ist, ergibt:

$$E[\tilde{E}\tilde{E}^T] = E[(T_1 E + \sigma(I - T_1) V) (T_1 E + \sigma(I - T_1) V)^T]$$
$$= \sigma^2 T_1 + \sigma^2(I - T_1) = \sigma^2 I_n. \tag{2.75}$$

Bei der Ableitung (2.75) wurde die Gültigkeit von $E[EE^T] = \sigma^2 I_n$; $E[VV^T] = I_n$; $E[VE^T] = 0$ vorausgesetzt.

Die Berechnung des Vektors

$$\tilde{E} = \hat{E} + \sigma(I_n - T_1) V \tag{2.76}$$

ist wesentlich einfacher als die des BLUE-Vektors (2.73). Ein weiterer Vorteil dieser Methode besteht in ihrer guten Algorithmierbarkeit.

Der Vektor $\tilde{E}$ (2.76) stellt bezüglich E die beste lineare erwartungstreue Schätzung mit skalarer Kovarianzmatrix dar [70].

Im folgenden werden auf der Anwendung der Werte $\tilde{e}_1, \ldots, \tilde{e}_n$ beruhende Testverfahren behandelt, die zur Überprüfung der Einhaltung der restlichen Annahmen von (1.3) dienen. Für jede Annahme werden graphische (als die einfacheren) und analytische (als die exakteren) Verfahren erläutert.

Prüfung auf Normalverteilung durch $H_0: E \sim N(0, \sigma^2 I_{n-k})$:

Von den graphischen Methoden zur Prüfung der Normalverteilung ist die Konstruktion von Hystogrammen am gebräuchlichsten. Die zur Konstruktion des Hystogramms erforderlichen Werte lassen sich außerdem für analytische Methoden, so z. B. für das Kriterium von PEARSON, benutzen.

Zur Konstruktion des Hystogramms unterteilt man den Änderungsbereich von $\tilde{e}$ in eine Anzahl gleichgroßer Intervalle $\Delta\tilde{e}$. Die Zahl der Intervalle ist so zu wählen, daß in jedes Intervall eine genügende Anzahl von Werten $\tilde{e}_i$ fällt. Für $n = 100-200$ empfiehlt sich eine Intervallanzahl von 10–15.

Es seien m Intervalle, die durch den Index $j = 1, \ldots, m$ charakterisiert werden, gewählt worden, und die Menge der in das j-te Intervall fallenden Werte von $\tilde{e}_i$ betrage n_j. Das Hystogramm ergibt sich durch Konstruktion eines Rechtecks über jedem Intervall, dessen Höhe proportional der Größe

$\hat{p}_j = n_j/n$ ist. Aus der Form des Hystogramms ist näherungsweise erkennbar, inwieweit sich die Verteilung von $\tilde{e}$ mit der Normalverteilung deckt. Hystogramme können jedoch häufig zu falschen Schlußfolgerungen führen, insbesondere dann, wenn die Anzahl n der Werte gering ist. Abb. 2.8 zeigt ein Hystogramm für $n = 25$ normalverteilte Werte bei einer Intervallbreite von

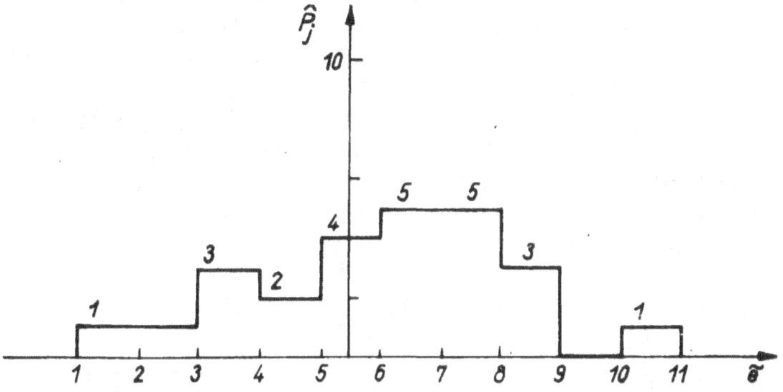

Abb. 2.8. Hystogramm

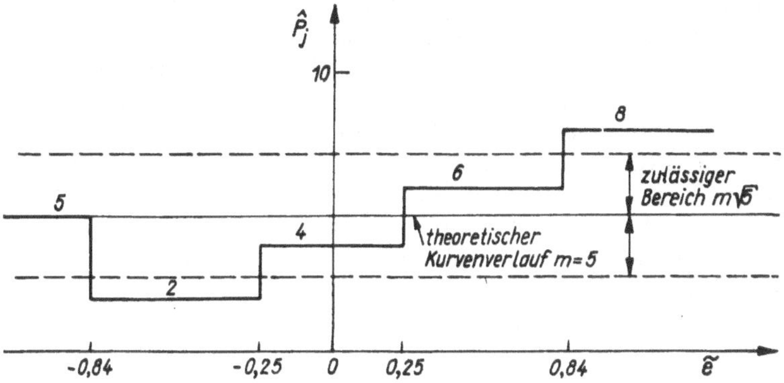

Abb. 2.9. Hystogramm mit gleichwahrscheinlichen Intervallen
$\hat{p}_j = 5$ – theoretische Form für Normalverteilung; $\hat{p}_j = 5 \pm \sqrt{5}$ – mittlere quadratische Abweichung (zulässiger Bereich)

$\Delta = 0{,}5$ und einer Intervallanzahl von $m = 11$. Die Anzahl der in jedes Intervall fallenden Werte beträgt von links nach rechts: $n_1 = 0$, $n_2 = 1$, $n_3 = 1$, $n_4 = 3$, $n_5 = 2$, $n_6 = 4$, $n_7 = 5$, $n_8 = 5$, $n_9 = 3$, $n_{10} = 0$, $n_{11} = 1$. Wie Abb. 2.8 zeigt, hat das Hystogramm wenig Ähnlichkeit mit einer Normalverteilung, obgleich die zur Konstruktion des Hystogramms benutzte Stichprobe einer normalverteilten Grundgesamtheit entstammt.

Wesentlich genauere Aussagen über den Grad der Übereinstimmung mit der Normalverteilung sind mit einem in gleichwahrscheinliche Intervalle unterteilten Hystogramm möglich. Mit p_j wird die Wahrscheinlichkeit bezeichnet, daß eine normalverteilte Zufallsgröße in das j-te Intervall fällt. Die Intervalllängen werden dann so gewählt, daß $p_1 = p_2 = \cdots = p_m = p_0$ ist. Die Intervalle weisen unterschiedliche Längen auf, wobei sich die äußeren bis $-\infty$ bzw. $+\infty$ erstrecken. Für das vorherige Beispiel werden die $n = 25$ Werte auf 5 Intervalle mit $p_1 = p_2 = \cdots = p_5 = p_0 = 0{,}2$ aufgeteilt. Die Intervallgrenzen ergeben sich aus den entsprechenden Quantilen der normierten Normalverteilung zu $u_{0,2} = -0{,}84$, $u_{0,4} = -0{,}25$, $u_{0,6} = 0{,}25$, $u_{0,8} = 0{,}84$. In die Intervalle $(-\infty; -0{,}84)$, $(-0{,}84; -0{,}25)$, $(-0{,}25; 0{,}25)$, $(0{,}25; 0{,}84)$ und $(0{,}84; +\infty)$ fallen $n_1 = 5$, $n_2 = 2$, $n_3 = 4$, $n_4 = 6$, $n_5 = 8$ Werte. Abb. 2.9 zeigt das Hystogramm mit gleichwahrscheinlichen Intervallen. Ferner wurden die Wahrscheinlichkeitsdichte und ihre mittlere quadratische Abweichung in Form horizontal verlaufender Geraden eingezeichnet. Ihre Konstruktion wird folgendermaßen vorgenommen [71]: Für $np_j \geqq 5$ ist die Größe n_j normalverteilt, und zwar mit den Parametern $E[n_j] = np_j$ und $D[n_j] = np_j$. Die Wahrscheinlichkeitsdichte einer normierten Normalverteilung stellt somit in den Koordinaten n_j und $\tilde{e}$ (für normierte Werte von $\tilde{e}$) eine in der Höhe $n_0 = p_0 n$ horizontal verlaufende Gerade dar. Die mittlere quadratische Abweichung von der Dichtekurve einer Normalverteilung wird durch einen Streifen mit den in einer Höhe von $n_0 \pm \sqrt{p_0 n}$ verlaufenden horizontalen Begrenzungslinien charakterisiert. Für das Beispiel wird $n_0 = p_0 n = 0{,}2 \cdot 25 = 5$, während die mittlere quadratische Abweichung von $n_0 \pm \sqrt{5}$ beträgt. Wie der Abb. 2.9 zu entnehmen ist, überschreitet die mittlere quadratische Abweichung der empirischen Verteilungsdichte (Hystogramm) nur im zweiten und fünften Intervall die mittlere quadratische Abweichung der Normalverteilungsdichte, was auf die Richtigkeit der Annahme einer Normalverteilung hinweist.

Eine Überprüfung der Normalverteilung ist auf analytischem Wege mit Hilfe des Anpassungstests nach Pearson möglich [71].

Bekanntlich besitzt die Größe

$$\chi^2 = \sum_{j=1}^{m} \frac{(n_j - np_j)^2}{np_j} \tag{2.77}$$

bei Erfüllung von $H_0: e \sim N(0, 6^2 I_{n-k})$ eine χ^2-Verteilung mit $(m - 1)$ Freiheitsgraden. Durch Vergleich des berechneten Wertes (2.77) mit dem Tabellenwert $\chi^2_{\alpha,(m-1)}$ läßt sich die Gültigkeit der Nullhypothese überprüfen. Wählt man einheitliche Werte p_j und bezeichnet $np_0 = n_0$, so läßt sich Gleichung (2.77) folgendermaßen umformen:

$$\chi^2 = \frac{1}{n_0} \sum_{j=1}^{m} (n_j - n_0)^2. \tag{2.78}$$

Damit lassen sich die bereits beim Aufstellen des Hystogramms ermittelten n

zur Berechnung von χ^2 verwenden. Ihr Einsetzen in Gleichung (2.78) liefert

$$\chi^2 = \frac{1}{5}(9 + 1 + 1 + 9) = 4.$$

Der Tabellenwert der χ^2-Verteilung mit $m - 1 = 4$ Freiheitsgraden und einer Konfidenzwahrscheinlichkeit von $p = 1 - \alpha = 0{,}95$ beträgt $\chi^2_{0,95;(4)} = 9{,}49$. Da $\chi^2 < \chi^2_{\text{Tab}}$ ist, widersprechen die Daten des Beispiels nicht der Hypothese über die Normalverteilung von $\tilde{e}$.

Prüfung der Homogenität des Erwartungswertes der Regressionsfehler (Dispersionen) ($H_0 : E[e_i] = \mu = \text{const}$):

Einleitend soll darauf hingewiesen werden, daß die Hypothese $H_0 : \mu = \text{const}$ und nicht die Hypothese $H_0 : \mu = 0$ überprüft wird. Ist $\mu = \text{const} \neq 0$, so geht der konstante Erwartungswert des Regressionsfehlers in das absolute Glied der empirischen Regressionsgleichung ein, so daß die Fälle $\mu = 0$ und $\mu = \text{const} \neq 0$ nicht unterscheidbar sind.

Als Alternative zur Nullhypothese wird die Inhomogenität des Erwartungswertes für den Fehler betrachtet. Der Erwartungswert soll von irgendwelchen beobachtbaren Größen, z. B. von der Zeit t (von der Numerierung der Versuche), von den unabhängigen Variablen $x_1, \ldots, x_k$ oder, was mitunter empfohlen wird [63, 67], von den berechneten Werten $\hat{y}_i$ abhängig sein.

Graphisch läßt sich der Test durch eine Analyse von Diagrammen der Form $\tilde{e}_i = f(i)$, $\tilde{e}_i = f(x_{ij})$ oder $\tilde{e}_i = f(\hat{y}_i)$ durchführen. Bei Erfüllung der Nullhypothese müssen die graphischen Darstellungen die in Abb. 2.7a gezeigte Form aufweisen. Ergeben sich Abhängigkeiten der in den Abb. 2.7b oder 2.7c gezeigten Form, so zeugen sie von einer linearen bzw. quadratischen Abhängigkeit des Erwartungswertes des Fehlers von den jeweils betrachteten Faktoren.

Die Güte dieser graphischen Tests läßt sich durch eine Aufteilung der Werte $\tilde{e}_i$ in einzelne Gruppen erhöhen. Alle n Werte für $\tilde{e}_i$ werden in m Gruppen zu je n_0 Werten aufgeteilt. Die Gruppenmittelwerte $\hat{\mu}_j = \frac{1}{n_0} \sum_i^{n_0} \tilde{e}_{ji}$ dienen dann zum Konstruieren der graphischen Darstellungen. Parallel zur Abszisse werden Geraden im Abstand von $\pm s/\sqrt{m}$ eingezeichnet, wobei $s^2 = \frac{1}{n-1} \sum_i^n (\tilde{e}_i - \hat{\mu})^2$ gilt.

Bei Erfüllung der Nullhypothese stellt die Größe $s/\sqrt{m}$ die Schätzung der mittleren quadratischen Abweichung vom Mittelwert von $\tilde{e}$ (gebildet aus allen m Werten) dar, so daß bei Richtigkeit der Nullhypothese die Mehrzahl der Werte $\hat{\mu}_j$ in dem durch die Grenzen $\pm s/\sqrt{m}$ gebildeten Bereich liegen muß.

Die Gruppenwerte von $\tilde{e}_i$ lassen sich unmittelbar zu einem analytischen Test heranziehen, der auf folgenden Überlegungen beruht: Ist der Erwartungswert $E[e]$ konstant, so muß die Differenz zwischen den Abweichungen der

Werte $\tilde{e}_i$ vom arithmetischen Mittelwert $\hat{\mu} = \frac{1}{n} \sum_i^n \tilde{e}_i$ und den Abweichungen der Gruppenmittelwerte $\hat{\mu}_j$ von $\hat{\mu}$ statistisch unabhängig sein. Zur Berechnung von s_2^* und s_2^{**} dienen folgende Gleichungen:

$$s_*^2 = \frac{\sum_{j=1}^{m} (n_j - 1)\, s_j^2}{n - m}; \tag{2.79}$$

n_j — Anzahl der Werte $\tilde{e}_i$ in der j-ten Gruppe.

$$s_j^2 = \frac{1}{n_j - 1} \sum_i^{n_j} (\tilde{e}_{ji} - \hat{\mu}_j)^2 \tag{2.80}$$

$$s_{**}^2 = \frac{1}{m - 1} \sum_{j=1}^{m} n_j(\hat{\mu}_j - \hat{\mu})^2. \tag{2.81}$$

Die Größe

$$F = \frac{s_{**}^2}{s_*^2} \tag{2.82}$$

besitzt bei Einhaltung der Bedingungen für die Nullhypothese eine F-Verteilung mit $(m - 1)$ und $(n - m)$ Freiheitsgraden [9].

Nach Vorgabe eines Signifikanzniveaus α läßt sich der Tabellenwert einer F-Verteilung für die Freiheitsgrade $(m - 1)$ und $(n - m)$ als F_{Tab} ermitteln. Durch Vergleich dieses Wertes mit dem nach Gleichung (2.82) berechneten wird die Hypothese über die Homogenität des Erwartungswertes der Regressionsfehler überprüft. Ergibt sich $F < F_{\text{Tab}}$, so ist die Hypothese über die Homogenität des Erwartungswertes der Regressionsfehler (Dispersionen) zu akzeptieren.

Prüfung der Homogenität der Dispersion der Regressionsfehler (Homogenitäten von Dispersionen), $H_0: \sigma_1^2 = \sigma_2^2 = \cdots = \sigma_n^2 = \sigma^2$:

Die Alternative zur Nullhypothese ist die Hypothese der „unterschiedlichen Meßgenauigkeit" (siehe Abschnitt 1.4.). Dabei sind die Fehler benachbarter Versuchspunkte unkorreliert, die Fehlerdispersionen sind jedoch für verschiedene Meßpunkte verschieden groß, so daß die Kovarianzmatrix Σ des Vektors E die Form (1.110) annimmt. Die Inhomogenität der Dispersion soll im gleichen Sinne verstanden werden, wie es bei der Inhomogenität des Erwartungswertes der Fall war.

An graphischen Methoden bietet sich eine Analyse folgender graphisch dargestellter Abhängigkeiten an: $\tilde{e}_i^2 = f(i)$, $\tilde{e}_i^2 = f(x_{ij})$ und $\tilde{e}_i^2 = f(\hat{y}_i)$. Bei Gültigkeit der Nullhypothese ergeben sich Abhängigkeiten der in Abb. 2.7a dargestellten Form. Eine der Abb. 2.7d ähnliche graphische Darstellung deutet auf die Inhomogenität der Fehlerdispersion für verschiedene Versuchspunkte hin.

Als analytischer Test läßt sich der COCHRAN-Test benutzen. Hierzu werden n Werte von $\tilde{e}_i$ in m Gruppen (in der Regel beträgt $m = 3$ bis 5) zu je n_0 Werten aufgeteilt. Für die j-te Gruppe ergibt sich der Wert s_j nach folgender Gleichung:

$$s_j^2 = \frac{1}{n_0 - 1} \sum_{i=1}^{n_0} (\tilde{e}_{ji} - \hat{\mu}_j)^2, \qquad (2.83)$$

$$\hat{\mu}_j = \frac{1}{n_0} \sum_{i=1}^{n_0} \tilde{e}_{ji};$$

$\tilde{e}_{ji}$ — in die j-te Gruppe fallende Werte von $\tilde{e}_i$.

Mit Hilfe der Werte s_j^2 läßt sich der Wert der COCHRAN-Statistik berechnen:

$$G = \frac{\max s_j^2}{s_1^2 + \cdots + s_m^2}. \qquad (2.84)$$

Bei Gültigkeit der Nullhypothese besitzt die Größe (2.84) eine COCHRAN-Verteilung (G-Verteilung) [1, 9], deren tabellierte Werte sich zur Prüfung der Hypothese über die Homogenität der Dispersion heranziehen lassen. Ist der nach Gleichung (2.84) berechnete Wert von G kleiner als G_{Tab} für eine entsprechende Sicherheitswahrscheinlichkeit und eine bestimmte Zahl von Freiheitsgraden, wird die Hypothese über die Homogenität der Dispersion akzeptiert. Bei $G > G_{\text{Tab}}$ läßt sich mit der gewählten Wahrscheinlichkeit annehmen, daß die Fehlerdispersion für verschiedene Versuchspunkte nichtkonstant ist.

Enthalten die Gruppen eine unterschiedliche Anzahl n_j von Beobachtungen, ist zur Prüfung der Hypothese über die Homogenität der Fehlerdispersion der BARTLETT-Test [1, 9] geeignet.

Prüfung auf Unabhängigkeit der Fehler durch $H_0 : \varrho = 0$:

Die Alternative zur obigen Nullhypothese stellt die Hypothese der „korrelierten Fehler“ (siehe Abschnitt 1.4.) dar. Dabei ist die Fehlerdispersion für alle Versuche konstant, die Fehler selbst stellen jedoch abhängige Zufallsgrößen der Art einer MARKOW-Korrelation erster Ordnung dar. Für die Alternativhypothese $H_1 : \varrho > 0$ hat die Kovarianzmatrix Σ des Fehlervektors E die Form (1.111).

Graphisch läßt sich die Nullhypothese an Hand der Abhängigkeit $\tilde{e}_i$ von $\tilde{e}_{i-1}$ ($i = 2, 3, \ldots, n$) überprüfen. Eine um den Koordinatenursprung kreisförmige Anordnung der einzelnen Punkte deutet auf eine Gültigkeit der Nullhypothese ihn (Abb. 2.10a). Eine ellipsenförmige Anordnung (Abb. 2.10b) läßt Korrelationen zwischen den Fehlern vermuten.

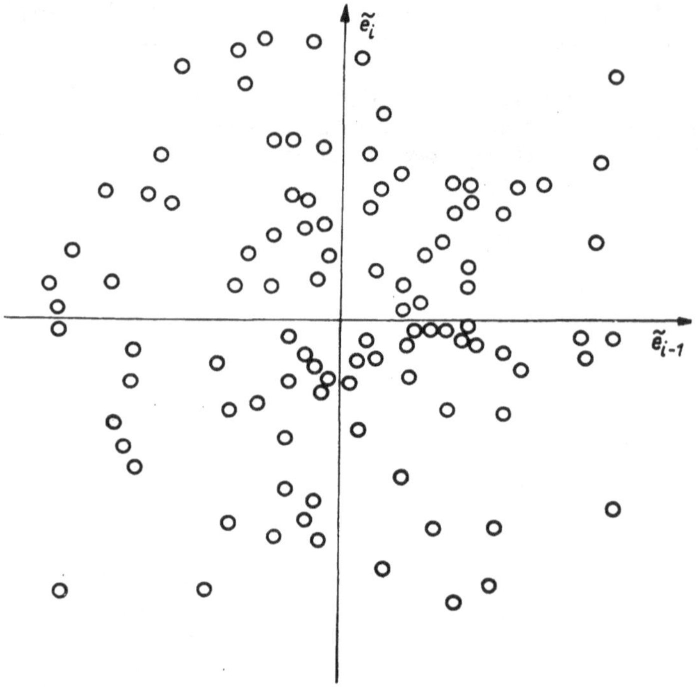

Abb. 2.10. Graphische Darstellungen $\tilde{e}_i = f(\tilde{e}_{i-1})$ zur Überprüfung der Unabhängigkeit der Regressionsfehler

a — Fehler sind unabhängig

Dem analytischen Testverfahren liegen folgende theoretische Überlegungen zugrunde [69]: Bei Gültigkeit der Nullhypothese besitzt die Stichprobenschätzung des Autokorrelationskoeffizienten

$$\hat{\varrho} = \frac{\sum_{i=2}^{n} \tilde{e}_i \tilde{e}_{i-1}}{\sum_{i=1}^{n} \tilde{e}_i^2} \tag{2.85}$$

Normalverteilung mit folgenden Parametern:

$$E[\hat{\varrho}] = 0,$$

$$D[\hat{\varrho}] = \frac{n-1}{n(n+2)}. \tag{2.86}$$

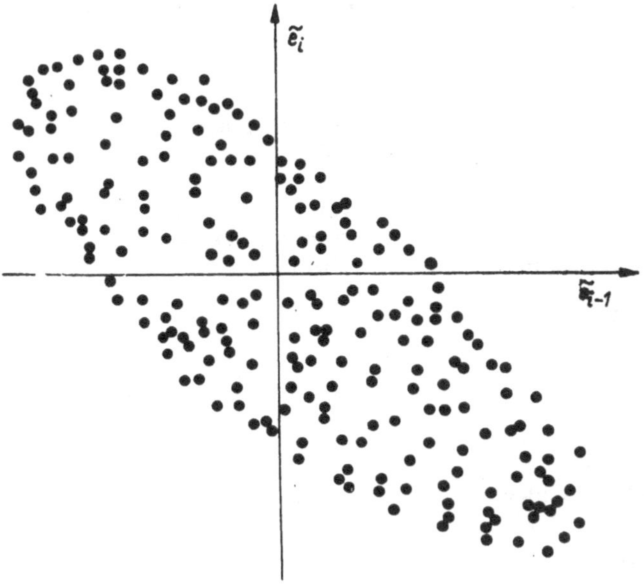

Abb. 2.10.
b — Fehler sind korreliert

Für $n > 25$ lassen sich im Ausdruck für $D[\hat{\varrho}]$ die Glieder erster Ordnung vernachlässigen, so daß sich

$$\hat{\varrho} \sim N_1\left(0; \frac{1}{n}\right) \tag{2.87}$$

ergibt.

Nach Vorgabe einer Wahrscheinlichkeit $P = 1 - \alpha$ wird aus Tabellen für eine normierte normalverteilte Zufallsgröße U $(U \sim N(0; 1))$ der Wert für das Quantil $U_{1-\alpha/2}$ entnommen. Dieser Wert wird mit dem berechneten Wert $|\hat{\varrho}\sqrt{n}|$ verglichen. Bei $|\hat{\varrho}\sqrt{n}| < U_{1-\alpha/2}$ widersprechen die vorliegenden Daten nicht der Hypothese über die Unabhängigkeit der Fehler. Bei $|\hat{\varrho}\sqrt{n}| > U_{1-\alpha/2}$ ist mit einer Wahrscheinlichkeit von $P = 1 - \alpha$ anzunehmen, daß die Fehler korreliert sind. Die Schätzung $\hat{\varrho}$ des Autokorrelationskoeffizienten erhält man nach Gleichung (2.85).

Als äußerst vorteilhaft hat sich bei der Prüfung der Hypothese über die Unabhängigkeit der Fehler die Anwendung des Vorzeichentests erwiesen. Dieser Test basiert auf einer Analyse der Anzahl ν der Schnittpunkte der Abhängigkeit $\tilde{e}_i = f(i)$ mit der t-Achse (oder der Anzahl der im 2. und 4. Quadranten der Abhängigkeit $\tilde{e}_i$ von $\tilde{e}_{i-1}$ liegenden Punkte). Es handelt sich um einen nichtparametrischen Test, dessen Güte geringer ist als die eines auf der Analyse der Schätzungen $\hat{\varrho}$ beruhenden Tests. Der besondere Vorteil des Tests besteht darin, daß er gegenüber anderen Verletzungen der Voraussetzungen (1.3) wenig empfindlich ist. So hat beispielsweise die Inhomogenität der Dispersion keinerlei Einfluß auf den Vorzeichentest, da hier nicht die Größen $\tilde{e}_i$, sondern ihre Vorzeichen von Bedeutung sind. Die Rechenprozedur des Vorzeichentests ist folgende: Bei ν Vorzeichenänderungen von $\tilde{e}_i$ $(i = 1, \ldots, n)$ wird das einseitige Quantil U_p der normierten Normalverteilung mit einer Wahrscheinlichkeit von $P = 1 - \alpha$ bestimmt und mit der Größe

$$\nu^* = \frac{2}{\sqrt{n}} \left(\frac{n}{2} - \nu \right)$$

verglichen [72].

Bei $\nu^* < U_p$ widersprechen die Daten nicht der Nullhypothese $H_0 : \varrho = 0$. Andernfalls wird die Nullhypothese abgelehnt. Die Schätzung läßt sich für diesen Fall nach folgender Gleichung berechnen:

$$\hat{\varrho} = \sin \pi \left(\frac{1}{2} - \frac{\nu}{n} \right). \tag{2.88}$$

Die bisher beschriebenen Testverfahren zur Überprüfung der verschiedenen Komponenten der Nullhypothese $H_0 : E \sim N_n(0; \sigma^2 I_n)$ werden im folgenden auf ein praktisches Beispiel angewendet.

Beispiel 2-4:

Zur Untersuchung eines kontinuierlichen technologischen Prozesses wurden 108 Versuche durchgeführt. Durch Anwendung der Mehrfachregression wurde eine mathematische Beschreibung des Prozesses in Form mehrerer Regressionsgleichungen gewonnen, die die Abhängigkeiten der drei Ausgangsveränderlichen y_1, y_2 und y_3 von den unabhängigen Variablen beschreiben. Nach Elimination nichtsignifikanter Variabler für y_1 ergab sich eine empirische Regressionsgleichung der Form

$$\begin{aligned} \hat{y}_1 &= \hat{\beta}_0 + \hat{\beta}_2 x_2 + \hat{\beta}_4 x_4 + \hat{\beta}_{32} x_3 x_2 \\ &= 43{,}2 - 8{,}4 x_2 + 13{,}09 x_4 - 1{,}52 x_3 x_2 . \end{aligned} \tag{2.89}$$

An Hand von Gleichung (2.89) wurden 108 Werte für die Reste $\hat{E} = Y_1 - \hat{Y}_1$ berechnet, deren Transformation zum Vektor $\tilde{E}$ nach Gleichung (2.76) erfolgte.

Zur Überprüfung der Normalverteilung wurde ein Hystogramm mit gleichwahrscheinlichen Intervallen konstruiert. Die Abb. 2.11 gibt außer dem Hystogramm noch den Bereich der mittleren quadratischen Abweichung, die Intervallgrenzen und die Anzahl der in jedes Intervall fallenden Werte $\tilde{e}_i$ an.

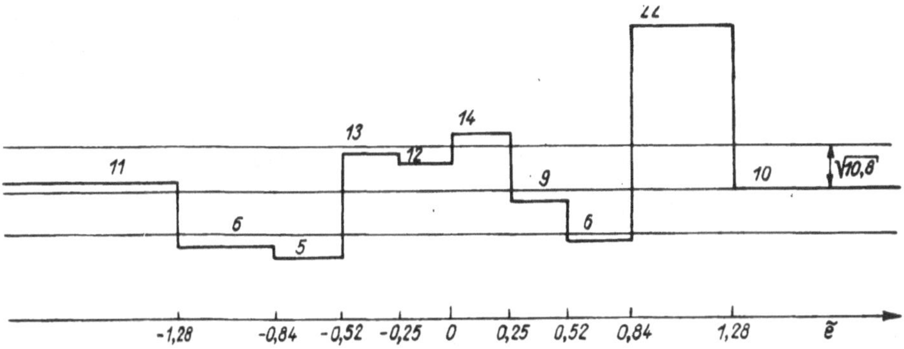

Abb. 2.11. Hystogramm mit gleichwahrscheinlichen Intervallen für das Beispiel 2-4

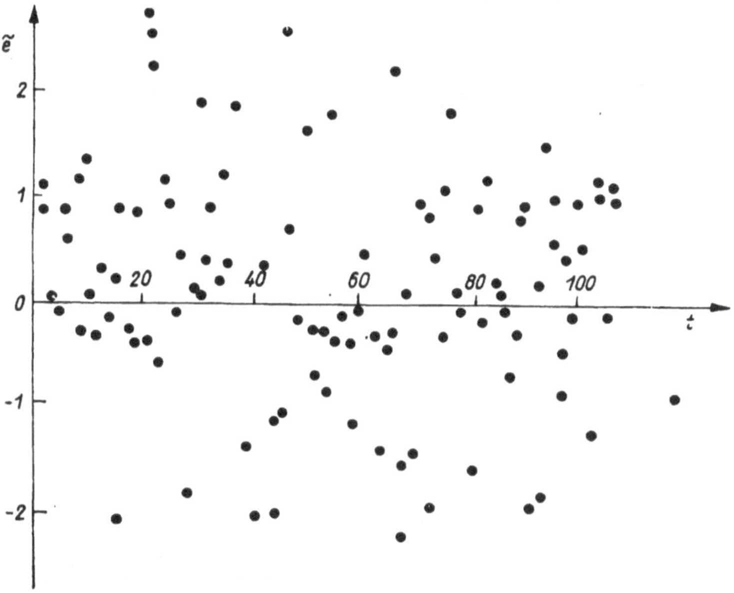

Abb. 2.12. Abhängigkeit $\tilde{e}_i = f(i)$ für das Beispiel 2-4

Verdächtig erscheint die Abweichung im Intervall (0,84; 1,28). Der nach dem PEARSON-Anpassungs-Test berechnete Wert beträgt $\chi^2 = 15{,}8$. Der Tabellenwert für $p = 1 - 0{,}05 = 0{,}95$ und $(m - 1) = 10 - 1 = 9$ beträgt $\chi^2_{\text{Tab}} = 16{,}9$. Es ist also $\chi^2 < \chi^2_{\text{Tab}}$ erfüllt, so daß die Daten der Hypothese über eine Normalverteilung des Regressionsfehlers e nicht widersprechen.

Die in Abb. 2.12 gezeigte Abhängigkeit $\tilde{e}_i = f(i)$ läßt bereits eine zeitliche

Konstanz des Erwartungswertes μ vermuten. Zur analytischen Überprüfung dieser Vermutung wurden die ersten 100 Werte von $\tilde{e}_i$ in $m = 10$ Gruppen zu je $n_0 = 10$ Werten pro Gruppe aufgeteilt. Der Wert $F = s_{**}^2/s_*{}^2$ ergab sich zu $F = 1{,}1$. Der Tabellenwert für $p = 0{,}95$, $(m - 1) = 9$ und $(n - m) = 90$ beträgt $F_{\text{Tab}} = 1{,}95$. Es ist also $F < F_{\text{Tab}}$, so daß die Hypothese über die zeitliche Konstanz von μ akzeptiert wird. Abb. 2.13 zeigt die graphische Dar-

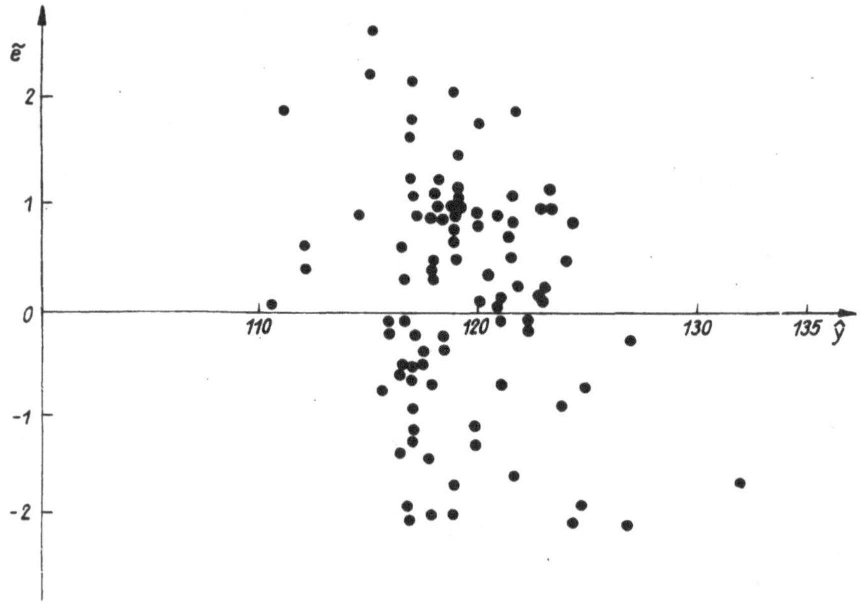

Abb. 2.13. Abhängigkeit $\tilde{e}_i = f(\hat{y}_i)$ für das Beispiel 2-4

stellung $\tilde{e}_i = f(\hat{y}_i)$. Irgendeine Form der Abhängigkeit der Werte $\tilde{e}_i$ von $\hat{y}_i$ ist nicht erkennbar. In analoger Form wurden die Darstellungen $\tilde{e}_i$ von x_2, x_4 und x_3x_2 mit dem gleichen Ergebnis untersucht.

Bereits der Kurvenverlauf in Abb. 2.12 deutet auf eine zeitliche Unabhängigkeit der Dispersion hin. Zur exakten Überprüfung dieser Annahme wurden für jede Gruppe die Werte s_j^2 $(j = 1, \ldots, 10)$ bestimmt. Für den berechneten Wert von G ergab sich $G = 0{,}185$. Für $P = 0{,}95$, $(n_0 - 1) = 9$ und $m = 10$ erhält man $G_{\text{Tab}} = 0{,}244$. Für $G < G_{\text{Tab}}$ wird somit die Hypothese über die Homogenität des Erwartungswertes für den Regressionsfehler akzeptiert.

Die graphische Überprüfung der Unabhängigkeit der Regressionsfehler erfolgte an Hand des in Abb. 2.14 gezeigten Diagramms $\tilde{e}_i = f(\tilde{e}_{i-1})$. Die Punkte verteilen sich etwa gleichmäßig auf alle Quadranten, ein Umstand, der auf die Unkorreliertheit der Regressionsfehler hindeutet. Die analytischen Tests bestätigen diese Annahme: Die nach Gleichung (2.85) berechnete Schätzung $\hat{\varrho}$ beträgt $\hat{\varrho} = 0{,}026$, so daß sich für $\hat{\varrho}\sqrt{n} = 0{,}27$ ergibt. Das zweiseitige Quantil $U_{1-\alpha/2}$ einer normierten Normalverteilung beträgt 1,96 für $\alpha = 0{,}05$. Damit ergibt sich $\hat{\varrho}\sqrt{n} < U_{1-\alpha/2}$, so daß die Hypothese über die Unabhängigkeit der Fehler zu akzeptieren ist. Die gleiche Aussage erhält man auch bei Anwendung des Vorzeichentests. Die Anzahl der Vorzeichenwechsel von $\tilde{e}_i$

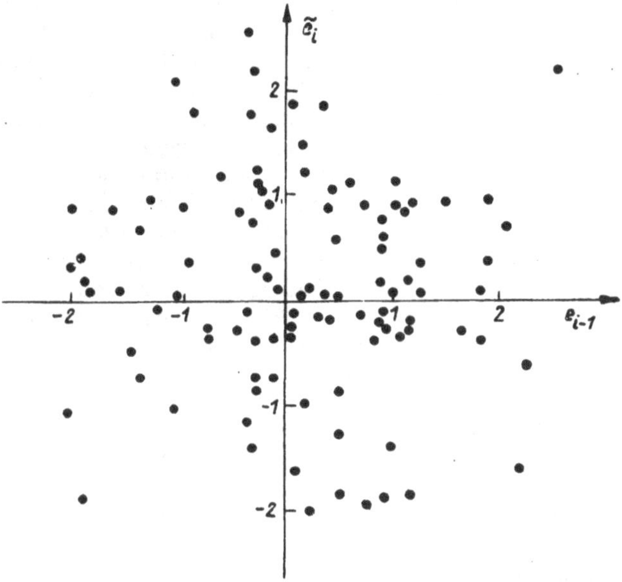

Abb. 2.14. Abhängigkeit $\tilde{e}_i = f(\tilde{e}_{i-1})$ für das Beispiel 2-4

beträgt $\nu = 58$. Somit ergibt sich für $\nu^* = -0{,}87$. Das einseitige Quantil einer normierten Normalverteilung beträgt für $\alpha = 0{,}05 U_{(1-0{,}05)} = 1{,}64$. Das Ergebnis $\nu^* < U_{0{,}95}$ untermauert die Gültigkeit der Hypothese über die Unabhängigkeit der Fehler.

Die Ergebnisse der Restanalyse der Regressionsgleichung (2.89) zeugen somit von der Einhaltung aller bezüglich der Eigenschaften des Regressionsfehlers e gemachten Annahmen. Damit besitzen die Koeffizienten der Gleichung (2.89) optimale Eigenschaften (Erwartungstreue, Konsistenz, Effektivität), und auf Gleichung (2.89) sind alle herkömmlichen statistischen Methoden, wie z. B. die Ermittlung von Konfidenzintervallen oder die Prüfung statistischer Hypothesen, anwendbar.

Bei praktischen Aufgaben geschieht es jedoch im Gegensatz zum eben betrachteten Beispiel relativ häufig, daß eine der Annahmen (1.3) nicht erfüllt ist. Man steht dann vor dem Problem, die erhaltene mathematische Beschreibung in irgendeiner Weise zu korrigieren, damit sie diese optimalen Eigenschaften erhält. Die Korrekturmöglichkeiten werden im abschließenden Teil dieses Abschnitts untersucht.

In allen Fällen, in denen die Nichteinhaltung der Bedingungen (1.3) die Normalverteilung des Fehlers e nicht berührt, führt eine Korrektur der mathematischen Beschreibung zu einer Anwendung der verallgemeinerten Methode der kleinsten Quadrate (siehe Abschnitt 1.4.). Die Berechnung wird in zwei Schritten vorgenommen. Der erste Schritt besteht in der Bestimmung der Schätzungen $\hat{B} = S^{-1}X^TY$ nach der gewöhnlichen Methode der kleinsten Quadrate, an Hand derer sich der Restvektor $\hat{E}$ ermitteln läßt. Der Vektor $\hat{E}$ dient im zweiten Schritt zur Berechnung der Größen (Elemente von $\hat{\Sigma}$ und $\hat{\rho}$), die zur Bestimmung der Schätzungen $\tilde{B}$ nach der verallgemeinerten Methode der kleinsten Quadrate erforderlich sind. Vor der Berechnung der Schätzungen $\hat{B}$ sollte untersucht werden (siehe Abschnitt 1.4.), ob ein Übergang von den Schätzungen $\hat{B}$ zu $\tilde{B}$-Schätzungen überhaupt erforderlich ist.

Entspricht die Verteilung des Fehlers e nicht der Normalverteilung, so lassen sich keine allgemeingültigen Empfehlungen zur Korrektur der mathematischen Beschreibung geben. In solchen Fällen ist die optimale Lösung in erheblichem Maße von der persönlichen Erfahrung und von einer guten Kenntnis des zu untersuchenden Objekts abhängig. Unter Berücksichtigung des physikalischen Sinns der beim Versuch aufgenommenen Variablen gelingt es mitunter, durch nichtlineare Transformation der Variablen y eine Normalverteilung des Fehlers e zu erzielen [63, 67]. Sind die Fehler voneinander unabhängig und ist ihre Verteilung bekannt (abweichend von der Normalverteilung), so lassen sich andere Methoden zur Gewinnung optimaler Koeffizientenschätzungen von B anwenden. Bei einem LAPLACE-verteilten Fehler e sind beispielsweise Schätzungen nach der Methode der kleinsten Abweichungen [73] optimal. Bei der Suche nach Korrekturmöglichkeiten der mathematischen Beschreibung für den Fall einer Abweichung der Fehlerverteilung von der Normalverteilung ist zu beachten, daß bei Fehlen weiterer Verletzungen, d. h. bei Gültigkeit von $E[e] = 0$, $D[e] = \sigma^2 = \text{const}$, $E[e_ie_j] = 0$ die Schätzungen $\hat{B} = S^{-1}X^TY$ nach dem GAUSS-MARKOW-Theorem ihre optimalen Eigenschaften beibehalten, obgleich sie nicht normalverteilt sind.

2.7. *Mathematische Beschreibung von Objekten mit ausgeprägten dynamischen Eigenschaften*

Bei einem komplexen Objekt, dessen Steuerungskanäle trägheitslose Verstärkungsglieder darstellen, werden durch eine Regressionsgleichung der Form

$$\hat{y} = x_1\hat{\beta}_1 + x_2\hat{\beta}_2 + \cdots + x_k\hat{\beta}_k \tag{2.90}$$

die momentanen Beziehungen zwischen den Variablen am Eingang und am

Ausgang des Objektes beschrieben. Die Eindeutigkeit dieser Beziehungen wird durch den Einfluß des Störfaktors e verletzt.

Da die Signalwirkung an jedem Objekteingang in Form eines Zufallsprozesses erfolgt, nimmt die Unbestimmtheit von Gleichung (2.90) wesentlich zu, wenn sich unter den Kanälen des Objekts dynamische Glieder befinden. In diesem Falle wird die Ausgangsantwort des dynamischen Kanals nicht nur durch den Augenblickswert der Eingangsvariablen, sondern auch durch deren „gesamte Vorgeschichte" (System mit Gedächtnis) bestimmt. Bei einem ungünstigen Verhältnis zwischen den statistischen Charakteristika des Eingangssignals und den Parametern des dynamischen Kanals kann die Unbestimmtheit

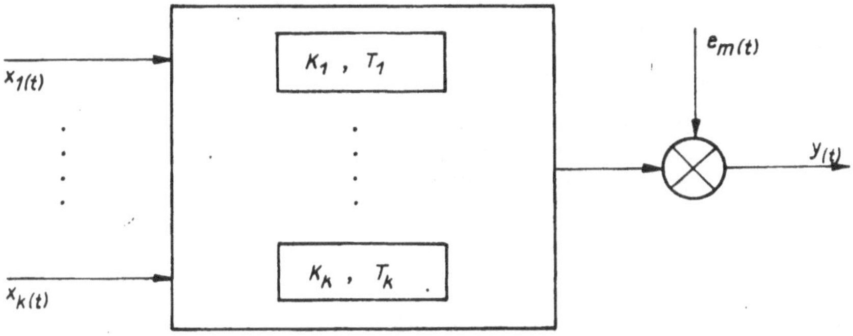

Abb. 2.15 Objekt mit k linearen dynamischen Kanälen

von Gleichung (2.90), bedingt durch die Dynamik des Objekts, solche Formen annehmen, daß die mathematische Beschreibung für praktische Ziele unbrauchbar wird.

Wie bereits in der Einführung betont wurde, beschränken sich die Betrachtungen in der vorliegenden Arbeit auf kontinuierliche verfahrenstechnische und artverwandte Prozesse. In der Regel handelt es sich dabei um verfahrenstechnische Prozeßeinheiten und Apparate (Öfen, Lager- und Rührbehälter, chemische Reaktoren usw.), deren dynamische Eigenschaften sich hinreichend gut durch ein Verzögerungsglied oder durch ein Verzögerungsglied zusammen mit einem Totzeitglied approximieren lassen [17]. Bei Anwendung von Methoden der Mehrfachregression auf solche Objekte lassen sich deren dynamische Eigenschaften hinreichend effektiv berücksichtigen, wenn die realen dynamischen Glieder durch reine Totzeitglieder ersetzt und ihre Parameter optimal bestimmt werden. Eine solche Art und Weise der Berücksichtigung der dynamischen Eigenschaften führt bei einfacher Anwendbarkeit (die allgemeinen Methoden der Mehrfachregression behalten auch weiterhin ihre Gültigkeit) zu einer wesentlichen Verringerung der durch die Dynamik bedingten Abweichungen der Regressionsgleichung.

Abb. 2.15 zeigt ein komplexes Steuerungsobjekt, bestehend aus k linearen dynamischen Kanälen. Das Ausgangssignal wird durch die Eingangsvariablen $x_1(t), \ldots, x_k(t)$ und durch ein Störfeld $e_{St}(t)$ charakterisiert:

$$y(t) = \varphi_d[x_1(t), \ldots, x_k(t)] + e_{St}(t). \tag{2.91}$$

Die Funktion φ_d in Gleichung (2.91) stellt den Operator des in Abb. 2.15 gezeigten dynamischen Systems dar und läßt sich in folgender Form [14] darstellen:

$$\varphi_d(t) = \sum_{j=1}^{k} G_j \int_0^{\infty} g_j(\lambda)\, x_j(t-\lambda)\, d\lambda, \tag{2.92}$$

G_j — statischer Verstärkungsfaktor des j-ten Kanals;
$g_j(\lambda)$ — normierte Impuls-Antwortfunktion des j-ten Kanals;
$x_j(\tau)$ — Eingangssignal des j-ten Kanals.

Ersetzt man die dynamischen Kanäle mit den Zeitkonstanten $T_1, \ldots, T_k$ durch reine Totzeitglieder mit den Zeitkonstanten $\tau_1, \ldots, \tau_k$, so ist folgende Approximation der Funktion $\varphi_d(t)$ möglich:

$$y_d(t) = \sum_{j=1}^{k} x_j(t-\tau_j)\, \beta_j. \tag{2.93}$$

Die Funktion $\varphi_d(t)$ und ihre Approximation $y_d(t)$ sind durch folgende Beziehung miteinander verknüpft:

$$\varphi_d(t) = y_d(t) + e_d(t), \tag{2.94}$$

$e_d(t)$ — Approximationsfehler.

Im weiteren wird die durch die dynamischen Eigenschaften des beschriebenen Objekts bedingte Größe $e_d(t)$ als dynamische Abweichung bezeichnet.

Durch das Ersetzen der realen dynamischen Kanäle mit den Zeitkonstanten $T_1, \ldots, T_k$ durch reine Totzeitglieder nimmt das Mehrfachregressionsmodell folgende Form an:

$$y(t_i) = x_1(t_i-\tau_1)\, \beta_1 + \cdots + x_k(t_i-\tau_k)\, \beta_k + e_d(t_i) + e_{St}(t_i). \tag{2.95}$$

Ein dieser Gleichung entsprechendes Modell eines dynamischen Objekts zeigt Abb. 2.16.

Bei der Datenerfassung für ein und denselben Versuch liegen die Zeitpunkte der Messung der Eingangsveränderlichen beim mathematischen Modell (2.95) im Gegensatz zum Modell (1.1) um die Zeitabschnitte $\tau_1, \ldots, \tau_k$ früher als die Zeitpunkte der Messung der Ausgangsvariablen (Abtastzeiten). Wie noch bewiesen wird, gestattet diese Maßnahme, ohne die Versuchsdurchführung zu erschweren und ohne den Rechenaufwand zu vergrößern, bei einer optimalen

Wahl der Zeitverschiebungen $\tau_{01}, \ldots, \tau_{0k}$ eine wesentliche Senkung der dynamischen Abweichung bei der mathematischen Beschreibung.

Unter Berücksichtigung der Gleichungen (2.92) bis (2.94) läßt sich die dynamische Abweichung in folgender Form angeben:

$$e_d(t) = \sum_{j=1}^{k} \left[G_j \int_0^\infty g_j(\lambda)\, x_j(t-\lambda)\, d\lambda - x_j(t-\tau_j)\, \beta_j \right]. \tag{2.96}$$

Aus Gleichung (2.96) ist ersichtlich, daß die dynamische Abweichung von den Charakteristika des Objekts G_j und g_j sowie von den Parametern τ_j und β_j des mathematischen Modells abhängig ist, während die Art und Weise ihrer zeitlichen Änderung durch die Eigenschaften der Eingangsvariablen bestimmt

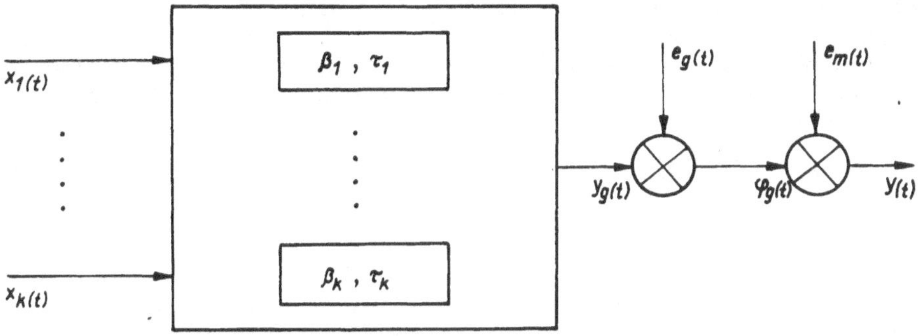

Abb. 2.16. Aus Abb. 2.15 hervorgegangenes Objekt, dessen dynamische Kanäle durch Totzeitglieder ersetzt wurden. (Die Indizes haben folgende Bedeutung $g = d$, $m = St.$)

wird. Die Eingangssignale stellen, wie bereits erwähnt, stationäre normalverteilte Zufallsprozesse dar. Die Funktion $e_d(t)$ der Zufallsargumente $x_1(t), \ldots, x_k(t)$ ist folglich ebenfalls ein stationärer normalverteilter Zufallsprozeß, zu dessen eindeutiger Beschreibung der Erwartungswert $E[e_d]$ und die Dispersion $D[e_d]$ hinreichend sind. Ohne Einschränkung der Allgemeingültigkeit läßt sich annehmen, daß es sich bei den Eingangssignalen um zentrierte Zufallsprozesse handelt. Dadurch ergibt sich [19]:

$$E[e_d] = 0, \tag{2.97}$$

$$D[e_d] = \sigma^2_{\varphi_d} - \sum_{j=1}^{k} \beta_j(\tau_j)\; R_{yx_j}(\tau_j), \tag{2.98}$$

$\sigma^2_{\varphi_d}$ — Dispersion der Variablen φ_d;
$R_{yx_j}(\tau_j)$ — Kreuzkorrelationsfunktion der Variablen x_j und y für $\theta = \tau_j$.

Die Gleichungen (2.97) und (2.98) gestatten die Aussage, daß die dynamische Abweichung $e_d(t)$ einen stationären normalverteilten Zufallsprozeß mit einem

Erwartungswert von Null darstellt, dessen Dispersion von den Zeitkonstanten $\tau_1, \ldots, \tau_k$ der Totzeitglieder abhängig ist. Die Dispersion der dynamischen Abweichung charakterisiert den Anteil der Unbestimmtheit bei der mathematischen Beschreibung, der durch die dynamischen Eigenschaften des Objekts verursacht wird. Das Ziel muß also darin bestehen, optimale Werte $\tau_{01}, \ldots, \tau_{0k}$ zu ermitteln, die zu einem Minimum für Gleichung (2.98) führen.

Der Gesamtfehler der Regressionsgleichung (2.95) setzt sich aus folgenden Komponenten zusammen:

$$e_\Sigma = e_{St} + e_d. \tag{2.99}$$

Das Störfeld e_{St} ist unabhängig von den Eingangssignalen. Die dynamische Abweichung e_d wird durch die Art und Weise der Änderung der Eingangsvariablen und durch die Objektparameter bestimmt. Somit läßt sich der Schluß ziehen, daß die Größen e_{St} und e_d voneinander unabhängig sind, was aber bedeutet, daß der Gesamtfehler e_Σ einen stationären normalverteilten Zufallsprozeß mit einem Erwartungswert von Null darstellt. Für seine Dispersion gilt:

$$\sigma_\Sigma^2 = \sigma_{St}^2 + \sigma_d^2. \tag{2.100}$$

Die Elemente des Vektors $E_\Sigma^T = (e_{\Sigma 1}, \ldots, e_{\Sigma n})$ werden aus den Fehlern $e_{\Sigma i}$ für den jeweiligen Versuch bei der statistischen Datenerfassung an einem dynamischen Objekt gebildet. Der Vektor E_Σ^T stellt damit eine Stichprobe von diskreten Werten eines normalverteilten Zufallsprozesses dar, weshalb seine Elemente Zufallsgrößen sind, die durch ein gemeinsames n-dimensionales Verteilungsgesetz miteinander verknüpft sind. Die Kovarianzmatrix des Vektors E_Σ hat folgende Form:

$$\operatorname{cov}[E_\Sigma] = \begin{pmatrix} \sigma_\Sigma^2 & R_\Sigma(\Delta t) & \ldots\ldots R_\Sigma[(n-1)\,\Delta t] \\ R_\Sigma(\Delta t) & \sigma_\Sigma^2 & \ldots\ldots R_\Sigma[(n-2)\,\Delta t] \\ \vdots & \vdots & \vdots \\ R_\Sigma[(n-1)\,\Delta t] & R_\Sigma[(n-2)\,\Delta t] & \ldots\ldots \sigma_\Sigma^2 \end{pmatrix} \tag{2.101}$$

Δt — Zeitdifferenz zwischen den Versuchen;
$R_\Sigma(\theta)_2$ — Autokorrelationsfunktion des Gesamtfehlers e_Σ;
σ_Σ^2 — Dispersion des Gesamtfehlers e_Σ.

Aus Gleichung (2.101) ist ersichtlich, daß die Kovarianzmatrix des Fehlervektors E_Σ zu einer Diagonalmatrix wird, wenn für den Zeitraum zwischen zwei Versuchen

$$\Delta t \geqq \theta_\Sigma^* \tag{2.102}$$

θ_Σ^* — zum Abklingen der Autokorrelationsfunktion $R_\Sigma(\theta)$ erforderliche Zeit;

gewählt wird.

Eine unmittelbare Berechnung von θ_Σ^* ist nicht möglich, weil die zur Bestimmung von $R_\Sigma(\theta)$ benötigten Fehlerwerte $e_{\Sigma i}$ unbekannt sind. Man stellt deshalb die Autokorrelationsfunktion des Gesamtfehlers $R_\Sigma(\theta)$ durch die Korrelationsfunktionen der kontrollierbaren Variablen $y(t)$ und $x_1(t), \ldots, x_k(t)$ dar:

$$\begin{aligned} R_\Sigma(\theta) &= E[e_\Sigma(t)\, e_\Sigma(t-\theta)] \\ &= R_y(\theta) + \sum_{j=1}^{k} \sum_{q=1}^{k} \beta_j \beta_q R_{x_j x_q}(\tau_j - \tau_q + \theta) \\ &- \sum_{j=1}^{k} \beta_j R_{y x_j}(\tau_j + \theta) - \sum_{j=1}^{k} \beta_j R_{y x_j}(\tau_j - \theta). \end{aligned} \tag{2.103}$$

Aus Gleichung (2.103) ist ersichtlich, daß die Bedingung (2.102) erfüllt wird, wenn das Zeitintervall Δt derart gewählt wird, daß es die Korrelationszeiten alle in Gleichung (2.103) eingehenden Korrelationsfunktionen überdeckt.

In diesem Falle nimmt die Kovarianzmatrix für die Fehler der Regressionsgleichung (2.95) folgende Form an:

$$\operatorname{cov}[E_\Sigma] = \sigma_\Sigma^2 I_n.$$

Bei der mathematischen Beschreibung eines Objekts mit ausgeprägtem dynamischen Verhalten ist somit die Einhaltung lediglich der einen Bedingung $\Delta t \geqq \theta_y^*$ nicht hinreichend.

Die an einem dynamischen Objekt gewonnenen statistischen Daten lassen sich in Form von Beobachtungsmatrizen darstellen:

$$X_{(\tau)} = \begin{pmatrix} x_1(t_1 - \tau_1) & \ldots & x_k(t_1 - \tau_k) \\ \vdots & & \vdots \\ x_1(t_n - \tau_1) & \ldots & x_k(t_n - \tau_k) \end{pmatrix}; \quad Y = \begin{pmatrix} y(t_1) \\ \vdots \\ y(t_n) \end{pmatrix}. \tag{2.104}$$

Die Stichprobenschätzungen der Koeffizienten von Gleichung (2.95) sind Funktionen der Zeitverschiebungen $\tau_1, \ldots, \tau_k$:

$$\hat{\beta}_{(\tau)} = (X_{(\tau)}^T X_{(\tau)})^{-1} X_{(\tau)}^T Y. \tag{2.105}$$

Die Dispersion des Gesamtfehlers bei der mathematischen Beschreibung eines dynamischen Objekts läßt sich in folgender Form [19] angeben:

$$\sigma_\Sigma^2 = \sigma_y^2 - \sum_{j=1}^{k} \beta_j(\tau_j)\, R_{y x_j}(\tau_j). \tag{2.106}$$

Durch Einsetzen der für die optimalen Zeitverschiebungen $\tau_{01}, \ldots, \tau_{0k}$ berechneten Werte $\beta_j(\tau_{0j})$ und $R_{y x_j}(\tau_{0j})$ in Gleichung (2.106) und durch Übergang zu Stichprobenschätzungen ergibt sich:

$$\hat{\sigma}_{\Sigma\min}^2 = \hat{\sigma}_y^2 - \sum_{j=1}^{k} \hat{\beta}_j(\tau_{0j})\, \hat{R}_{y x_j}(\tau_{0j}). \tag{2.107}$$

Ausdruck (2.107) gibt den überhaupt möglichen Minimalwert der Restdispersion der empirischen Regressionsgleichung

$$y(t_i) = x_1(t_i - \tau_{01})\,\hat{\beta}_1(\tau_{01}) + \cdots + x_k(t_i - \tau_{0k})\,\hat{\beta}_k(\tau_{0k})$$

an, die als mathematische Beschreibung eines dynamischen Objekts dient, dessen dynamische Kanäle durch reine Totzeitglieder ersetzt wurden.

Für die optimalen Werte der Zeitverschiebungen (der Zeitkonstanten der eingeführten Totzeitglieder) muß folgende Bedingung erfüllt sein:

$$\sigma_d^2(\tau_{01}, \ldots, \tau_{0k}) = \sigma_{d\min}^2.$$

Sie lassen sich als Lösungen eines aus k Gleichungen bestehenden Systems

$$\frac{\partial \sigma_d^2(\tau)}{\partial \tau_j} = 0, \qquad j = 1, \ldots, k \tag{2.108}$$

angeben. Durch algebraische Umformungen lassen sich die Gleichungen des Systems (2.108) folgendermaßen darstellen:

$$\beta_k(\tau_k)\left\{\sum_{j=1}^{k} \beta_j(\tau_j)\,\frac{\partial R_{x_jx_q}(\tau_q - \tau_j)}{\partial \tau_q} - \frac{\partial R_{yx_q}(\tau_q)}{\partial \tau_q}\right\} = 0\ ,\ q = 1, \ldots, k. \tag{2.109}$$

Das Gleichungssystem (2.109) läßt sich in zwei Teilsysteme zerlegen, so daß zwei Gruppen von Lösungen existieren. Die erste Gruppe wird aus den Lösungen des Gleichungssystems

$$\beta_q(\tau_q) = 0 \qquad q = 1, \ldots, k$$

gebildet. Diese Lösungen entsprechen der maximalen Dispersion der dynamischen Abweichung.

Die optimalen Werte $\tau_{01}, \ldots, \tau_{0k}$ führen zu einem Minimum der Dispersion $\sigma_{d\min}^2$; sie stellen die Lösungen des zweiten Gleichungssystems

$$\frac{\partial R_{yx_q}(\tau_q)}{\partial \tau_q} = \sum_{j=1}^{k} \beta_j(\tau_j)\,\frac{\partial R_{x_ix_q}(\tau_q - \tau_j)}{\partial \tau_q}, \qquad q = 1, \ldots, k \tag{2.110}$$

dar. Das Gleichungssystem (2.110) hat allgemeinen Charakter. Es gilt für beliebige lineare dynamische Objekte und für beliebige Formen der Korrelationsfunktionen der Eingangsvariablen. Die Lösung des Gleichungssystems (2.110) ist relativ schwierig, weil dazu sämtliche Autokorrelationsfunktionen und Kreuzkorrelationsfunktionen $R_{yx_j}(\theta)$, $R_{x_jx_q}(\theta)$ und $R_{x_jx_q}(\theta)$, $j, q = 1, \ldots, k$ in analytischer Form vorliegen müssen.

Die bei der Lösung auftretenden Schwierigkeiten verringern sich erheblich, wenn sich a priori oder auf experimentellem Wege beweisen läßt, daß die

Eingangsvariablen des Objekts untereinander nur schwach oder überhaupt nicht korreliert sind. In solchen Fällen wird $R_{x_j x_q} = 0$ $(j \neq q.\ j, q = 1, \ldots, k)$. Das Gleichungssystem (2.110) vereinfacht sich zu unabhängigen Gleichungen der Form

$$\frac{\partial R_{yx_j}}{\partial \tau_j} = 0, \qquad j = 1, \ldots, k. \tag{2.111}$$

Aus jeder einzelnen Gleichung läßt sich der optimale Wert τ_{0j} für den entsprechenden Kanal ermitteln. Dies geschieht durch Bestimmung eines solchen Wertes auf der θ-Achse, für den die Kreuzkorrelationsfunktion Eingang—Ausgang des betreffenden Kanals einen maximalen Wert besitzt. Für die Dispersion σ_Σ^2 des Gesamtfehlers ergibt sich in diesem Fall

$$\sigma_\Sigma^2 = \sigma_y^2 - \sum_{j=1}^{k} \frac{R_{yx_j}^2(\tau_j)}{\sigma_j^2}. \tag{2.112}$$

Wie aus den Gleichungen (2.111) und (2.112) ersichtlich ist, benötigt man unter der Voraussetzung $R_{x_j x_q}(\theta) = 0$ lediglich die Kreuzkorrelationsfunktion für jeden Kanal des dynamischen Objekts, um die Zweckmäßigkeit der Anwendung der Regressionsanalyse zu dessen mathematischer Beschreibung einschätzen zu können.

Als Beispiel wird ein dynamisches Objekt mit einem Kanal betrachtet, der ein Verzögerungsglied erster Ordnung mit einer Impulsantwort

$$g(t) = \frac{G_1}{T_1} e^{-t/T_1} \tag{2.113}$$

darstellt.

Auf den Objekteingang wirkt ein stationärer Zufallsprozeß mit einem Erwartungswert von Null und einer Autokorrelationsfunktion der Form

$$R_{xx}(\theta) = G_2 e^{-|\theta|/T_2}. \tag{2.114}$$

Die Antwort am Ausgang des Objekts soll mit $y(t)$ bezeichnet werden. Die Regressionsanalyse liefert als mathematische Beschreibung des Objekts folgende Gleichung:

$$\hat{y}(t_i) = \hat{\beta}(\tau)\, x(t_i - \tau). \tag{2.115}$$

Nach Gleichung (2.105) läßt sich der wahre Wert $\beta(\tau)$ für den Regressionskoeffizienten in folgender Form angeben:

$$\beta(\tau) = \frac{R_{yx}(\tau)}{\sigma_x^2} = \frac{R_{yx}(\tau)}{R_{xx}(0)}.$$

Der Einfachheit wegen soll das Fehlen eines Störfeldes $e_{St}(t)$ angenommen werden, so daß der Fehler der Regressionsgleichung nur aus der dynamischen Abweichung $e_d(t)$ besteht. Die Restdispersion für Gleichung (2.115) beträgt dann:

$$\sigma_d^2 = \sigma_{\varrho d}^2 - \beta(\tau)\, R_{yx}(\tau) = R_{yy}(0) - \frac{R_{yx}^2(\tau)}{R_{xx}(0)}. \tag{2.116}$$

Zu einer weiteren Analyse der Größe σ_d^2 wird diese durch die Objektparameter (2.113) und die Charakteristika des Eingangssignals (2.114) dargestellt. Dazu dienen folgende Beziehungen:

$$R_{yx}(\theta) = \int_0^\infty g(t)\, R_{xx}(\theta - t)\, dt,$$

$$R_{yy}(\theta) = \int_0^\infty d\lambda \int_0^\infty g(t)\, g(\lambda)\, dt.$$

Durch einige Umformungen erhält man

$$\left.\begin{aligned} &R_{xx}(0) = G_2; \qquad R_{yy}(0) = \frac{G_1{}^2 G_2}{1+\alpha};\\ &R_{yx}(\theta) = \frac{G_1 G_2}{(1-\alpha)^2}\left[e^{-\Theta/T_2} = (1-\alpha) - e^{-\Theta/T_1} = \frac{2\alpha(1-\alpha)}{1+\alpha}\right]. \end{aligned}\right\} \tag{2.117}$$

α stellt in den Gleichungen (2.117) das Verhältnis der Zeitkonstanten T_1 und T_2 dar ($\alpha = T_1/T_2$). Auf der Grundlage der Gleichungen (2.116) und (2.117) wurde die Abhängigkeit der Dispersion des dynamischen Fehlers von der Zeitverschiebung τ für den Fall $\alpha = 1$ berechnet (siehe Abb. 2.17). Der dem Minimum der Dispersion der dynamischen Abweichung entsprechende optimale Wert für die Zeitverschiebung beträgt hier $\tau_0 = \tau_2/2$. Allgemein gilt für den optimalen Wert τ_0 bei Verzögerungsgliedern

$$\tau_0 = \frac{T_1}{1-\alpha} \ln \frac{2}{1+\alpha}.$$

Der dem optimalen τ_0 entsprechende Wert σ_d^2 (bezogen auf die Dispersion σ_y^2 der Ausgangsvariablen) beträgt

$$\frac{\sigma_{d\min}^2}{\sigma_y^2} = 1 - (1+\alpha)\, e^{-2\tau_0/T_2}.$$

Abb. 2.18 zeigt die Abhängigkeit $\sigma_{d\min}^2/\sigma_y^2$ von α. Der Kurvenverlauf läßt sich physikalisch durch einen Übergang zum Frequenzbereich deuten: Die dynamische Abweichung ist um so kleiner, je genauer die Bandbreite des

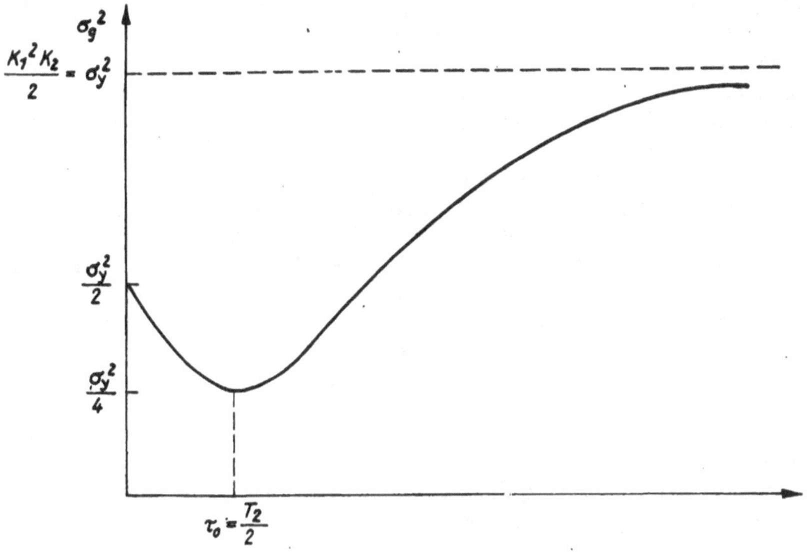

Abb. 2.17. Abhängigkeit der Dispersion der dynamischen Abweichung σ_d^2 (Index $g = d$) von der Zeitverschiebung τ für den Sonderfall $\alpha = T_1/T_2 = 1$

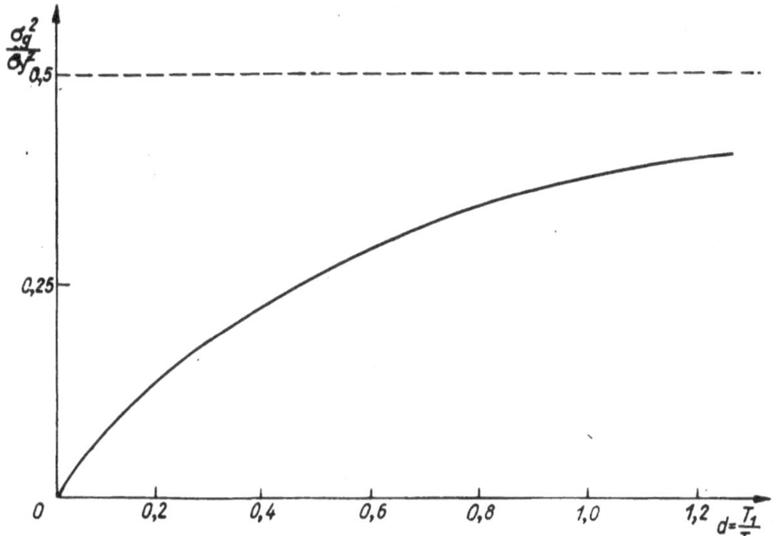

Abb. 2.18. σ_d^2/σ_y^2 als Funktion von α (Index $g = d$)

Gliedes mit dem Spektrum des Eingangssignals übereinstimmt. Das behandelte Beispiel besitzt praktische Bedeutung.

Wie bereits an anderer Stelle ausgeführt wurde, lassen sich die dynamischen Eigenschaften realer technischer Objekte in der Regel durch reine Totzeitglieder darstellen. Ferner lassen sich die technologischen Variablen industrieller Objekte mit einer für die Praxis ausreichenden Genauigkeit als stationäre Zufallsprozesse mit exponentiellen Korrelationsfunktionen [17] annehmen. Deshalb läßt sich der gesamte Prozeß bei der Berücksichtigung der dynamischen Eigenschaften, sofern Rohstoffe und Reaktanden dem Objekt gleichzeitig zugeführt werden und die Art ihrer Änderung annähernd gleich ist, in Form eines nur aus einem Totzeitkanal bestehenden Objekts darstellen, auf dessen Eingang ein stationärer Zufallsprozeß mit einer exponentiellen Korrelationsfunktion wirkt. Eine Analyse des Kurvenverlaufes in Abb. 2.18 führt zu dem Schluß, daß die Mehrfachregression für Objekte mit dynamischen Eigenschaften bei Berücksichtigung des an jedem realen Objekt wirkenden Störfeldes $e_{St}(t)$ nur dann sinnvoll anwendbar ist, wenn die Zeitkonstante T_1 des Objekts zumindest um das 3- bis 5fache geringer als die Zeitkonstante der Autokorrelationsfunktion des Eingangssignals ist ($\alpha = 0{,}2$ bis $0{,}3$). Bei Nichterfüllung dieser Forderung wird die Gesamtrestdispersion der Regressionsgleichung (2.115) derartig groß, daß die gewonnene mathematische Beschreibung für praktische Zwecke ungeeignet ist.

In [19] sind Kurven zur Berechnung von $\tau_0\sigma^2_{d\min}$ für den Fall angegeben, daß die Autokorrelationsfunktion des Eingangssignals Schwingungen aufweist. Durch eine näherungsweise Bestimmung von T_1 und T'_2 nach diesen Kurven läßt sich die zu erwartende dynamische Abweichung und somit die Zweckmäßigkeit der Anwendung der Mehrfachregression auf das vorliegende Objekt abschätzen.

2.8. *Besonderheiten bei der numerischen Berechnung*

Der Rechenweg bei der Mehrfachregression läßt sich in folgende Schritte aufteilen:

1. Aufstellen des Systems von Normalgleichungen;
2. Aufstellen der inversen Matrix;
3. Berechnung der Schätzungen $\hat{\beta}_1, \ldots, \hat{\beta}_k$;
4. statistische Tests und Berechnung einiger zusätzlicher Größen;
5. Elimination nichtsignifikanter Veränderlicher.

Auf jeden einzelnen Schritt soll näher eingegangen werden. Nach den Gleichungen (1.12) und (1.32) wird das Aufstellen des Systems von Normalgleichungen auf die Berechnung der Quadrat- und Produktsummen aller n Versuche für die in die Regressionsgleichung eingehenden Veränderlichen zurückgeführt. Die Darstellung (1.32) verdient dabei den Vorzug, weil hier die

Möglichkeit der Berechnung von $\hat{b}_0$ besteht und sich bei der Berechnung die Bedingungen für die nachfolgende Matrizeninversion verbessern. In manchen Fällen greift man, um eine unmittelbare Zentrierung jeder Beobachtung in den Beobachtungsmatrizen X und Y zu vermeiden, auf den Zusammenhang

$$\sum_{i=1}^{n} x_{ji} x_{qi} - \frac{1}{n} \sum_{i}^{n} x_{ji} \sum_{i}^{n} x_{qi} = \sum_{i}^{n} (x_{ji} - \bar{x}_j)(x_{qi} - \bar{x}_q)$$

zurück.

Die Ausdrücke der Form $\sum_i x_{ji}$ stellen in der Regel große Zahlen dar, wodurch bei Multiplikationen ein beträchtlicher Genauigkeitsverlust eintritt. In Rechenprogrammen sollte man deshalb zweckmäßig eine unmittelbare Zentrierung jeder Beobachtung vorsehen.

Von rechentechnischen Gesichtspunkten aus ist es wichtig, daß sich die Elemente der zu invertierenden Matrix in ihrer Größe nicht stark voneinander unterscheiden. Diese wünschenswerte Bedingung läßt sich dadurch erfüllen, daß man als Koeffizienten der Normalgleichungen die Stichprobenkorrelationskoeffizienten wählt, d. h. daß man neben der Zentrierung eine Normierung der Beobachtungen nach Gleichung (1.42) vornimmt. Die Korrelationsmatrix sollte man zweckmäßigerweise über den Zeilendrucker ausgeben lassen, weil sie Informationen über paarweise Wechselbeziehungen von Veränderlichen enthält, die bei der Analyse der mathematischen Beschreibung von Bedeutung sind.

Besonders soll auf die Bildung linearisierter Veränderlicher eingegangen werden, und zwar, wenn als Modell ein Polynom höherer Ordnung gewählt wurde. Prinzipiell gibt es zwei Möglichkeiten:

1. Bildung linearisierter Veränderlicher aus nichtnormierten Werten und anschließende Normierung der verallgemeinerten Beobachtungsmatrix.
2. Man normiert die Ausgangsbeobachtungsmatrizen und bildet linearisierte Veränderliche an Hand der normierten Beobachtungen.

Der zweite Weg ist zwar mit mehr Rechenaufwand verbunden, liefert dafür aber, wie weiter unten gezeigt wird, genauere Schätzungen.

Ausgeprägte Wechselbeziehungen zwischen den in die Regressionsgleichung eingehenden Veränderlichen vermindern nicht nur die Güte des v_2-Tests, sie sind auch der Grund für eine schlechte Kondition des Normalgleichungssystems und damit für ernsthafte Schwierigkeiten bei der Berechnung. Selbst wenn die Eingangsveränderlichen eines Objekts schwach korreliert sind, tritt bei der Bildung linearisierter Veränderlicher zwischen ihnen, z. B. zwischen x_j und x_j^2, x_j und $x_j x_q$ oder x_j^2 und $x_j x_q$ eines quadratischen Polynoms, eine starke Korrelation auf, was an Hand der Korrelationsmatrix im Beispiel 1-5 gut zu erkennen ist. Die Korrelationskoeffizienten zwischen diesen Veränderlichen lassen sich in folgender Form darstellen [21]:

$$r[x_j, x_j^2] = \frac{1}{\sqrt{1 + \frac{\delta_j^2}{2}}};$$

$$r[x_j, x_j x_q] = \frac{1}{\sqrt{1 + \delta_q^2 + \frac{\delta_q^2}{\delta_j^2}}};$$

$$r[x_j^2, x_j x_q] = \frac{1}{\sqrt{\left(1 + \frac{1}{2}\,\delta_j^2\right)(1 + \delta_q^2 + \delta_q^2/\delta_j^2)}}$$

Die Größen $\delta_j = \frac{\sigma_{x_j}}{E[x_j]}$ und $\delta_q = \frac{\sigma_{x_q}}{E[x_q]}$ stellen Variationskoeffizienten der Eingangsveränderlichen x_j und x_q des Objekts dar. Aus den angegebenen Gleichungen ist ersichtlich, daß die Korrelationskoeffizienten bei großen Variationskoeffizienten kleine Werte annehmen, was durch Zentrierung der technologischen Veränderlichen $x_1, \ldots, x_l$ erreicht werden kann. Die auf diesem Wege erhaltenen linearisierten Veränderlichen werden zweckmäßigerweise nach Gleichung (1.42) normiert, um alle in die Regressionsgleichung eingehenden Veränderlichen $x_1, \ldots, x_k$ auf einem einheitlichen Maßstab abzubilden und so ihren Einfluß bei der technologischen Interpretation der mathematischen Beschreibung auf die Ausgangsveränderliche zu vergleichen.

Zum ersten Schritt bei der Arbeit ist auch das Problem unvollständiger Beobachtungen zu zählen. Bei der Erfassung statistischer Daten an einer Industrieanlage kann es öfter vorkommen, daß bei einem i-ten Versuch der Wert der Veränderlichen x_j aus irgendwelchen Gründen nicht registriert wurde. Dieser Versuch läßt sich natürlich zur Berechnung der Schätzungen $\hat{\beta}_1, \ldots, \hat{\beta}_k$ nicht vollwertig benutzen. Man kann entweder solche Versuche, die irgendeinen fehlenden Wert enthalten, aus der Beobachtungsmatrix ausschließen oder auf spezielle Methoden zurückgreifen, die auch noch eine Arbeit mit den unvollständigen Versuchswerten ermöglichen.

Die in der Literatur beschriebenen Methoden zur Berechnung unvollständiger Beobachtungen lassen sich in zwei Gruppen einteilen:

1. Methoden, die für den fehlenden Wert den wahrscheinlichsten Wert einsetzen [22, 23].
2. Methoden, die bei der Berechnung der Quadratsumme Σx_j^2 und der Summen $\Sigma x_j x_q$ und $\sum x_j y$ alle vorhandenen Beobachtungen berücksichtigen, d. h. die Summationsgrenzen für verschiedene Wertetupel von Veränderlichen werden in Abhängigkeit von der für das vorliegende Paar x_j und x_q insgesamt vorhandenen Anzahl von Beobachtungen verschieden gewählt.

Die Methoden der ersten Gruppe sind mit so großem Rechenaufwand verbunden, daß ihre Verbesserung nicht zweckmäßig ist und man auf sie verzichten sollte. Interessante Aussagen über die Effektivität von Methoden der zweiten Gruppe werden in der Arbeit [24] gemacht. Von den Autoren wurden mit Hilfe einer EDV-Anlage acht Regressionsmodelle untersucht, in die unterschiedlich viele Veränderliche mit unterschiedlicher Korrelation eingingen. Die Versuchsdaten, an Hand derer die Schätzungen der Modellkoeffizienten vorgenommen wurden, enthielten zwischen 10 und 80% Versuche mit unvollständigen Beobachtungswerten. Bei der Bestimmung der Schätzungen für die Koeffizienten jedes Modells wurden die fehlenden Werte auf zweierlei Art berücksichtigt:

1. Alle Versuche mit unvollständigen Beobachtungen wurden aus der Beobachtungsmatrix gestrichen, und die Schätzungen wurden mit Hilfe der verbliebenen Versuche nach herkömmlicher Art ermittelt.
2. Bei Aufstellen des Normalgleichungssystems wurde auf die Summen der Quadrate und paarweisen Produkte, die an Hand aller für das vorliegende Paar vorhandenen Beobachtungen berechnet wurden, zurückgegriffen.

Die Schätzwerte $\hat{\beta}_1, \ldots, \hat{\beta}_k$ der Koeffizienten wurden nach beiden Methoden berechnet und nach der Größe der Dispersion und der Abweichung zu den wahren Werten $\beta_1, \ldots, \beta_k$ des Modells miteinander verglichen. Die Ergebnisse zeigten, daß in der überwiegenden Mehrzahl der Fälle nach der ersten Methode wesentlich bessere Schätzwerte als mit der zweiten erhalten wurden. Lediglich in einem Fall, bei dem nach Streichung der unvollständigen Versuche lediglich 10% aller Versuche zur Berechnung verblieben, lieferte die zweite Methode ein genaueres Ergebnis.

Zur Vereinfachung des Algorithmus und einer Verringerung des ohnehin bei der Mehrfachregression großen Rechenaufwandes ist es deshalb empfehlenswert, unvollständige Versuche aus der Beobachtungsmatrix zu streichen und die Ermittlung der Schätzungen nur mit den vollständigen Versuchen nach herkömmlicher Art durchzuführen.

Bevor auf die Ermittlung der inversen Matrix $(X^T X)^{-1}$ eingegangen wird, soll darauf hingewiesen werden, daß deren Elemente nur zur Berechnung von Dispersion und Kovarianz der Schätzungen $\hat{\beta}_1, \ldots, \hat{\beta}_k$ benötigt werden. Sind Dispersion und Kovarianz nicht erforderlich, so lassen sich die Koeffizientenschätzungen aus dem Normalgleichungssystem ermitteln, ohne daß die Matrix S invertiert wird. Eine spezifische Besonderheit der Matrix S ist ihre Symmetrie. Die Inversion $C = S^{-1}$ läßt sich nach der Methode von Doolittle durchführen: Läßt sich C in der Form $C = (C_1, \ldots, C_k)$ (C_j — j-te Spalte der Matrix C) angeben, so gilt $S(C_1, \ldots, C_k) = (I_{(1)}, \ldots, I_{(k)})$ ($I_{(j)}$ — j-te Spalte der Einheitsmatrix I vom Typ $(k \times k)$). Zur Ermittlung der Elemente der Matrix C sind k Gleichungssysteme der Form $SC_j = I_{(j)}$, j $= 1, \ldots, k$ zu lösen.

Beispiel 2-5:

Es sind die Elemente einer Matrix T zu bestimmen, die durch Inversion aus der Matrix

$$X^T X = \begin{pmatrix} 2 & 4 & 2 \\ 4 & 10 & 2 \\ 2 & 2 & 12 \end{pmatrix}$$

gebildet wird.

Die Spalten C_1, C_2 und C_3 ergeben sich aus folgenden Gleichungssystemen:

$$\begin{aligned} 2c_{11} + 4c_{12} + 2c_{13} &= 1; & 2c_{21} + 4c_{22} + 2c_{23} &= 0; & 2c_{31} + 4c_{32} + 2c_{33} &= 0; \\ 4c_{11} + 10c_{12} + 2c_{13} &= 0; & 4c_{21} + 10c_{22} + 2c_{23} &= 1; & 4c_{31} + 10c_{32} + 2c_{33} &= 0; \\ 2c_{11} + 2c_{12} + 12c_{13} &= 0. & 2c_{21} + 2c_{22} + 12c_{23} &= 0. & 2c_{31} + 2c_{32} + 12c_{33} &= 1. \end{aligned}$$

Für die inverse Matrix C erhält man

$$C = (C_1 C_2 C_3) = \frac{1}{8} \begin{pmatrix} 29 & -11 & -3 \\ -11 & 5 & 1 \\ -3 & 1 & 1 \end{pmatrix}.$$

Besitzt das Normalgleichungssystem auf Grund starker Korrelation der Veränderlichen eine schlechte Kondition, führen geringe Fehler bei der Berechnung der Elemente der Matrix $X^T X$ bereits zu beträchtlichen Abweichungen bei der Bestimmung der Schätzwerte $\hat{\beta}_1, \ldots, \hat{\beta}_k$, wobei diese Abweichungen mit höherer Ordnung der Matrix $X^T X$ zunehmen. Bei der mathematischen Beschreibung komplexer technischer Objekte treten Matrizen bis zwanzigster Ordnung auf, so daß in solchen Fällen die Rechengenauigkeit eine entscheidende Rolle spielt. Die Praxis hat gezeigt, daß der Rechner „Minsk 22" bei der Normierung zur Bildung linearisierter Veränderlicher und anschließender Normierung der linearisierten Veränderlichen die Matrizeninversion auch bei hohen Werten für die paarweisen Korrelationskoeffizienten bewältigt. In besonders schwierigen Fällen läßt sich die von SCHULTZ [25] begründete und von HOTELLING [26] weiterentwickelte Korrekturmethode bei der Matrizeninversion anwenden. Die Methode basiert auf der rekursiven Beziehung

$$C^{(f+1)} = C^{(f)}[2I_k - SC^{(f)}],$$

für die bewiesen wurde, daß die Differenz $C^{(f+1)} - C^{(f)}$ für $f \to \infty$ zur Nullmatrix wird.

Beispiel 2-6;

S und $C = S^{-1}$ seien folgende Matrizen:

$$S = \begin{pmatrix} 2 & -3 \\ -3 & 5 \end{pmatrix}; \qquad C = \begin{pmatrix} 5 & 3 \\ 3 & 2 \end{pmatrix}.$$

Es wird angenommen, daß infolge von Rechenfehlern nicht der genaue Wert von C, sondern eine Matrix

$$C^* = \begin{pmatrix} 4,989 & 3,011 \\ 3,012 & 1,001 \end{pmatrix}$$

erhalten wurde. Damit wird

$$2I - SC^* = \begin{pmatrix} 1,058 & -0,049 \\ -0,093 & 1,078 \end{pmatrix},$$

so daß man als erste korrigierte Näherung

$$C^{(1)} = C^*(2I - SC^*) = \begin{pmatrix} 4,908 & 3,001 \\ 3,002 & 1,999 \end{pmatrix}$$

erhält. Dieser Wert liegt der wahren Matrix C schon wesentlich näher. Durch wiederholte Anwendung des Verfahrens lassen sich die Elemente der inversen Matrix mit steigender Genauigkeit korrigieren.

Nach der Bestimmung der inversen Matrix C lassen sich die Schätzungen für die Koeffizienten im normierten Maßstab nach der Gleichung

$$\hat{b}_j^* = \sum_{q=1}^{b} c_{jq} r_{yq}; \qquad j = 1, \ldots, k$$

berechnen.

Ohne Umrechnung der Koeffizienten $\hat{b}_j^*$ auf den natürlichen Maßstab lassen sich der Mehrfachkorrelationskoeffizient $\hat{R}_{y.x_1,\ldots x_k}$ nach Gleichung (1.47) und die Restdispersion in normierter Form $\hat{\sigma}_0$ nach Gleichung (1.45), wobei $\hat{\sigma}_y^2 = 1$ gilt, berechnen. Genauere Werte für die Restdispersion ergeben sich aus der Gleichung

$$\hat{\sigma}_0^2 = \frac{\sum_{i=1}^{n} (y_i^* - \hat{y}_i^*)^2}{n - k}, \tag{1.45a}$$

$\hat{y}_i^*$ – Wert der Ausgangsvariablen beim i-ten Versuch, der durch Einsetzen der Werte $x_{1i}^*, \ldots, x_{ki}^*$ in die gefundene Regressionsgleichung erhalten wird.

Obgleich die Gleichungen (1.45) und (1.45a) einander algebraisch ähnlich sind, liefert Gleichung (1.45a) vom rechentechnischen Standpunkt aus gesehen die besseren Ergebnisse.

3. Rekursive Algorithmen zur mathematischen Beschreibung von Objekten mit driftenden (veränderlichen) Eigenschaften

Bei der Modellierung von verfahrenstechnischen Objekten trifft man relativ häufig eine unkontrollierbare zeitliche Änderung der Objekteigenschaften an. Objekte mit derartigen Eigenschaften bezeichnet man als instationär oder driftend, während der Änderungsprozeß selbst Drift oder veränderliches Langzeitverhalten des Objekts genannt wird. Die Gründe für die Drift sind in unkontrollierbaren Störungen zu suchen, deren Einfluß sich bei der mathematischen Modellierung nicht immer berücksichtigen läßt. Als Beispiele hierfür lassen sich veränderliche Katalysatoraktivität, Alterung der Anlage, witterungsbedingte Änderungen der Umwelt u. a. anführen. In der Regel verläuft die Änderung solcher Parameter wesentlich langsamer als die Änderung der kontrollierbaren Veränderlichen des Objekts. Ist die Änderung der Steuergrößen eines Objekts beispielsweise stündlich zu berücksichtigen, so kann man die Katalysatoraktivität im Verlaufe von 24 Stunden praktisch als konstant annehmen, während sich die Alterung der Anlage erst im Verlaufe einiger Monate bemerkbar macht.

Meistens werden die zur mathematischen Modellierung des Objekts erforderlichen Versuche vor der Festlegung der Stellgrößen durchgeführt. Selbstverständlich soll das Modell dem Augenblick der Realisierung der Steuerung entsprechen, d. h. es soll den laufenden Zustand des zu steuernden Objekts widerspiegeln.

Verfahrenstechnische Objekte besitzen jedoch häufig eine beträchtliche Totzeit, so daß man gezwungen ist, die Parameterwerte des Modells für einen bestimmten Zeitpunkt an Hand älterer Informationen zu ermitteln. Es ist deshalb erforderlich, die Werte der Modellparameter auf irgendeine Weise vorauszuberechnen.

Als wesentliche Besonderheit des in diesem Kapitel aufgeworfenen Problems ist der Umstand anzusehen, daß die unbekannten Modellparameter des Objekts selbst einen „Prozeß" darstellen, d. h. ihre wahren Werte sind einer zeitlichen Änderung unterworfen. Die Schätzung der unbekannten Parameter stellt also eine Schätzung der Prozeßwerte dar. Derartige Probleme sind Gegenstand der Theorie der optimalen Filter [5, 28].

Die Anwendung von Methoden der Filtertheorie zur Aufstellung eines in gewissem Sinne optimalen Algorithmus auf analytischem Wege, mit dessen Hilfe sich die zeitveränderlichen Modellparameter des Objekts schätzen lassen, erfordert gewisse a priori-Kenntnisse (d. h., diese Kenntnisse müssen vor dem Aufstellen und der Anwendung des Algorithmus vorhanden sein) über bestimmte Eigenschaften des Zeitverhaltens [29, 30]. Ist beispielsweise die Veränderung der Modellparameter zufällig und stationär, so müssen zur Ermittlung des besten Algorithmus (im Sinne der Minimierung der mittleren Fehlerquadrate), der die gesuchten Schätzungen als Linearkombinationen der Meßgrößen am Ausgang des Objekts angibt, die Korrelationsfunktionen der zeitveränderlichen Parameter bekannt sein [28].

Einem analytischen Weg sind vor allem dadurch Grenzen gesetzt, daß man nur in den seltensten Fällen die zur analytischen Aufstellung eines optimalen Algorithmus erforderlichen Informationen über den Charakter der Veränderung der Modellparameter besitzt.

In solchen Fällen ist es zweckmäßig, die lückenhaften Informationen über das Zeitverhalten auf experimentellem Wege zu ergänzen. Das ist z. B. durch Berechnung der Schätzwerte für die unbekannten Parameter der Korrelationsfunktionen der zeitveränderlichen Koeffizienten, sofern die Form dieser Funktionen bekannt ist, möglich. Eine andere Möglichkeit besteht bei vorgegebener Struktur des Lösungsalgorithmus in der Ermittlung der Parameterschätzungen, wobei Informationen des in Betrieb befindlichen Objekts benutzt werden. Ein solches Verfahren bezeichnet man als adaptiv [31, 32].

In den vorherigen Kapiteln wurden bei der mathematischen Beschreibung des Objekts an Hand von Stichproben nur die Erwartungswerte für die Koeffizienten geschätzt, da unter der Voraussetzung eines konstanten Langzeitverhaltens die Erwartungswerte mit den wahren Werten der Koeffizienten zu jedem beliebigen Zeitpunkt übereinstimmen. In diesem Kapitel soll die Voraussetzung über die Unveränderlichkeit der Koeffizienten fallen gelassen werden. Damit ist die bloße Kenntnis des Erwartungswertes der Koeffizienten zur mathematischen Beschreibung nicht mehr hinreichend. Bei den hier gewählten adaptiven Verfahren ist an Hand von Stichproben neben der Ermittlung der Erwartungswerte für die Koeffizienten noch die Bestimmung der Schätzwerte einer Anzahl von Parametern erforderlich, deren Werte sich aus den a priori unbekannten Langzeiteigenschaften ableiten.

Bei der mathematischen Beschreibung eines zeitveränderlichen Objekts sind folgende zwei Varianten weit verbreitet:

1. Es liegen Stichproben der Eingangs- und Ausgangsveränderlichen des Objekts für einen Zeitraum von t_0 bis $t > t_0$ vor; es sollen Schätzungen für den Koeffizientenvektor des Modells ermittelt werden, die möglichst gut mit den wahren Werten der Koeffizienten zum Zeitpunkt $t + \alpha$ $(\alpha \geqq 0)$ übereinstimmen.
2. Es erfolgt eine kontinuierliche Nachführung der sich ändernden Koeffizienten des Modells. Zu jedem laufenden Zeitpunkt t ist eine in gewissem Sinne beste Näherung an die wahren Werte der Koeffizienten zum Zeitpunkt $t + \alpha$ zu ermitteln.

Beide Varianten sind ihrem Wesen nach analog. Die zweite Variante folgt aus der ersten, wenn die Länge des Beobachtungsintervalls unendlich groß wird.

3.1. Problemstellung und Lösungsmethodik

Zur mathematischen Beschreibung eines Objekts mit driftenden Eigenschaften steht eine Stichprobe, bestehend aus je n Werten der Eingangsvariablen $x(i)$ und der Ausgangsvariablen $y(i)$ zur Verfügung. Für die Zeitpunkte der Datenerfassung (Abtastzeiten) soll gelten:

$$i = t_0 + \Delta t;\; t_0 + 2\Delta t;\; \ldots;\; t_0 + n\Delta t,$$

i — diskrete Zeitpunkte der Datenerfassung am Eingang und Ausgang des Objekts;
Δt — Zeitintervall zwischen zwei Versuchen.

Für die weiteren Ableitungen wird der Einfachheit wegen $i = 1, 2, \ldots, n$ angenommen. Die Werte der Eingangsvariablen zum Zeitpunkt der Messung werden in Form einer Matrix dargestellt

$$X_n = \begin{pmatrix} x_1(1) & x_2(1) & \ldots & x_k(1) \\ \vdots & \vdots & & \vdots \\ x_1(n) & x_2(n) & \ldots & x_k(n) \end{pmatrix}, \tag{3.1}$$

während die Beobachtungswerte am Objektausgang als Spaltenvektor angegeben werden:

$$Y_n = \begin{pmatrix} y(1) \\ y(2) \\ \cdots \\ y(n) \end{pmatrix}. \tag{3.2}$$

Ferner wird

$$y(i) = u(i) + e(i) \tag{3.3}$$

angenommen.

$u(i)$ — wahrer Wert am Objektausgang zum Zeitpunkt i;
$e(i)$ — Meßfehler am Objektausgang.

Das Modell des Objekts soll folgende Form besitzen:

$$u(i) = B^T(i)\, x(i), \tag{3.4}$$

$B(i)$ — Vektor der wahren Werte der Koeffizienten zum Zeitpunkt i;
$x(i)$ — Wert des Vektors der Eingangsvariablen zum Zeitpunkt i.

Es soll angenommen werden, daß die Wertefolgen $B(i)$ und $x(i)$ zufällig, stationär und ergodisch sind. Für den Fehler $e(i)$ sollen die im Abschnitt 1.1. genannten Voraussetzungen Gültigkeit besitzen. Somit unterscheiden sich die Voraussetzungen von den im ersten Kapitel gemachten nur darin, daß sich die wahren Werte der Modellkoeffizienten zeitlich ändern. Die zu lösende Aufgabe besteht in der Ermittlung der in bestimmtem Sinne besten Schätzungen $\hat{B}(n + \alpha)$ des Koeffizientenvektors zum Zeitpunkt $(n + \alpha)$, wobei für $\alpha = 0, 1, 2, \ldots$ und $\alpha \ll n$ gilt. Für $\alpha > 0$ handelt es sich um eine Vorausberechnung der Werte des Koeffizientenvektors, während sich für $\alpha = 0$ eine Problemstellung aus der Filtertheorie ergibt. Eine Vereinigung beider Fälle läßt sich als eine Nachführung der Modellkoeffizienten betrachten. Das charakteristische Merkmal des Lösungsansatzes besteht in der Annahme, daß die Struktur des Algorithmus bis auf die Werte einer bestimmten geringen Anzahl von Parametern γ vorgegeben ist. Die optimalen Eigenschaften des Algorithmus werden durch die Wahl der Werte der Parameter γ im Rahmen der vorgegebenen Struktur erzielt [33]. Bei einem solchen Lösungsansatz können bei der Ermittlung der Schätzungen $\hat{B}(n + \alpha)$ Verluste an Genauigkeit auftreten, wenn die angenommene Struktur des Algorithmus von der für den tatsächlichen Prozeßcharakter $B(i)$ optimalen Struktur abweicht. Dafür hat die Lösungsmethode jedoch den Vorteil, daß keine Informationen über die Prozeßeigenschaften $B(i)$ erforderlich sind. Mögliche Methoden zur Realisierung des Lösungsansatzes sind die Methode der „eingefrorenen" Koeffizienten [29] und die Methode des „gleitenden" Intervalls [34]. Es wird angenommen, daß im Verlaufe eines bestimmten Beobachtungszeitraumes $T + \alpha$ für $B(i)$

$$B(i) \backsim \text{const}, \qquad i = n + \alpha;\ n - 1 + \alpha;\ \ldots;\ n - T$$

gilt. Mit Hilfe der im Beobachtungszeitraum $T(i = n - T; \ldots; n)$ gewonnenen Informationen lassen sich die im Sinne einer Fehlerquadratminimierung besten Schätzungen $\hat{B}(n + \alpha)$ ermitteln. Bei dieser Annahme deckt sich der Lösungsweg vollständig mit der Methode der Regressionsanalyse. Eine wichtige Bedingung zur Anwendung dieses Verfahrens besteht in der Bestimmung der optimalen Intervallänge T. Eine darüber hinausgehende Intervallänge führt wegen der zeitlichen Änderung der Werte für die Koeffizienten zu größeren Fehlern bei ihrer Bestimmung; andererseits verringert sich aber der Einfluß der Versuchsfehler auf die gewonnenen Schätzungen. Dieser Ansatz ist deshalb zu den bereits erwähnten Lösungsmethoden zu zählen, deren optimale Eigenschaften durch eine in gewissem Sinne beste Wahl von Parameterwerten des Algorithmus im Rahmen einer vorgegebenen Struktur erzielt werden. Zur Berechnung der Schätzungen $\hat{B}(n + \alpha)$ dient ein Algorithmus in rekursiver Form, der die Schätzung für den Zeitpunkt $(n + \alpha)$ mit der bereits ermittelten Schätzung für den Zeitpunkt $(n + \alpha - 1)$ und den zum Zeitpunkt n eintreffenden Informationen verknüpft. In allgemeiner Form läßt sich dieser rekursive Algorithmus wie folgt angeben:

$$\hat{B}(n + \alpha) = F[\hat{B}(n + \alpha - 1), x(n), y(n), \gamma], \tag{3.5}$$

F — eine die Struktur des Algorithmus bestimmende Funktion;
γ — freie Parameter des Algorithmus, deren Werte im Rahmen der vorgegebenen Struktur frei wählbar sind.

Eine solche Form hat sich als vorteilhaft erwiesen, da sie dem Wesen der Aufgabe, der Nachführung der Koeffizienten an die driftenden Parameter, am besten gerecht wird. Ist die Schätzung $\hat{B}(\alpha)$ des Koeffizientenvektors zum Zeitpunkt α bekannt (bzw. ist die Methodik ihrer Berechnung an Hand von Stichproben zu den Zeitpunkten $i = 1, 2, \ldots, n$ vorgegeben) und wird die Struktur des Algorithmus in Form der rekursiven Beziehung (3.5) gewählt, so ist die Schätzung $\hat{B}(n + \alpha)$ für eine vorliegende Stichprobe nur von γ abhängig. Bei fehlenden Informationen über den Änderungsprozeß $B(i)$ muß die Wahl des in bestimmtem Sinne besten Wertes für γ über die vorliegende Stichprobe erfolgen.

Bei einem beliebigen Wert für γ und einer Stichprobe X_n und Y_n läßt sich über den Algorithmus (3.5) eine Folge von Schätzungen $\hat{B}(\alpha + 1)$, $\hat{B}(\alpha + 2)$, $\ldots$, $\hat{B}(\alpha + n)$ ermitteln. Sie dient zur Berechnung der Größe $S_\alpha(\gamma)$, die die Fehlerquadratsumme der Nachführung zu den am Objektausgang im Rahmen der Stichprobe gemessenen Werten darstellt:

$$S_\alpha(\gamma) = \sum_{j=\alpha}^{n} [y(j) - \hat{B}^T(j)\, x(j)]^2. \tag{3.6}$$

Die Größe $S_\alpha(\gamma)$ dient als Kriterium zur Ermittlung der Schätzung $\hat{\gamma}_{\text{opt}}$ an Hand der Stichprobe. Die Schätzung $\hat{\gamma}_{\text{opt}}$ ergibt sich somit aus folgender Bedingung:

$$\min_{\gamma} \sum_{j=\alpha}^{n} [\gamma(j) - \hat{B}^T(j)\, x(j)]^2,$$

$$\hat{B}(j) = F[\hat{B}(j - 1), x(j - \alpha), y(j - \alpha), \gamma]. \tag{3.7}$$

Die Koeffizientenschätzungen zum Zeitpunkt $(n + \alpha)$ betragen

$$\hat{B}(n + \alpha) = F[\hat{B}(n + \alpha - 1), x(n), y(n), \hat{\gamma}_{\text{opt}}], \tag{3.8}$$

$$\hat{B}(n + \alpha - 1) = F[\hat{B}(n + \alpha - 2), x(n - 1), y(n - 1), \hat{\gamma}_{\text{opt}}]$$

usw.

Bei Anwendung eines Algorithmus der Form (3.5) stellt die Schätzung $\hat{B}(j)$ stets eine Funktion des Parameters γ dar, so daß an Stelle von $\hat{B}(j)$ eigentlich $\hat{B}(j, \gamma)$ zu schreiben wäre. Hier, wie auch bei den weiteren Darlegungen wird das Argument γ jedoch weggelassen.

Die Anwendung des Kriteriums (3.7) wirft die Frage über die Eigenschaften der ermittelten Schätzungen der Parameter des Algorithmus auf. Zur Klärung dieser Frage wird die Größe $Q(\gamma)$ eingeführt, die das mittlere Fehlerquadrat der Nachführung zu den wahren Werten am Objektausgang zum Zeitpunkt n darstellt, und zwar für den Fall, daß n gegen Unendlich strebt, d. h. bei einem stationären Regime der Nachführung:

$$Q(\gamma) = E\left\{\lim_{n\to\infty} [u(n) - \hat{B}^T(n)\, x(n)]^2\right\}. \tag{3.9}$$

E stellt das Symbol des Erwartungswertes über die Menge der Realisierungen dar.

Der γ-Wert, der den Ausdruck (3.9) minimiert, wird mit γ_{opt} bezeichnet. Für die Schätzung $\hat{\gamma}_{\text{opt}}$ läßt sich folgende Behauptung beweisen:

Der Algorithmus (3.5) soll für ein vorgegebenes $\hat{B}(\alpha)$ und für γ-Werte, die aus einem bestimmten Bereich gewählt wurden, eine Nachführung der Modellkoeffizienten derart gewährleisten, daß die Differenz $\xi(j) = y(j) - \hat{B}^T(j)\,x(j)$ einen stationären ergodischen Zufallsprozeß darstellt. Ferner soll $\alpha > 0$ sein (d. h. es handelt sich um ein Problem der Vorausberechnung) und der Fehler $e(i)$ soll zu jedem Zeitpunkt i eine unabhängige zufällige Größe mit einem Erwartungswert von Null und einer Dispersion σ^2 darstellen. Bei Erfüllung dieser Voraussetzungen ist die Schätzung $\hat{\gamma}_{\text{opt}}$ in dem Sinne konsistent, daß mit absoluter Wahrscheinlichkeit gilt:

$$\lim_{n\to\infty} \hat{\gamma}_{\text{opt}} = \gamma_{\text{opt}}. \tag{3.10}$$

Es folgt der Beweis dieser Behauptung.

Wegen der Ergodizität des Prozesses $\xi(j)$ gilt mit absoluter Wahrscheinlichkeit

$$\begin{aligned} \lim_{n\to\infty} \frac{1}{n-\alpha} S_\alpha(\gamma) &= \lim_{n\to\infty} \frac{1}{n-\alpha} \sum_{j=\alpha}^{n} [y(j) - \hat{B}^T(j)\,x(j)]^2 \\ &= E[y(j) - \hat{B}^T(j)\,x(j)]^2. \end{aligned} \tag{3.11}$$

Der Ausdruck hinter dem Symbol für die mathematische Erwartung wird aufgespalten, wobei $y(j)$ durch die Beziehung (3.3) ersetzt wird:

$$\begin{aligned} E[y(j) - \hat{B}^T(j)\,x(j)]^2 &= E[u(j) - \hat{B}^T(j)\,x(j)]^2 + \sigma^2 \\ &\quad - 2E\{e(j)\,[u(j) - \hat{B}^T(j)\,x(j)]\}. \end{aligned} \tag{3.12}$$

Der letzte Term in Gleichung (3.12) nimmt für $\alpha > 0$ wegen der vorausgesetzten Eigenschaften des Fehlers $e(j)$ den Wert Null an, weil für $\alpha > 0$ die Schätzung $\hat{B}(j)$ unabhängig von $e(j)$ ist. Wegen des stationären Ablaufes des Prozesses $\xi(j)$ ergibt sich

$$\begin{aligned} E\{[y(j) - \hat{B}^T(j)\,x(j)]^2\} &= \lim_{n\to\infty} E\{[y(n) - \hat{B}^T(n)\,x(n)]^2\} \\ &= E\left\{\lim_{n\to\infty} [u(n) - \hat{B}^T(n)\,x(n)]^2\right\} + \sigma^2 \\ &= Q(\gamma) + \sigma^2. \end{aligned}$$

Für einen gegen Unendlich strebenden Wert von n sind die Größen $\frac{1}{n-\alpha} S_\alpha(\gamma)$ und $Q(\gamma) + \sigma^2$ mit absoluter Wahrscheinlichkeit einander gleich. Das heißt, daß der Wert γ_{opt}, der die mittleren Fehlerquadrate $Q(\gamma)$ der berechneten Werte zu den wahren Werten am Objektausgang minimiert, für gegen Unendlich strebende n auch $S_\alpha(\gamma)$ minimiert. Damit ist die Richtigkeit der Behauptung (3.10) bewiesen.

Dieser Beweis erlaubt die Schlußfolgerung, daß das zur Ermittlung von γ_{opt} verwendete Kriterium (3.6) für $\alpha > 0$ und hinreichend große n zu einem minimalen Wert des mittleren Fehlerquadrates der berechneten Werte zu den wahren Werten am Objektausgang führt. Es soll jedoch nochmals darauf hingewiesen werden, daß diese Ausführungen nur bei der Lösung von Vorausberechnungsproblemen, nicht jedoch bei Problemstellungen aus der Filtertheorie Gültigkeit besitzen.

Bei der Beweisführung für die Konsistenz der Schätzung γ_{opt} wurde vorausgesetzt, daß es sich bei $\xi(j)$ um einen stationären Zufallsprozeß handelt. Das bedeutet, daß das Regime der Nachführung bereits vom allerersten Versuch an stationär ist, wobei der Erwartungswert und die Dispersion der Zufallsgröße $\zeta(j)$ konstant bleiben.

Die Schätzungen sind auch dann konsistent, wenn der Übergangsprozeß nach einer endlichen Anzahl von m Schritten beendet ist, d. h. wenn der Prozeß $\xi(j)$ nur nach $j > m$ stationär ist. Diese Behauptung läßt sich durch Umformen der Gleichung (3.11) beweisen:

$$\lim_{n\to\infty} \frac{1}{n-\alpha} S_\alpha(\gamma) = \lim_{n\to\infty} \frac{1}{n-\alpha} \sum_{j=\alpha}^{m} \xi^2(j) + \lim_{n\to\infty} \frac{n-m}{n-\alpha} \frac{1}{n-m} \sum_{j=m+1}^{n} \xi^2(j).$$

Der erste Summand der rechten Gleichungsseite hat den Wert Null, während der zweite wegen der Ergodizität von $\xi(j)$ gegen $E[\xi^2(j)]$ strebt. Damit kommt man wieder auf Gleichung (3.11), so daß alle folgenden Aussagen für $j > m$ Gültigkeit besitzen.

Die Dauer des Übergangsprozesses (m) ist bei einem bestimmten Wert für γ von der Wahl des ersten Näherungswertes $\hat{B}(\alpha)$ abhängig. Der Übergangsprozeß fehlt praktisch, wenn $\hat{B}(\alpha)$ nahe bei $B(\alpha)$ liegt. Eine derart günstige Wahl des ersten Näherungswertes für $\hat{B}(\alpha)$ stellt die mittlere quadratische Schätzung des Koeffizientenvektors über die Stichprobe dar. Die Begründung hierfür ist in der Annahme eines stationären Prozesses $B(i)$ und in der geringen Änderungsgeschwindigkeit der Drift zu suchen.

In Fällen, in denen ein Algorithmus der Form (3.5) benutzt wird und die Koeffizienten des Modells durch einen stationären Zufallsprozeß mit bekannten statistischen Eigenschaften beschrieben werden, läßt sich die Wahl von γ_{opt} auf analytischem Wege durch Minimierung von $Q(\gamma)$ (3.9) vornehmen. Eine Beispielaufgabe für eine ähnliche Problemstellung wird in Abschnitt 3.5. behandelt. Ist der Algorithmus (3.5) linear, d. h., stellt der Wert $\hat{B}(n)$ für beliebige n eine bestimmte Linearkombination der Beobachtungen $y(1)$, $y(2)$, ..., $y(n)$ dar, so ist zur Ermittlung von γ_{opt} die Kenntnis der Korrelationsfunktion des Prozesses $B(n)$ hinreichend.

Die mathematische Beschreibung eines Objekts mit Drift auf der Grundlage einer Stichprobe von Beobachtungen zu den Zeitpunkten $i = 1, 2, \ldots, n$ wird also wie eine Berechnung der Werte der Modellkoeffizienten des Objekts zum Zeitpunkt $(n + \alpha)$ behandelt. Die Lösung wird dabei mit Hilfe rekursiver Algorithmen der Form (3.5) ermittelt, deren Struktur als vorgegeben betrachtet wird, während die Werte der unbestimmten Parameter γ an Hand der Stichprobe geschätzt werden.

In den Abschnitten 3.2. und 3.3. wird auf einen Algorithmus der Form (3.5) eingegangen, der sich aus der Methode der stetigen Regressionsanalyse [35] ableitet. Ferner werden einige andere Algorithmen erwähnt, deren Struktur aus Methoden der stochastischen Approximation folgt [32].

Optimale Eigenschaften der verwendeten Algorithmen bezüglich eines minimalen Wertes des mittleren Fehlerquadrates lassen sich durch die Wahl der Parameterwerte γ dieser Algorithmen nach dem Kriterium (3.6) über den Informationsgehalt der Stichprobe erzielen. Den Anfangswert $\hat{B}(\alpha)$, der als Wert des Koeffizienten zum Zeitpunkt α angenommen wird, ermittelt man mit Hilfe einer gewöhnlichen Regressionsanalyse auf der Grundlage einer vorhandenen Stichprobe von Beobachtungen. Gegenstand des Abschnittes 3.4. ist ein auf dem Kriterium (3.6) basierender Algorithmus zur Suche von $\hat{\gamma}_{\text{opt}}$ an Hand einer endlichen Stichprobe von Beobachtungen, während im Abschnitt 3.5. die Wahl von γ_{opt} bei bekannter Korrelationsfunktion des Prozesses $B(i)$ behandelt wird.

Im Kapitel 4. wird eine auf den Algorithmen des Kapitels 3. aufbauende Methode der stückweise linearen Approximation der Charakteristika von Objekten mit Drift beschrieben. Ferner werden ein Lösungsalgorithmus bei endlicher Stichprobe und Gleichungen für γ_{opt} bei bekannter Charakteristik der Drift angegeben.

Bei der Realisierung der hier erwähnten Methoden zur mathematischen Beschreibung von Objekten mit Drift wird auf die Anwendung spezieller rechentechnischer Hilfsmittel, insbesondere von Prozeßrechnern, orientiert.

3.2. *Methode der stetigen gewichteten rekursiven Regression*

Zu einer bestimmten Anzahl n von Beobachtungen des Objektein- und -ausganges zu den Zeitpunkten $i = 1, 2, \ldots, n$ soll die Schätzung der Koeffizienten des mathematischen Modells zum Zeitpunkt $(n + \alpha)$ ermittelt werden, wobei $\alpha = 1, 2, \ldots, \nu$ und $\nu \ll n$ gelten soll. Der Einfluß der zu den Zeitpunkten $n, n - 1, \ldots$ eintreffenden Informationen auf die Genauigkeit der Schätzung $\hat{B}(n + \alpha)$ ist im allgemeinen unterschiedlicher Art. Zur Berücksichtigung des unterschiedlichen Informationsgehaltes wird eine Wichtungsfunktion $\psi(n, j, \gamma)$ eingeführt. Dabei bedeuten:

- n — Anzahl der Beobachtungen in der Stichprobe;
- j — laufende Nummer der Beobachtung;
- γ — bestimmte Parameter der Wichtungsfunktion, deren Werte im Verlaufe der Anpassung des Algorithmus festgelegt werden.

Die Struktur des Algorithmus zur Berechnung von $\hat{B}(n + \alpha)$ basiert auf der Methode der kleinsten Quadrate, wobei eine Wichtung der Fehlerquadrate für verschiedene Versuche mit Hilfe der Wichtungsfunktion $\psi(n, j, \gamma)$ vorgenommen wird:

$$L = \sum_{j=1}^{n} [y(j) - \hat{B}^T(n + \alpha)\, x(j)]^2\, \psi(n, j, \gamma). \tag{3.13}$$

Die Berechnung von $\hat{B}(n + \alpha)$ aus der Minimumbedingung für L nach $\hat{B}(n + \alpha)$ führt zur Methode der stetigen Regressionsanalyse [35, 36]. In Abhängigkeit von der Wahl der Wichtungsfunktion $\psi(n, j, \gamma)$ erhält man mit einem auf dem Kriterium (3.13) beruhenden Algorithmus verschiedene Schätzungen $\hat{B}(n + \alpha)$. Das Kriterium (3.13) gibt somit lediglich die Struktur des Algorithmus zur Ermittlung von $\hat{B}(n + \alpha)$ vor, die erhaltenen Schätzungen $\hat{B}(n + \alpha)$ haben im allgemeinen Fall keinerlei Beziehungen zu $B(n + \alpha)$. Zur Erzielung eines minimalen Wertes für das mittlere Fehlerquadrat des berechneten Wertes am Objektausgang zum Zeitpunkt $(n + \alpha)$ muß die Wichtungsfunktion $\psi(n, j, \gamma)$ in geeigneter Form gewählt werden. Für sie wird angenommen, daß der Wert der Beobachtungen zur Ermittlung der Schätzung $\hat{B}(n + \alpha)$ mit wachsendem „Alter" abnimmt, d. h., daß die Wichtungsfunktion $\psi(n, j, \gamma)$ mit wachsendem $|n - j|$ abnimmt. Diese an und für sich einleuchtende Annahme erfordert, um die im folgenden beschriebene Methode anwenden zu können, bestimmte Einschränkungen für den Prozeß $B(i)$. So muß der Prozeß eine monoton fallende Korrelationsfunktion besitzen, was z. B. bei exponentiell korrelierten Prozessen der Fall ist. Im folgenden werden einige Arten der Funktion $\psi(n, j, \gamma)$ näher untersucht.

$$\psi(n, j, \gamma) = \begin{cases} 1 \text{ für } & n - j \geqq \gamma \\ 0 \text{ für } & n - j < \gamma. \end{cases} \tag{3.14}$$

Eine solche Wahl der Wichtungsfunktion führt zur Methode des „gleitenden Intervalls" [34]. Vom rechentechnischen Standpunkt aus besser zu handhaben ist folgende Form:

$$\psi(n, j, \gamma) = \gamma^{n-j}, \qquad 0 < \gamma \leqq 1. \tag{3.15}$$

In beiden Fällen (3.14) und (3.15) führt die beste Wahl der Wichtungsfunktion zur Bestimmung optimaler Werte des Parameters γ, so daß sich für die Fehlerquadratsumme (3.6) ein Minimum ergibt.

Wie bereits einführend festgestellt wurde, besteht die natürlichste Form der Algorithmen zur mathematischen Beschreibung von Objekten mit Drift in rekursiven Beziehungen, die die alten Schätzungen der Modellparameter mit der eintreffenden Information verknüpfen. Die allgemeine Form eines solchen Algorithmus ist durch den Ausdruck (3.5) gegeben.

Ein derartiger Algorithmus soll für die laufende Regressionsanalyse aufgestellt werden [37]. Dazu werden folgende Größen eingeführt:

$$X_i = \begin{pmatrix} x_1(1) & x_2(1) & \dots & x_k(1) \\ \dots & \dots & \dots & \dots \\ x_1(i) & x_2(i) & \dots & x_k(i) \end{pmatrix}; \tag{3.16}$$

$$Y_i = \begin{pmatrix} y(1) \\ y(2) \\ \vdots \\ y(i) \end{pmatrix}; \tag{3.17}$$

$$\Psi_i = \begin{pmatrix} \psi(i,1,\gamma) & & & 0 \\ & \psi(i,2,\gamma) & & \\ & & \ddots & \\ 0 & & & \psi(i,i,\gamma) \end{pmatrix}; \tag{3.18}$$

$$\hat{B}(i+\alpha) = \begin{pmatrix} \hat{\beta}_1(i+\alpha) \\ \hat{\beta}_2(i+\alpha) \\ \dots \\ \hat{\beta}_k(i+\alpha) \end{pmatrix}. \tag{3.19}$$

Die Größe L in Gleichung (3.13) läßt sich dann für eine Stichprobe vom Umfang i in folgender Form angeben:

$$L = \left(Y_i - X_i\hat{B}(i+\alpha)\right)^T \Psi_i\left(Y_i - X_i\hat{B}(i+\alpha)\right). \tag{3.20}$$

Die Minimierung von L nach $\hat{B}(i+\alpha)$ führt auf ein System von Normalgleichungen der Form (siehe Abschnitt 1.1.)

$$X_i^T\Psi_i X_i\hat{B}(i+\alpha) = X_i^T\Psi_i Y_i, \tag{3.21}$$

woraus

$$\hat{B}(i+\alpha) = (X_i^T\Psi_i X_i)^{-1} X_i\Psi_i Y_i \tag{3.22}$$

folgt.

Setzt man für Ψ_i eine Einheitsmatrix, so geht Gleichung (3.22) in Ausdruck (1.13) über.

Erhält man nach der Ermittlung der Schätzung $\hat{B}(i+\alpha)$ eine zusätzliche Information $x(i+1)$, $y(i+1)$, so ist die Schätzung $\hat{B}(i+\alpha+1)$ zu ermitteln. Dies kann mit Hilfe von Gleichung (3.22) geschehen, wobei jedoch die in diesen Ausdruck eingehenden Matrizen zu ändern sind. Zur Umgehung dieses umständlichen Weges soll ein rekursiver Algorithmus zur Berechnung von $\hat{B}(i + \alpha + 1)$ aufgestellt werden, in den die bereits berechnete Schätzung $\hat{B}(i + \alpha)$ eingeht. Wählt man die Wichtungsfunktion in der Form (3.15), so gilt:

$$\begin{aligned}\hat{B}(i + \alpha + 1) &= (X_{i+1}^T \Psi_{i+1} X_{i+1})^{-1} X_{i+1}^T \Psi_{i+1} Y_{i+1} \\ &= [\gamma X_i^T \Psi_i X_i + x(i+1)\, x^T(i+1)]^{-1} \\ &\quad \times [\gamma X_i^T \Psi_i Y_i x(i+1)\, y(i+1)]. \end{aligned} \tag{3.23}$$

Auf den ersten Faktor von Gleichung (3.23) wird folgendes Gesetz [6, 37] zur Matrizenversion angewendet:

$$(P + xx^T)^{-1} = P^{-1} - \frac{P^{-1} x x^T P^{-1}}{x^T P^{-1} x + 1}, \tag{3.24}$$

P — quadratische Matrix $(k \times k)$;
x — k-dimensionaler Spaltenvektor.

Durch Anwendung von (3.24) auf Gleichung (3.23) und Einführen der Abkürzung $C_i = (X_i^T \Psi_i X_i)^{-1}$ ergibt sich

$$\begin{aligned}\hat{B}(i + \alpha + 1) &= \left[\frac{1}{\gamma} C_i - \frac{1}{\gamma^2} \frac{C_i x(i+1)\, x^T(i+1)\, C_i}{\frac{1}{\gamma} x^T(i+1)\, C_i x(i+1) + 1}\right] \\ &\quad \times [\gamma X_i^T \Psi_i X_i + x(i+1)\, y(i+1)] \\ &= \hat{B}(i + \alpha) + \frac{1}{\gamma} C_i x(i+1)\, y(i+1) \\ &\quad - \frac{1}{\gamma} \frac{C_i x(i+1)\, x^T(i+1)\, C_i}{x^T(i+1)\, C_i x(i+1) + \gamma} \\ &\quad \times [\gamma X_i^T \Psi_i X_i + x(i+1)\, y(i+1)]. \end{aligned} \tag{3.25}$$

Durch weitere Umformungen erhält man

$$\begin{aligned}\hat{B}(i + \alpha + 1) &= \hat{B}(i + \alpha) + \frac{1}{\gamma} C_i x(i+1) \left[1 - \frac{x^T(i+1)\, C_i x(i+1)}{x^T(i+1)\, C_i x(i+1) + \gamma}\right] \\ &\quad \times y(i+1) - C_i x(i+1) \frac{x^T(i+1)\, \hat{B}(i + \alpha)}{x^T(i+1)\, C_i x(i+1) + \gamma}. \end{aligned} \tag{3.26}$$

Nach Durchführung der Subtraktion in der eckigen Klammer ergibt sich

$$\hat{B}(i + \alpha + 1) = \hat{B}(i + \alpha) + \frac{C_i x(i + 1)}{x^T(i + 1)\, C_i x(i + 1) + \gamma} \times [y(i + 1) - x^T(i + 1)\, \hat{B}(i + \alpha)] \quad (3.27)$$

mit

$$C_i = (X_i^T \Psi_i X_i)^{-1} = \frac{1}{\gamma} \left[C_{i-1} - \frac{C_{i-1} x(i) x^T(i) C_{i-1}}{x^T(i)\, C_{i-1} x(i) + \gamma} \right]. \quad (3.28)$$

Gleichung (3.27) stellt den gesuchten rekursiven Algorithmus dar, während die rekursive Gleichung (3.28) zur Berechnung der inversen Matrix bei Eintreffen neuer Beobachtungen dient.

Die Größe des Parameters γ in den Gleichungen (3.27) und (3.28) bestimmt die Änderungsgeschwindigkeit der Wichtungsfunktion. Geht man davon aus, daß die Wichtung der Beobachtungen mit wachsender Entfernung vom laufenden Zeitpunkt i abnimmt, so ist γ im Bereich von δ bis 1 (δ — kleine positive Größe) zu wählen. $\gamma = 1$ entspricht einer einheitlichen Wichtung aller Beobachtungen der Stichprobe. Die Ausdrücke (3.27) und (3.28) definieren somit einen rekursiven Algorithmus für die Methode der kleinsten Quadrate, der zur Lösung von Aufgaben, die eingangs beschrieben worden sind, angewendet werden kann.

Bei Anwendung des Algorithmus (3.27) zur Ermittlung der Werte der Koeffizienten $\hat{B}(n + \alpha)$ an Hand einer aus n Beobachtungen bestehenden Stichprobe ist neben den Anfangswerten für die Schätzungen $\hat{B}(\alpha)$ und die Größe γ noch ein Anfangswert C_0 für die Matrix C (bzw. für die inverse Matrix C_0^{-1}) festzulegen. Entsprechend den Ausführungen in Kapitel 2. wird die Größe $\hat{B}(\alpha)$ mit der Schätzung der kleinsten Quadrate über die vorhandene Stichprobe angenommen:

$$\hat{B}(\alpha) = (X_n^T X_n)^{-1} X_n^T Y_n. \quad (3.29)$$

Die Wahl des Anfangswertes für die Matrix C_0 (bzw. für C_0^{-1}) hat keinen wesentlichen Einfluß auf die Konsistenz der Schätzung $\hat{\gamma}_{\text{opt}}$, wohl aber auf die Zeitfolge des Nachführungsvorganges. Die Elemente dieser Matrix sollten deshalb möglichst in der Nähe der Werte des stationären Nachführungsvorganges liegen. Da aber für $n \to \infty$ der Wert $E[C_n^{-1}]$ von γ abhängig ist, wird die Wichtungsfunktion, um diese Abhängigkeit auszuschließen, in folgender Form angenommen:

$$\psi(i, j, \gamma) = (1 - \gamma)\, \gamma^{|i-j|}. \quad (3.30)$$

Für einen stationären Nachführungsvorgang ergibt sich bei stationärem

Prozeß $x(i)$:

$$\lim_{n\to\infty} E[C_i^{-1}] = E[x(i)\, x^T(i)]. \tag{3.31}$$

Als Schätzung des letzten Ausdruckes dient die Matrix $\frac{1}{n} X_n^T X_n$, die sich über die vorliegende Stichprobe berechnen läßt. Die Wahl der Matrix C_0 ist deshalb sinnvollerweise nach folgender Art vorzunehmen:

$$C_0 = n(X_n^T X_n)^{-1}. \tag{3.32}$$

Für eine Wichtungsfunktion der Form (3.30) lauten die rekursiven Gleichungen (3.27) und (3.28):

$$\hat{B}(i + \alpha + 1) = \hat{B}(i + \alpha) + \frac{C_i x(i + 1)}{x^T(i + 1)\, C_i x(i + 1) + \frac{\gamma}{1 - \gamma}} \times [y(i + 1) - x^T(i + 1)\, \hat{B}(i + \alpha)]; \tag{3.33}$$

$$C_i = \frac{1}{\gamma}\left[C_{i-1} - \frac{C_{i-1} x(i)\, x^T(i)\, C_{i-1}}{x^T(i)\, C_{i-1} x(i) + \frac{\gamma}{1 - \gamma}}\right]. \tag{3.34}$$

3.3. *Stochastische Approximation*

Der Algorithmus (3.27) läßt sich in etwas allgemeinerer Form angeben:

$$\hat{B}(i + \alpha + 1) = \hat{B}(i +) \alpha + \Gamma(i + 1)\, x(i + 1)\, [y(i + 1) - x^T(i + 1)\, \hat{B}(i + \alpha)]. \tag{3.35}$$

$\Gamma(i + 1)$ stellt eine Matrix dar, die für den oben betrachteten Fall

$$\Gamma(i + 1) = \frac{C_i}{x^T(i + 1)\, C_i x(i + 1) + \gamma} \tag{3.36}$$

lautet.

Die Struktur des rekursiven Algorithmus zur Berechnung der Koeffizientenschätzungen des Modells (3.35) deckt sich mit der Struktur der stochastischen Approximationsalgorithmen [32]. Der Ausdruck (3.35) bestimmt die Verschiebung des Punktes $\hat{B}(i + \alpha)$ im Koeffizientenraum zum Zeitpunkt $(i + 1)$. Die Verschiebung erfolgt in einer solchen Richtung, daß sich das Quadrat der Abweichungen zwischen Beobachtungs- und berechnetem Wert des Ausgangs zum Zeitpunkt $(i + 1)$, d. h. die Größe $[y(i + 1) - B^T(i + \alpha)\, x(i + 1]^2$, verringert. Die Schrittweite bei der Verschiebung wird durch die Matrix $\Gamma(i+1)$ bestimmt. Die Ausdrücke (3.28) und (3.36) liefern die Schrittweite bei Anwendung der stetigen Regressionsanalyse, während sich für $\gamma = 1$ die Schrittweite bei Anwendung der Mehrfachregression ergibt.

Auf folgenden Umstand soll näher eingegangen werden: Die Verschiebung im Koeffizientenraum zu einem bestimmten Zeitpunkt $(i+1)$ erfolgt bei der Anwendung des Algorithmus (3.35) in einer solchen Richtung, die eine Verringerung des Fehlers des berechneten Wertes am Ausgang zum gleichen Zeitpunkt $(i+1)$ bedingt. Der Algorithmus (3.35) ist jedoch auch für Fälle mit $\alpha > 0$ anwendbar. Dabei dienen die Koeffizientenschätzungen für den Zeitpunkt $(i+1)$ zur Vorausberechnung der Koeffizienten zum Zeitpunkt $(i+\alpha+1)$. Offensichtlich lassen sich nur dann zufriedenstellende Ergebnisse erzielen, wenn sich die wahren Werte der Koeffizienten zu den Zeitpunkten $(i+1)$ und $(i+\alpha+1)$ nur wenig voneinander unterscheiden, d. h., wenn sich die Koeffizienten nur über längere Zeiträume ändern.

In der Literatur [32, 38] wurden die Gesetzmäßigkeiten untersucht, denen die Schrittweite bei der Anwendung von Algorithmen der stochastischen Approximation der Form (3.35) zur sequentiellen Schätzung unveränderlicher Modellparameter des Objekts genügen muß.

Ferner [49] werden modifizierte Methoden der stochastischen Approximation zur Bestimmung der Schätzungen von zeitlich linear veränderlichen Parametern angegeben. Im weiteren soll noch auf einige Besonderheiten bei der Wahl der Matrix $\Gamma(i+1)$ im Algorithmus (3.35) eingegangen werden, wenn die Koeffizienten des Modells zufälligen Änderungen unterworfen sind.

Sind die zu schätzenden Parameter zeitlich konstant und der angewendete Algorithmus gestattet die Bestimmung ihrer effektiven Schätzungen, so wird nach einer hinreichend großen Anzahl von Schritten n der Schätzwert $\hat{B}(n)$ dem wahren Wert sehr nahe sein, und die Verschiebung im Koeffizientenraum ist beendet. Bei vorhandenen Versuchsfehlern ($\sigma^2 \neq 0$) ist die Änderung der Schätzwerte für die Koeffizienten nur bei einer Schrittweite von Null beendet. Das bedeutet, daß die Schrittweite der Punktverschiebung im Koeffizientenraum bei einer sequentiellen Schätzung unveränderlicher Parameter mit einer Vergrößerung der Schrittzahl gegen Null streben muß. Bei der Benutzung der rekursiven Gleichungen (3.27) und (3.28) ergibt sich für $\gamma = 1$ $\lim_{n\to\infty} \Gamma(n) = 0$, wobei $\Gamma(n)$ nach Gleichung (3.36) bestimmt wird [37]. Im Gegensatz zu diesem Fall unveränderlicher Parameter ist die Bewegung des Punktes $\hat{B}(n)$ im Koeffizientenraum bei der Schätzung zeitveränderlicher Koeffizienten für gegen unendlich strebende n nicht beendet; der Punkt $\hat{B}(n)$ folgt dem wahren Wert der Koeffizienten stetig. Somit gilt für die Schätzung zeitveränderlicher Parameter

$$\lim_{n\to\infty} \Gamma(n) \neq 0. \tag{3.37}$$

Im einfachsten Fall wird die Bedingung (3.37) durch eine Matrix $\Gamma(n)$

der Form

$$\Gamma(n) = \gamma I_k \tag{3.38}$$

erfüllt,

γ — Konstante;
I_k — Einheitsmatrix.

Wählt man γ in Gleichung (3.38) im Innern des Intervalls $0 < \gamma < \gamma_0$, so läßt sich mit Hilfe des Algorithmus (3.35) eine Anpassung an die zeitveränderlichen Koeffizienten des Modells vornehmen [48]. Der Grenzwert $\gamma = \gamma_0$ ist von den Augenblickswerten x_i des Prozesses abhängig und legt die Stabilitätsgrenze für die Nachführung fest [32, 48].

In der Arbeit [39] erfolgte die sequentielle Schätzung der Koeffizienten des Modells durch einen Algorithmus der Form (3.35), wobei die Matrix $\Gamma(i + 1)$ wie folgt gewählt wurde:

$$\Gamma(i + 1) = \frac{1}{x^T(i + 1)\, x(i + 1) + \gamma} I_k. \tag{3.39}$$

γ darf hier keine negativen Werte annehmen.

In den Fällen, in denen sich für hinreichend große i die Matrix C_i im Ausdruck (3.36) einer Diagonalmatrix mit gleichen Elementen auf der Hauptdiagonalen nähert, stimmen die Ausdrücke (3.39) und (3.36) praktisch überein. Ein solcher Fall ergibt sich beispielsweise, wenn γ in Gleichung (3.36) bei Eins liegt und die Komponenten des Vektors $x(i)$ unabhängig sind, gleiche Dispersion und einen Erwartungswert von Null besitzen.

Die Größen des Parameters γ in den Gleichungen (3.38) und (3.39) sind unbestimmt. Bei auf einer endlichen Stichprobe von Beobachtungen basierenden Voraussage sind ihre Werte über Gleichung (3.6) zu ermitteln. Sind die Korrelationsfunktion $B(i)$ des Prozesses und die Fehlerdispersion σ^2 bekannt, so lassen sich die optimalen Werte des Parameters γ analytisch bestimmen.

3.4. *Schätzung des Parameters γ an Hand einer endlichen Stichprobe*

Es wird nun ein Algorithmus zur Bestimmung des Parameterschätzwertes $\hat{\gamma}$ untersucht. Der Algorithmus gilt entsprechend dem Kriterium (3.6) für eine endliche Stichprobe von Beobachtungen; die Berechnung der Koeffizientenschätzungen hat nach der rekursiven Gleichung (3.35) zu erfolgen, während die Matrix $\Gamma(i + 1)$ in der Form (3.39) zu wählen ist. Unter diesen Voraussetzungen hat der Algorithmus folgende Form:

$$\hat{B}(i + \alpha) = \hat{B}(i + \alpha + 1) + \frac{x(i)}{x^T(i)\, x(i) + \gamma} [y(i) - \hat{B}^T(i + \alpha - 1)\, x(i)]. \tag{3.40}$$

Die Anzahl der Beobachtungen in der Stichprobe sei $n \gg \alpha$. Als Startwert für die Koeffizienten $\hat{B}(\alpha)$ wird der Schätzwert nach der Methode der kleinsten Quadrate über die Stichprobe angenommen:

$$\hat{B}(\alpha) = (X_n{}^T X_n)^{-1} X_n{}^T Y_n. \tag{3.41}$$

An Hand der vorgegebenen Stichprobe läßt sich mit Hilfe des Algorithmus (3.40) für $\hat{B}(\alpha)$, das nach (3.41) berechnet wurde, und für einen beliebigen Wert von γ die Reihenfolge der Koeffizientenschätzwerte $\hat{B}(\alpha + 1)$, $\hat{B}(\alpha + 2)$, ..., $\hat{B}(\alpha + n)$ ermitteln. Der Schätzwert $\hat{\gamma}_{\text{opt}}$ des optimalen Parameterwertes von γ ergibt sich aus

$$S_\alpha(\hat{\gamma}_{\text{opt}}) = \min_{\gamma \geq 0} S_\alpha(\gamma) = \min_{\gamma \geq 0} \sum_{j=\alpha}^{n} [y(j) - \hat{B}^T(j)\, x(j)]^2. \tag{3.42}$$

Der in Ausdruck (3.42) eingehende Wert von $\hat{B}(j)$ wird durch Anwendung der rekursiven Gleichung (3.40) ermittelt. $\hat{\gamma}_{\text{opt}}$ kann nur nichtnegative Werte annehmen.

Driften die Objekteigenschaften nicht, so erhält man einen unendlich großen Wert für $\hat{\gamma}_{\text{opt}}$. In diesem Falle gilt

$$\hat{B}(n + \alpha) = \hat{B}(\alpha) = (X_n{}^T X_n)^{-1} X_n{}^T Y_n, \tag{3.43}$$

d. h. der berechnete Wert des Koeffizientenvektors stimmt mit dem aus der Stichprobe mit der Methode der kleinsten Quadrate berechneten Schätzwert überein.

Aus Gleichung (3.40) folgt, daß der Korrekturwert des j-ten Koeffizienten zu einem bestimmten Zeitpunkt vom Quotienten der j-ten Projektion des Vektors $x(i)$ und dem Quadrat seiner Länge abhängig ist (das Quadrat der Länge eines Vektors ist gleich dem Skalarprodukt $x^T(i)x(i)$). Sind die Mittelwerte der Veränderlichen verschieden groß, so erfolgt die Bewegung im Koeffizientenraum unterschiedlich schnell und in verschiedenen Richtungen. Dies hat eine Verschlechterung der Anpassung an die zeitveränderlichen Parameter des Objekts zur Folge. Ferner wurde bewiesen [39, 40], daß bei Anwendung von Algorithmen der hier behandelten Art die größten Konvergenzgeschwindigkeiten (Abnahmegeschwindigkeiten des Fehlers bei der Koeffizientenbestimmung) dann erzielt werden, wenn alle Veränderlichen x_j gleiche Dispersion und einen Erwartungswert von Null aufweisen. Es ist deshalb sinnvoll, mit normierten Veränderlichen zu rechnen.

Im weiteren soll auf eine Suchmethode zur Ermittlung des Wertes von $\hat{\gamma}_{\text{opt}}$ eingegangen werden, der ein Minimum der Größe $S_\alpha(\gamma)$ garantiert. Es handelt sich um ein eindimensionales Suchverfahren zur Ermittlung des Minimums einer Funktion bei Fehlen von Störungen („Rauschen"). Gewisse Schwierigkeiten werden dadurch hervorgerufen, daß die höchste Potenz, mit der γ in $S_\alpha(\gamma)$ eingeht, $2n$ bei einer Stichprobe vom Umfang n beträgt. Das wird ersichtlich [Gleichung (3.59)], wenn man die Schätzung $\hat{B}(n + \alpha)$ durch alle vorhandenen Beobachtungen ausdrückt. Die Funktion $S_\alpha(\gamma)$ kann dabei im

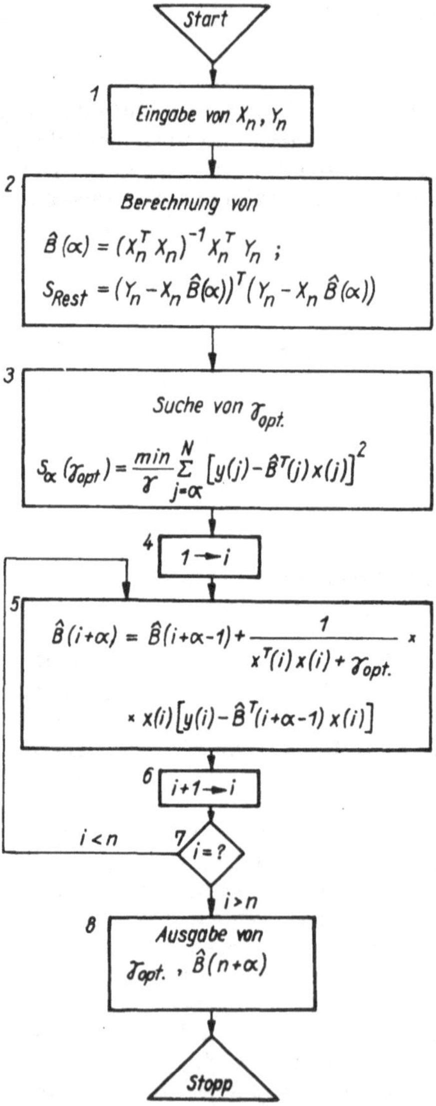

Abb. 3.1. Programmablaufplan für einen Algorithmus zur Berechnung von Parametern von Objekten mit Drift an Hand einer endlichen Stichprobe von Beobachtungen

Änderungsbereich von 0 bis ∞ mehrere Extrema aufweisen. Bei der Suche von $\hat{\gamma}_{opt}$ ist nur das globale Minimum der Funktion $S_\alpha(\gamma)$ von Interesse, das auch an den Bereichsgrenzen ($\gamma = 0$ oder $\gamma = \infty$) liegen kann.

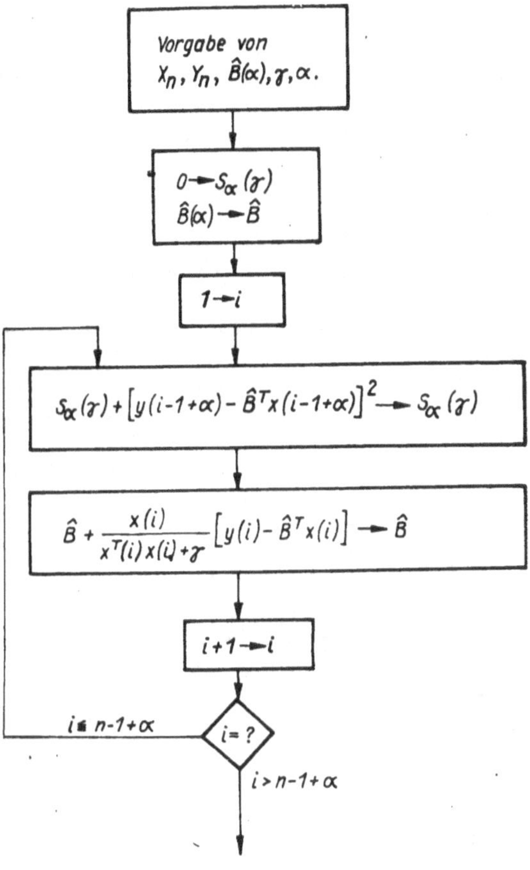

Abb. 3.2. Programmablaufplan für einen Algorithmus zur Berechnung von $S_\alpha(\gamma)$

Auf Grund der Tatsache, daß zum Auffinden des Wertes $S_\alpha(\gamma)$ für beliebige γ nur ein relativ geringer Rechenaufwand erforderlich ist, läßt sich zur Suche von $\hat{\gamma}_{opt}$ folgende Methode empfehlen:

1. Man wählt einen Wert γ_{max} derart, daß $S_\alpha(\gamma_{max}) \approx S_{Rest}$ wird (S_{Rest} – Restquadratsumme). Bei normierten Veränderlichen x_j gilt $\gamma_{max} \gg k$, wobei k die Anzahl der Koeffizientenschätzungen des Modells darstellt (im all-

gemeinen Fall geht in diese Anzahl noch das absolute Glied der Gleichung ein, für das die fiktive Veränderliche den Wert Eins besitzt).

2. Man stellt die Funktion $S_\alpha(\gamma)$ durch punktweises Berechnen mit einer für γ gewählten Schrittweite von $\gamma = 0$ bis $\gamma = \gamma_{\max}$ dar.
3. Ist die Lage des globalen Extremums nach den unter Punkt 2 angestellten Berechnungen nicht eindeutig, so werden zusätzliche Berechnungen innerhalb des in Frage kommenden Intervalls durchgeführt. Hier lassen sich effektive Methoden zur Lokalisierung von Extremwerten anwenden, etwa die Methode nach FIBONACCI oder die Methode des „Goldenen Schnittes" [41].

Die Abb. 3.1 und 3.2 zeigen Programmablaufpläne von Algorithmen zur Vorausberechnung zeitveränderlicher Parameter auf der Grundlage einer endlichen Stichprobe von Beobachtungen. Bei der Darstellung der Programmablaufpläne wurde die übliche Symbolik benutzt. Start- und Stoppoperatoren wurden durch Dreiecke, logische Operatoren durch Rhomben, arithmetische Operatoren und verschiedene Operatoren enthaltende Blöcke durch Rechtecke dargestellt. Zuordnungsoperatoren sind durch einen Pfeil gekennzeichnet. So ist der Ausdruck $i + 1 \to i$ folgendermaßen zu verstehen: Der Veränderlichen i wird der um Eins erhöhte alte Wert zugeordnet.

Abb. 3.1 zeigt den allgemeinen Programmablaufplan des Lösungsalgorithmus für die weiter oben beschriebene Methode. Im Block 2 erfolgt die Berechnung der Anfangsnäherungen für die Koeffizienten $\hat{B}(\alpha)$ und die Restquadratsumme. Vom rechentechnischen Standpunkt aus gesehen unterscheiden sich die hier angeführten Methoden nicht von den im Abschnitt 1.6. angeführten. Im Block 3 wird der Wert $\hat{p}_{\mathrm{opt}}$ gesucht. Dies geschieht über die Berechnung der Funktionswerte $S_\alpha(\gamma)$ für eine vorgegebene Anzahl von γ-Werten, deren Wahl durch die benutzte Suchmethode bestimmt wird. In den Blöcken 5—7 wird unter Verwendung des gefundenen Wertes $\hat{p}_{\mathrm{opt}}$ nach rekursiven Gleichungen $\hat{B}(n + \alpha)$ berechnet. Das Programm schließt mit der Auswahl der gefundenen Werte $\hat{p}_{\mathrm{opt}}$ und $\hat{B}(n + \alpha)$ (Block 8).

Abb. 3.2 zeigt als Ergänzung zu Abbildung 3.1 den Programmablaufplan zur Berechnung von $S_\alpha(\gamma)$. Die Berechnung basiert auf dem Algorithmus (3.40). Als Schätzwert des Koeffizientenvektors zum Zeitpunkt α dient der im Block 2 des Schemas 3.1 berechnete Wert $\hat{B}(\alpha)$.

Abschließend wird der behandelte Algorithmus an Hand zweier Beispiele erläutert.

Beispiel 3-1:

Das Modell des zu untersuchenden Objekts hat die Form

$$u(i) = \beta(i)x(i). \tag{3.44}$$

In gleichen Zeitabständen wurden $n = 10$ Versuche durchgeführt, deren Ergebnisse in Tab. 3.1 zusammengefaßt sind.

Tabelle 3.1

i	$x(i)$	$y(i)$	i	$x(i)$	$y(i)$
1	−0,74	−0,232	6	−1,667	0,373
2	1,667	0,28	7	0,623	−0,160
3	1,83	0,063	8	1,167	−0,338
4	−0,778	−0,214	9	0,662	−0,551
5	1,945	0,058	10	−0,74	0,211

Es soll der Wert des Koeffizienten zum Zeitpunkt $(n + 1)$ geschätzt werden, wozu der im Programmablaufplan 3.1 dargestellte Algorithmus Verwendung findet. Für den Anfangswert $\hat{\beta}(\alpha) = \hat{\beta}(1)$ ergibt sich im vorliegenden Beispiel $\hat{\beta}(1) = -0{,}05$. Die Restquadratsumme beträgt $S_{\text{Rest}} = 0{,}77$.

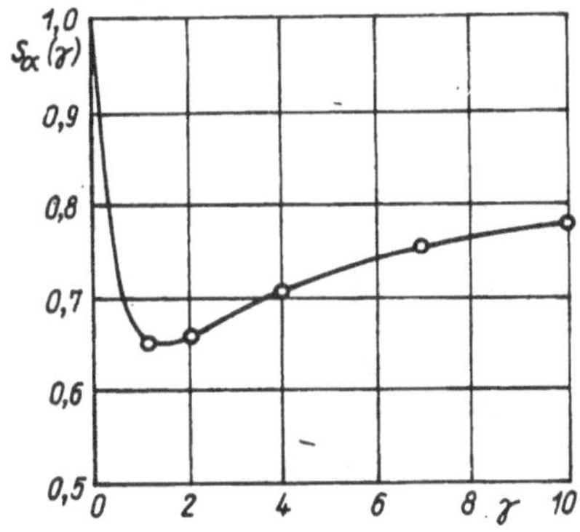

Abb. 3.3. Abhängigkeit von $S_\alpha(\gamma)$ für das Beispiel 3-1

Als $\gamma_{\max}$ wird der Wert $\gamma_{\max} = 10$ vorgegeben; die Größe $S_\alpha(10)$ beträgt dann $S_\alpha(10) = 0{,}776$. Die Berechnung der Funktionswerte $S_\alpha(\gamma)$ erfolgt in einem Wertebereich für γ von 0 bis 10 in Abständen von $\Delta\gamma = 1$ (Abb. 3.3).

Für den Wertebereich von $\gamma = 0{,}5$ bis $\gamma = 1{,}5$ werden zusätzliche Berechnungen durchgeführt, die $\hat{\gamma}_{\text{opt}} = 1{,}2$ ergeben. Unter Zugrundelegung dieses Wertes findet man $\hat{\beta}(n + 1) = -0{,}36$.

Abb. 3.4 zeigt die Änderung der Schätzung $\hat{\beta}(i)$ für $i = 1, 2, \ldots, 10$ und $\hat{\gamma}_{\text{opt}} = 1{,}2$ (Kurve 1). Zum Vergleich wird die Veränderung des wahren Wertes der Koeffizienten $\beta(i)$ durch die Kurve *2* angegeben. Im Gegensatz zum angeführten Beispiel ist bei praktischen Aufgaben die Kurve 2 natürlich nicht bekannt.

Beispiel 3-2:

Untersuchungen des Formgebungs- und Trocknungsprozesses von Bändern aus synthetischem Kautschuk ergaben [42], daß zur Wahl der Trocknungsbedingungen eine fiktive Dicke y des Kautschukbandes hinreichend ist. Außerdem hängen die optimalen Trocknungsbedingungen, d. h. maximale Trocknungsgeschwindigkeit unter Beibehaltung der mechanischen Eigenschaften, von folgenden, das Kautschukband charakterisierenden Parametern ab: Deformierbarkeit des Latex' (x_2), Ölgehalt im Kautschuk (x_3) und pH-Wert im

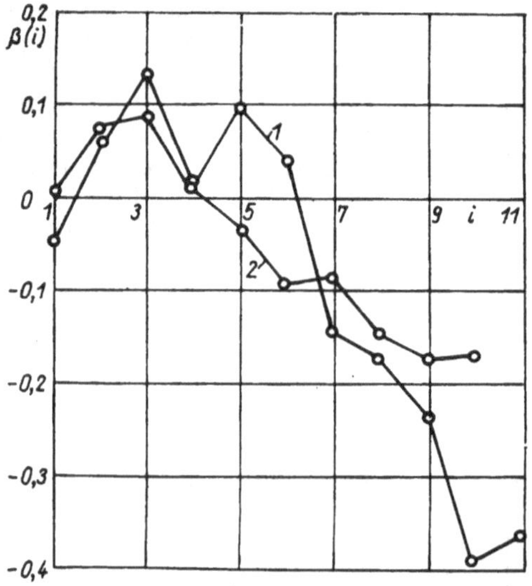

Abb. 3.4. Berechnung des Koeffizienten $\beta(i)$ im Beispiel 3-1 für $\gamma = \hat{\gamma}_{\text{opt}} = 1{,}2$

Behälter (x_4). Es wird angenommen, daß die Abhängigkeit der fiktiven Dicke für optimale Trocknungsbedingungen von den aufgezählten Parametern linearen Charakter trägt und zeitveränderlich ist. Letzterer Umstand resultiert aus einer Änderung der mechanischen Eigenschaften des Siebes an der Stranggußmaschine. Zur Überprüfung auf Abhängigkeiten zwischen den aufgezählten Parametern wurde eine Stichprobe vom Umfang $n = 38$ Versuchspunkten gewählt. Bei der Durchführung dieser Versuche wurden die mechanischen Eigenschaften des Siebes an der Stranggußmaschine als unveränderlich angenommen, d. h. diese Versuche sollen keiner zeitlichen Änderung unterliegen.

Auf Grund des Versuchsmaterials wurde folgendes Modell aufgestellt:

$$y = 0{,}362x_2 + 0{,}35x_3 - 0{,}465x_4 . \tag{3.45}$$

In Gleichung (3.45) wurden alle Veränderlichen im normierten Maßstab angegeben. Die Restquadratsumme beträgt $S_{\text{Rest}} = 19{,}85$.

An Hand des in Abb. 3.1 angegebenen Algorithmus soll überprüft werden, daß keine zeitlichen Änderungen vorliegen. Abb. 3.5 zeigt den Verlauf von $S_\alpha(\gamma)$ für $\alpha = 1$, der nach dem in Abb. 3.1 angegebenen Algorithmus bestimmt

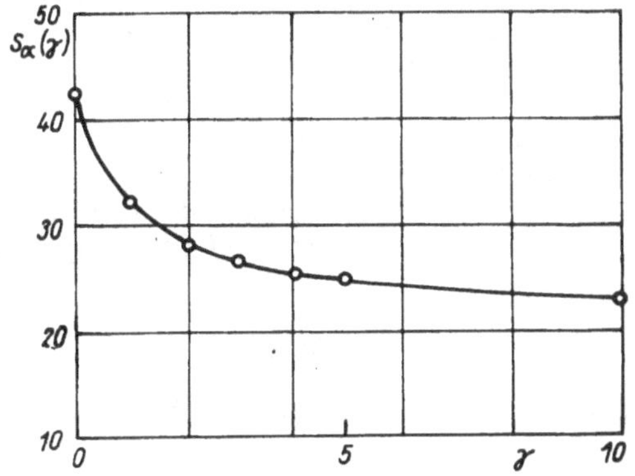

Abb. 3.5. Abhängigkeit von $S_\alpha(\gamma)$ für das Beispiel 3-2

wurde. Wie aus dem Kurvenverlauf ersichtlich ist, nimmt $S_1(\gamma)$ mit dem Anwachsen von γ monoton ab. Damit ist bewiesen, daß sich der Zustand des Siebes an der Stranggußmaschine während der Versuchsdurchführung nicht geändert hat.

3.5. *Optimale Wahl des Parameters γ im Algorithmus bei bekannter Korrelationsfunktion des Prozesses $B(i)$ und bekannter Dispersion σ^2*

Neben der in den vorhergehenden Abschnitten behandelten Aufgabenstellung, ein Modell an Hand einer endlichen Stichprobe von Beobachtungen aufzustellen, ist auch eine andere Aufgabenstellung möglich. Erfolgt die Beobachtung von Ein- und Ausgang des Objekts in einem unendlich großen Zeitraum, so läßt sich annehmen, daß zu einem Zeitpunkt n, zu dem die Schätzung $\hat{B}(n + \alpha)$ zu bestimmen ist, eine unendliche Anzahl von Beobachtungen vorliegt. Zur Lösung derartiger Probleme mit Hilfe der bereits beschriebenen Methode ist es erforderlich, die gesamten Beobachtungsdaten zu speichern. In diesem Falle ist ein sequentielles Suchverfahren für γ_{opt} zweckmäßiger: Die Schätzung $S_\alpha(\gamma)$ wird für verschiedene γ-Werte und verschiedene Beobachtungszeiträume endlicher Länge ermittelt. Eine derartige Anpassung des Algorithmus zählt zu den Methoden der experimentellen Optimierung oder zur Optimierung bei vorhandenen Störungen, wie sie z. B. in den Arbeiten [41, 43] beschrieben wird.

Bisher wurden nur Probleme behandelt, bei denen der wahre Charakter des Prozesses $B(i)$ und die Fehlerdispersion σ^2 nicht bekannt waren. Lägen solche

Informationen vor, so ließe sich ein streng optimaler Algorithmus aufstellen, dessen Struktur sich wahrscheinlich von der des hier behandelten unterscheiden würde. Über diese Problematik informieren näher die Arbeiten [30, 37].

Es ist aber auch folgende Aufgabenstellung möglich: Es sind einige Eigenschaften des Prozesses $B(i)$ und die Dispersion σ^2 bekannt. Ferner ist ein Optimalitätskriterium für die Lösung gewählt worden, und außerdem ist die Struktur des Lösungsalgorithmus bis auf einen Parameter γ vorgegeben. In diesem Falle läßt sich der im Sinne des vorgegebenen Kriteriums beste Wert des Parameters γ analytisch ermitteln [44].

Hier wird die Bestimmung des Wertes γ_{opt} behandelt, wenn die Struktur des Algorithmus in der Form von Gleichung (3.35) und $\Gamma(n+1)$ in der Form von Gleichung (3.38) vorliegen, d. h. wenn gilt

$$\hat{B}(n+\alpha) = \hat{B}(n+\alpha-1) + \gamma x(n)\,[y(n) - \hat{B}^T(n+\alpha-1)\,x(n)]. \tag{3.46}$$

Für das Modell des Objekts soll folgende Gleichung Gültigkeit besitzen:

$$u(n) = B^T(n)\,x(n), \tag{3.47}$$

n — diskrete Zeitpunkte, zu denen Informationen an den Ein- und Ausgängen des Objekts gemessen (abgetastet) werden. Wie schon an anderer Stelle wird $n = 1, 2, \ldots$ angenommen.

$x(i)$ sei ein k-dimensionaler Vektor mit den Elementen $x_1(i), x_2(i), \ldots, x_k(i)$.

Es wird vorausgesetzt, daß jede Veränderliche $x_j(i)$ eine unabhängige stationäre zufällige Folge mit einem Erwartungswert von Null und einer Dispersion $\sigma_{x_j}^2 = 1$ darstellt, d. h. es soll gelten:

$$E[x_j(i)\,x_j(i+\tau)] = \begin{cases} 0 & \text{für} \quad \tau \neq 0 \\ 1 & \text{für} \quad \tau = 0. \end{cases} \tag{3.48}$$

Außerdem wird

$$E[x_j(i)\,x_\mu(i+\tau)] = 0 \qquad \text{für} \qquad j \neq \mu \tag{3.49}$$

angenommen, d. h. die Kovarianzmatrix des Vektors $x(i)$ hat zu jedem Zeitpunkt i die Form

$$E[x(i)\,x^T(i)] = I_k, \tag{3.50}$$

I_k — Einheitsmatrix vom Typ k.

Bei den weiteren Ableitungen sind noch die vierten Momente der Verteilung für die Veränderlichen x_j erforderlich:

$$E[x_j^4] = \mu_j. \tag{3.51}$$

Hier soll angenommen werden, daß die Veränderlichen $x_1, \ldots, x_k$ gleiche vierte Momente aufweisen. Es soll also gelten:

$$\mu_1 = \mu_2 = \ldots = \mu_k = \mu. \tag{3.52}$$

Die Wahl der Kovarianzmatrix des Vektors $x(i)$ in Form einer Einheitsmatrix I_k stellt keine Beschränkung der Allgemeingültigkeit dar, weil es durch lineare Transformationen der Ausgangsveränderlichen immer möglich ist, die Kovarianzmatrix der Eingangsveränderlichen auf die Form (3.50) zu bringen (über orthogonale Transformation einer Kovarianzmatrix siehe [6, 55]). Die Wahl der Kovarianzmatrix des Vektors $x(i)$ in Form einer Einheitsmatrix führt jedoch zu einer wesentlichen Vereinfachung der folgenden Ableitungen.

Die Besonderheit des angenommenen Modells (3.47) besteht darin, daß es kein absolutes Glied enthält. Das bedeutet, daß die Größe des absoluten Gliedes zu jedem Zeitpunkt i bekannt ist und aus den zu beobachtenden Ergebnissen eliminiert wird. Prinzipiell ergeben sich auch für den Fall, daß alle Koeffizienten einschließlich des absoluten Gliedes zeitveränderlich sind, keine Schwierigkeiten; die Ableitungen werden aber wesentlich unübersichtlicher und umfangreicher, weshalb auf sie verzichtet werden soll.

Ferner wird angenommen, daß $B(i)$ einen k-dimensionalen stationären Zufallsprozeß darstellt, dessen Korrelationsfunktionen bekannt sind:

$$R_{ii}(\tau) = E\{[\beta_i(j) - e_{\beta_i}]\,[\beta_i(j + \tau) - e_{\beta_i}]\} = \sigma_{ii}^2 f_{ii}(\tau); \tag{3.53}$$

$$i = 1, 2, \ldots, k; \quad \tau = 0, 1, 2, \ldots$$

Durch e_{β_i} wird der Erwartungswert von β_i symbolisiert, dessen Kenntnis jedoch nicht unbedingt erforderlich ist. Außerdem wird vorausgesetzt:

$$\sigma_{ii}^2 < \infty \quad \text{und} \quad \lim_{\tau \to \infty} f_{ii}(\tau) = 0.$$

Das Zeitverhalten wird somit durch einen stationären Zufallsprozeß beschrieben, wobei die gesamte Ausgangsinformation in den Korrelationsfunktionen $R_{ii}(\tau)$; $i = 1, \ldots, k$ des Prozesses enthalten ist. Als Kriterium zur Festlegung des optimalen Wertes von γ im Algorithmus (3.46) dient der Erwartungswert für das Fehlerquadrat der Voraussage am Ausgang des Objekts zum Zeitpunkt $(n + \alpha)$ für gegen Unendlich strebende Werte von n. Somit stellt das Kriterium den Mittelwert für die Größe des Fehlerquadrates des berechneten Wertes der Ausgangsveränderlichen des Objekts unter stationären Verhältnissen bei der Anpassung dar. γ_{opt} läßt sich aus der Bedingung

$$\min_{\gamma} Q(\gamma) = \min_{\gamma} \lim_{n \to \infty} E\{[u(n + \alpha) - \hat{B}^T(n + \alpha)\, x(n + \alpha)]^2\} \tag{3.54}$$

ermitteln. Ebenso wie früher wird angenommen:

$$y(i) = u(i) + e(i). \tag{3.55}$$

$e(i)$ stellt eine Folge unabhängiger Zufallsgrößen mit einem Erwartungswert von Null und einer Dispersion σ^2 dar, die als bekannt angenommen wird:

$$E[e(i)\,e(j)] = \begin{cases} 0 & \text{für} \quad i \neq j \\ \sigma^2 & \text{für} \quad i = j. \end{cases} \tag{3.56}$$

Ferner wird vorausgesetzt, daß die Zufallsprozesse $x(i)$, $B(i)$ und $e(i)$ voneinander unabhängig sind, d. h. es gilt

$$\left.\begin{array}{l} E[x_j(i)\,\beta_\nu(\mu)] = E[x_j(i)]\,E[\beta_\nu(\mu)]; \\ E[x_j(i)\,e(\lambda)] = E[\beta_\nu(\mu)\,e(\lambda)] = 0; \\ \text{für } j, \nu = 1, 2, \ldots, k \text{ und beliebige } i, \mu, \lambda \end{array}\right\} \tag{3.57}$$

Unter diesen Voraussetzungen läßt sich ein Ausdruck für $Q(\gamma)$ für $\alpha > 0$ ermitteln. Zunächst erhält man durch Umformung von Gleichung (3.46)

$$\begin{aligned} \hat{B}(n + \alpha) &= \hat{B}(n + \alpha - 1) + \gamma x(n)\,\{[B(n) - \hat{B}(n + \alpha - 1)]^T\,x(n) + e(n)\} \\ &= \big(I_k - \gamma x(n)\,x^T(n)\big)\,\hat{B}(n + \alpha - 1) + \gamma x(n)\,x^T(n)\,B(n) + \gamma e(n)\,x(n). \end{aligned} \tag{3.58}$$

Mit Hilfe des Ausdrucks (3.58) läßt sich $\hat{B}(n + \alpha)$ durch die Anfangsschätzung $\hat{B}(\alpha)$ und die Werte von $x(i)$, $B(i)$ und $e(i)$ für $i = 1, 2, \ldots, n$ angeben:

$$\begin{aligned} \hat{B}(n + \alpha) = {} & \prod_{i=1}^{n} \big(I_k - \gamma x(i)\,x^T(i)\big)\,\hat{B}(\alpha) + \gamma \sum_{i=1}^{n} \prod_{j=i+1}^{n} \big(I_k - \gamma x(j)\,x^T(j)\big)\,x(i)\,x^T(i)\,B(i) \\ & + \gamma \sum_{i=1}^{n} e(i) \prod_{j=i+1}^{n} \big(I_k - \gamma x(j)\,x^T(j)\big)\,x(i). \end{aligned} \tag{3.59}$$

Unter Berücksichtigung der o. g. Voraussetzung über die Unabhängigkeit der Zufallsprozesse $x(i)$, $B(i)$ und $e(i)$ ergibt sich

$$E[\hat{B}(n + \alpha)] = (1 - \gamma)^n\,\hat{B}(\alpha) + E[B(n)]\,\gamma \sum_{i=1}^{n} (1 - \gamma)^{n-i}. \tag{3.60}$$

Aus Gleichung (3.60) folgt, daß für $|1 - \gamma| < 1$, d. h. für

$$0 < \gamma < 2, \tag{3.61}$$

$$\lim_{n\to\infty} E[\hat{B}(n + \alpha)] = E[B] \tag{3.62}$$

gilt.

Der Ausdruck für $Q(\gamma)$ lautet

$$\begin{aligned} Q(\gamma) &= \lim_{n\to\infty} E\{[u(n + \alpha) - \hat{B}^T(n + \alpha)\,x(n + \alpha)]^2\} \\ &= \lim_{n\to\infty} E\{[B(n + \alpha) - \hat{B}(n + \alpha)]^T\,x(n + \alpha)\,x^T(n + \alpha)\,[B(n + \alpha) \end{aligned}$$

$$- B(n + \alpha)]\} = \lim_{n\to\infty} E[\hat{B}^T(n + \alpha)\,\hat{B}(n + \alpha)] + \lim_{n\to\infty} E[B^T(n + \alpha)$$

$$\times B(n + \alpha)] - 2 \lim_{n\to\infty} E[B^T(n + \alpha)\,\hat{B}(n + \alpha)]. \tag{3.63}$$

Bei gegebener Kovarianzmatrix (3.50) und Korrelationsfunktion (3.53) und unter der Annahme der Unabhängigkeit der Prozesse $x(i)$, $B(i)$ und $e(i)$ ergibt sich unter Verwendung des Ausdruckes (3.59)

$$\lim_{n\to\infty} E[B^T(n + \alpha)\,\hat{B}(n + \alpha)] = \sum_{i=1}^{k} \left[\sigma_{ii}^2 \gamma \sum_{j=0}^{\infty} (1 - \gamma)^j f_{ii}(j + \alpha) + e_{\beta_i}^2\right]; \tag{3.64}$$

$$\lim_{n\to\infty} E[B^T(n + \alpha)\,B(n + \alpha)] = \sum_{i=1}^{k} (\sigma_{ii}^2 + e_{\beta_i}^2). \tag{3.65}$$

In Gleichung (3.63) ist nun noch der zweite Summand zu ermitteln. Dazu wird von der Schreibweise für $\hat{B}(n + \alpha)$ in der Form (3.46) ausgegangen. Unter Berücksichtigung der Gleichungen (3.50), (3.55) und der Voraussetzung über die Unabhängigkeit der Prozesse $x(i)$, $B(i)$ und $e(i)$ (3.57) erhält man durch Multiplikation

$$\begin{aligned} E[\hat{B}^T(n + \alpha)\,\hat{B}(n + \alpha)] = {} & E[\hat{B}^T(n + \alpha - 1)\,\hat{B}(n + \alpha - 1)] \\ & - \gamma(2 - \gamma\varrho)\,E[\hat{B}^T(n + \alpha - 1)\,\hat{B}(n + \alpha - 1)] \\ & + \gamma^2 \varrho E[B^T(n)\,B(n)] + 2\gamma(1 - \gamma\varrho)\,E[B^T(n) \\ & \times \hat{B}(n + \alpha - 1)] + k\sigma^2\gamma^2. \end{aligned} \tag{3.66}$$

In Gleichung (3.66) steht die Größe ϱ für folgenden Ausdruck:

$$\varrho = (k - 1) + \mu, \tag{3.67}$$

k — Anzahl der Eingangsveränderlichen;
μ — viertes Moment der Verteilung der Veränderlichen x_j, $j = 1, 2, \ldots, k$.

Die Größe ϱ ergibt sich aus folgendem Ausdruck:

$$E[x(n)\,x^T(n)\,x(n)\,x^T(n)] = [(k - 1) + \mu]\,I_k = \varrho I_k. \tag{3.68}$$

Von der Richtigkeit des Ausdruckes kann man sich leicht durch Ausmultiplizieren in der Art von Gleichung (3.50) überzeugen.

Da der Prozeß $B(n)$ stationär ist, muß auch der ihn widerspiegelnde Prozeß $\hat{B}(n)$ stationär sein. Für hinreichend große n (d. h. unter stationären Verhältnissen bei der Anpassung) gilt deshalb:

$$E[\hat{B}^T(n + \alpha)\,\hat{B}(n + \alpha)] = E[\hat{B}^T(n + \alpha - 1)\,\hat{B}(n + \alpha - 1). \tag{3.69}$$

Nicht alle γ-Werte führen zum Erreichen stationärer Verhältnisse bei der Anpassung [32], d. h. nicht für alle γ ist die Anpassung stabil. Wie bereits bewiesen wurde [48], ist die Anpassung im vorliegenden Fall für $\gamma < 2/\varrho$ stabil.

Unter Berücksichtigung der Gleichungen (3.66) und (3.69) ergibt sich

$$\lim_{n\to\infty} E[\hat{B}^T(n)\,\hat{B}(n)] = \frac{1}{2-\gamma\varrho}\left\{\gamma\sigma^2 k + \gamma\varrho \lim_{n\to\infty} E[B^T(n)\,B(n)] + 2(1-\gamma\varrho)\lim_{n\to\infty} E[B^T(n)\,\hat{B}(n-1)]\right\}. \quad (3.70)$$

Durch Einsetzen der Ausdrücke (3.64) und (3.65) in die Gleichungen (3.70) und (3.63) erhält man durch einfache algebraische Umformungen folgendes Endergebnis:

$$Q(\gamma) = \frac{2}{2-\gamma\varrho}\left[\sum_{i=1}^{k}\sigma_{ii}^2 + \gamma(1-\gamma\varrho)\sum_{i=1}^{k}\sigma_{ii}^2\sum_{j=0}^{\infty}(1-\gamma)^j f_{ii}(j+1) - \gamma(2-\gamma\varrho)\sum_{i=1}^{k}\sigma_{ii}^2\sum_{j=0}^{\infty}(1-\gamma)^j f_{ii}(j+\alpha)\right] + \frac{\gamma k\sigma^2}{2-\gamma\varrho}. \quad (3.71)$$

Zum Auffinden von γ_{opt} ist das Minimum der Funktion (3.71) nach γ zu ermitteln. Es sei bemerkt, daß die Größe des mittleren Fehlerquadrates $Q(\gamma)$ nicht vom Erwartungswert des Koeffizientenvektors $E[B]$ des Modells abhängig ist. Die Erklärung hierfür ist die, daß für den Prozeß $\hat{B}(i)$ die Bedingung (3.62) erfüllt wird, d. h. der Erwartungswert des Vektors $\hat{B}$ ist gleich dem des Vektors B.

Aus Gleichung (3.71) ergibt sich für den Fall fehlender Drift (d. h. die Koeffizienten B sind konstant und für $i = 1, 2, \ldots, k$ gilt $\sigma_{ii}^2 = 0$) für γ ein optimaler Wert von $\gamma_{\text{opt}} = 0$. Dieses Ergebnis wird verständlich, wenn man bedenkt, daß $Q(\gamma)$ den Fehler unter stationären Verhältnissen bei der Anpassung charakterisiert. Bei einer gegen Unendlich strebenden Anzahl von Versuchen und fehlender Zeitveränderlichkeit sind die Schätzwerte für die Koeffizienten gleich ihren wahren Werten, so daß es keine Änderungen gibt (d. h. es muß $\gamma = 0$ gelten). γ_{opt} kann auch für einen anderen Fall den Wert Null annehmen, und zwar bei wachsendem n und einer rasch abklingenden Korrelationsfunktion des Prozesses $B(i)$, so daß $R_{jj}(\tau) = 0$ für $\tau \geqq 1$ ($j = 1, 2, \ldots, k$) gilt. In diesem Falle enthalten die alten Beobachtungen keinerlei Information über die Werte der Koeffizienten des Modells für die folgenden Zeitpunkte. Hier erhält man durch Mittelwertbildung der Koeffizienten die besten Prognosewerte.

Im folgenden wird ein Ausdruck für das mittlere Fehlerquadrat der vorausberechneten Werte ($\alpha > 0$) abgeleitet, wobei für die Korrelationsfunktionen $R_{11}(\tau) = R_{22}(\tau) = \ldots = R_{kk}(\tau) = \sigma_\beta{}^2 e^{-\lambda\tau}$ mit $\lambda > 0$ gelten soll.

γ wird mit $\gamma < 2/\varrho$ angenommen. Da die Größe ϱ immer größer als Eins ist, wird bei dieser Annahme für γ stets die Bedingung (3.61) erfüllt. Die in Gleichung (3.71) eingehenden unendlichen Summen lassen sich über einfache Ausdrücke für geometrische Reihen wie folgt angeben:

$$\sum_{j=0}^{\infty} (1-\gamma)^j e^{-\lambda(j+\alpha)} = e^{-\lambda\alpha} \frac{1}{1-e^{-\lambda}(1-\gamma)}. \tag{3.72}$$

Durch einfache algebraische Umformungen ergibt sich

$$Q(\gamma) = k\left\{2\sigma_\beta^2 \left[\frac{1-e^{-\lambda}}{(2-\gamma\varrho)\,[1-e^{-\lambda}\,(1-\gamma)]} + \frac{\gamma(e^{-\lambda}-e^{-\alpha\lambda})}{1-e^{-\lambda}(1-\gamma)}\right] + \frac{\gamma\sigma^2}{2-\gamma\varrho}\right\}. \tag{3.73}$$

Für $\frac{\gamma}{2/\varrho}$ wird

$$\gamma' = \frac{\gamma}{2/\varrho} \tag{3.74}$$

gesetzt.

Abb. 3.6 zeigt die Kurven $Q(\gamma')/k\sigma_\beta^2$ als Funktion von γ' für $\alpha = 1$ und den Fall, daß die x_j ($j = 1, 2, \ldots, k$) äquidistant über den Bereich von $-\sqrt{3}$ bis $+\sqrt{3}$ verteilt sind. Wie auch aus dem Beispiel 3-3 hervorgeht, ergibt sich $\sigma_{x_j}^2 = 1$ und $\mu_j = 1{,}8$. Die in Abb. 3.6 gezeigten Kurven gelten für verschiedene Werte von k und λ und verschiedene Verhältnisse σ^2/σ_β^2.

Eine Analyse der Gleichung (3.73) läßt folgende praktisch wichtige Schlußfolgerungen für die Wahl von γ'_{opt} zu:

1. Der maximale Wert von γ'_{opt} wird für $\sigma^2 = 0$ und $\alpha = 1$ erreicht:

$$(\gamma'_{\text{opt}})^* = 0{,}5 - \frac{\varrho(1-e^{-\lambda})}{4e^{-\lambda}}. \tag{3.75}$$

Aus Gleichung (3.75) ergibt sich

$$0 < \gamma'_{\text{opt}} < 0{,}5. \tag{3.76}$$

2. Für $\sigma^2 < \sigma_\beta^2$ und eine hinreichend langsame Änderung von $B(n)$, d. h. bei kleinen λ, ist die Funktion $Q(\gamma')$ in der Umgebung von γ'_{opt} kaum Änderungen unterworfen (Kurven 1 bis 3). Ohne großen Genauigkeitsverlust läßt sich deshalb für γ'_{opt} unabhängig von den konkreten Werten für k und λ der Wert

$$\gamma'_{\text{opt}} \approx 0{,}25$$

angeben.

3. Eine Vergrößerung von σ^2 führt zu einer Verringerung von γ'_{opt}; für $\sigma^2 \gg \sigma_\beta^2$ ist der Extremalcharakter der Funktion $Q(\gamma')$ stärker ausgebildet (Kurve 5).

Beispiel 3-3:

Das Modell für das Objekt hat die in Abb. 3.7 gezeigte Form. Für den Meßwert am Objektausgang zum Zeitpunkt i gilt

$$y(i) = u(i) + e(i) = \beta(i)\, x(i) + e(i), \tag{3.77}$$

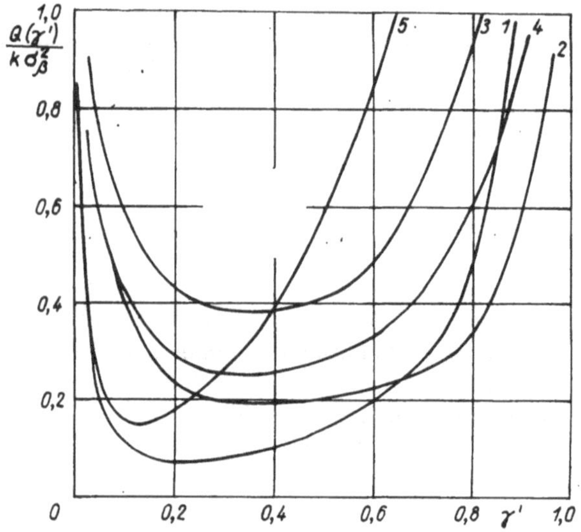

Abb. 3.6. Abhängigkeit des mittleren Fehlerquadrates bei der Berechnung von der Größe des Korrekturschrittes für $\alpha = 1$

1 — $k = 1$; $\lambda = 0{,}01$; $\sigma^2/\sigma\beta^2 = 0{,}2$;
2 — $k = 10$; $\lambda = 0{,}01$; $\sigma^2/\sigma\beta^2 = 0{,}2$;
3 — $k = 1$; $\lambda = 0{,}1$; $\sigma^2/\sigma\beta^2 = 0{,}2$;
4 — $k = 10$; $\lambda = 0{,}01$; $\sigma^2/\sigma\beta^2 = 1$;
5 — $k = 1$; $\lambda = 0{,}01$; $\sigma^2/\sigma\beta^2 = 1$.

Ferner gilt

$$\left.\begin{aligned} R_\beta(\tau) &= e^{-0{,}01\tau};\\ E[e(i)] &= 0;\\ E[e^2(i)] &= \sigma^2 = 1;\\ E[x(i)\, x(j)] &= 0 \quad \text{für} \quad i \neq j. \end{aligned}\right\} \tag{3.78}$$

Die x-Werte sollen äquidistant über den Bereich von $-\sqrt{3}$ bis $+\sqrt{3}$

verteilt sein. Man erhält

$$\left.\begin{aligned}
&E[x(i)] = 0;\\
&\sigma_x^2 = \frac{1}{2\sqrt{3}} \int\limits_{-\sqrt{3}}^{+\sqrt{3}} x^2\,dx = 1;\\
&E[x^4] = \frac{1}{2\sqrt{3}} \int\limits_{-\sqrt{3}}^{+\sqrt{3}} x^4\,dx = 1{,}8;\\
&\varrho = (k-1) + \mu = 1{,}8.
\end{aligned}\right\} \tag{3.79}$$

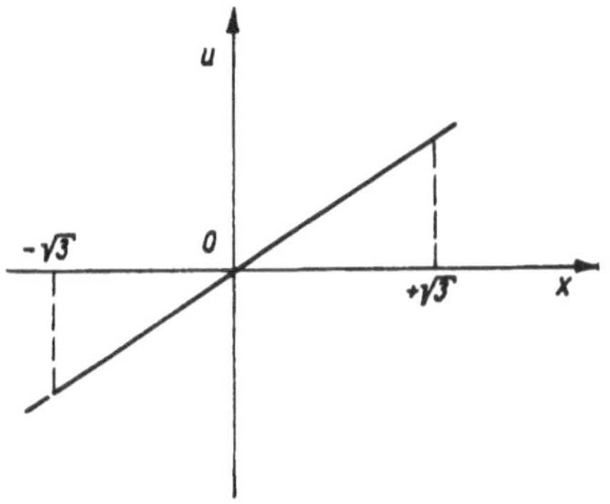

Abb. 3.7. Modell des Objekts für das **Beispiel 3-3**

Es gilt, den Wert des Parameters γ des Algorithmus (3.46) zu ermitteln, der eine minimale Größe des mittleren Fehlerquadrates der berechneten Werte am Objektausgang für einen Schritt (d. h. für $\alpha = 1$) gewährleistet. Im vorliegenden Fall hat der Ausdruck für $Q(\gamma)$ folgendes Aussehen:

$$Q(\gamma) = \frac{2(1 - e^{-0{,}01})}{(2 - 1{,}8\gamma)\,[1 - e^{-0{,}01}(1 - \gamma)]} + \frac{\gamma}{2 - 1{,}8\gamma}. \tag{3.80}$$

Dieses Beispiel entspricht der Kurve 5 in Abb. 3.6. An Hand der Abbildung ergibt sich

$$\gamma'_{\text{opt}} = \frac{\gamma_{\text{opt}}}{2/\varrho} = \frac{1{,}8\gamma_{\text{opt}}}{2} \approx 0{,}1,$$

woraus

$$\gamma_{opt} \approx 0{,}111$$

folgt.

Der rekursive Algorithmus zur Berechnung des Prozesses $\beta(i)$ für einen Schritt lautet im vorliegenden Falle

$$\hat{\beta}(i+1) = \hat{\beta}(i) + 0{,}111 x(i) \left[y(i) - \hat{\beta}(i)\, x(i)\right]. \tag{3.81}$$

Das mittlere Fehlerquadrat der berechneten Werte für den Ausgang des Objekts beträgt

$$Q(\gamma_{opt}) = 0{,}17. \tag{3.82}$$

4. Stückweise-lineare Approximation der Drift von Objekten

Greift man bei der mathematischen Modellierung auf Versuchswerte zurück, so stellt das Modell häufig ein Polynom der Eingangsveränderlichen x dar. Dabei ist die Wahl von Form und Grad des Polynoms, mit dessen Hilfe eine hinreichend genaue Approximation über den gesamten Variationsbereich von x vorgenommen werden soll, nicht immer einfach.

In solchen Fällen findet die abschnittsweise [45] oder die stückweise Approximation [39] Anwendung. Hier soll nur auf die stückweise-lineare Approximation bei der mathematischen Modellierung langzeitveränderlicher Objekte eingegangen werden. Die Lösung ähnlicher Aufgaben unter Zuhilfenahme der abschnittsweisen Approximation wird in [44, 46] beschrieben.

4.1. Beschreibung der Methode der stückweise-linearen Approximation

Bei der stückweise-linearen Approximation wird der Variationsbereich der Eingangsveränderlichen in Unterbereiche aufgeteilt. Für jeden Unterbereich erfolgt eine mathematische Beschreibung in Form eines linearen Polynoms der Eingangsveränderlichen unter Zuhilfenahme der für den betreffenden Unterbereich vorliegenden Werte. Die wichtigste Voraussetzung für die Anwendung dieser Methode besteht in der Möglichkeit einer hinreichend guten Darstellung der gesuchten Abhängigkeit komplizierter Art durch eine Anzahl relativ einfacher (im vorliegenden Fall linearer) Funktionen der Eingangsveränderlichen. Diese Feststellung wird durch die Abb. 4.1 bestätigt. Die wahre Prozeßcharakteristik des Objekts (Kurve 1) wird hier durch drei Geradenabschnitte (Abschnitte 2, 3, 4) dargestellt, die die Kurve 1 in den entsprechenden Wertebereichen von x approximieren. Eine derartige Approximation bezeichnet man als stückweise-lineare Approximation. Bei der abschnittsweisen Approximation wird die Ausgangsveränderliche u als konstant angenommen (Abschnitte 2′, 3′ und 4′).

Wird die Approximation der Charakteristik des Objekts für alle Unterbereiche linear oder abschnittsweise durchgeführt, so läßt sich jede Art der Aufteilung des Variationsbereiches von x in Unterbereiche durch eine gewisse Kenngröße, die Aussagen über die Genauigkeit der Anpassung an die zeitveränderlichen Koeffizienten des Modells macht, charakterisieren. Diese Kenngröße erreicht bei einer ganz bestimmten Art der Aufteilung des Variationsbereiches von x einen maximalen Wert.

Eine Vergrößerung der Unterbereiche führt zu einer Zunahme des Fehlers bei der Anpassung, weil das Modell bei der gewählten Art der Approximation die wahren Abhängigkeiten nicht über den gesamten Unterbereich adäquat beschreibt. Andererseits führt eine Verringerung der Abmessungen der Unterbereiche zu einer Zunahme ihrer Anzahl. Eine Korrektur der mathematischen

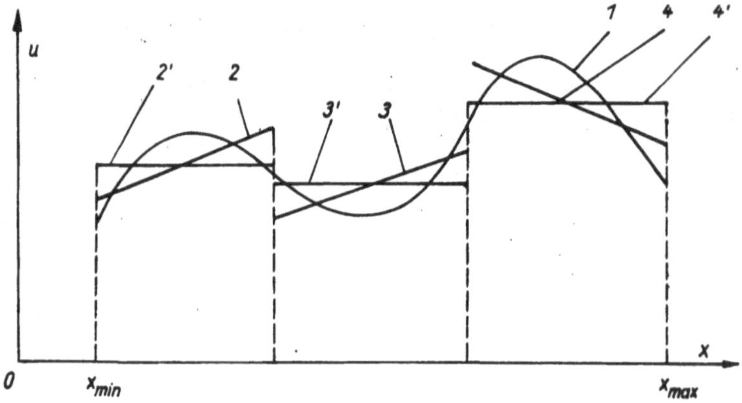

Abb. 4.1. Stückweise-lineare Approximation der Charakteristik eines Objekts

Beschreibung für jeden Unterbereich erfolgt dann weniger oft, wodurch die Güte der Anpassung an das Zeitverhalten des Objekts leidet. Deshalb gibt es für jede konkrete Aufgabe eine beste Art der Aufteilung in Unterbereiche. In einigen praktischen Fällen nimmt man die Unterteilung des Variationsbereiches von x zweckmäßigerweise nach technologischen Gesichtspunkten vor. Hier werden nur Beispiele angeführt, bei denen die Art der Unterteilung bereits vorher festgelegt wurde.

Der Variationsbereich von x soll auf eine bestimmte Weise in m Unterbereiche $\omega_1, \omega_2, \ldots, \omega_m$ aufgeteilt worden sein. Nun wird ein System von Funktionen $\varphi_j(x)$ eingeführt, das wie folgt definiert ist:

$$\varphi_j(x) = \begin{cases} 1 & \text{für} \quad x \in \omega_j \\ 0 & \text{für} \quad x \notin \omega_j, \end{cases} \tag{4.1}$$

$$j = 1, 2, \ldots, m.$$

Das System von Funktionen (4.1) ist orthonormiert, da

$$\varphi_j(x)\, \varphi_\mu(x) = \begin{cases} 1 & \text{für} \quad j = \mu \\ 0 & \text{für} \quad j \neq \mu \end{cases} \tag{4.2}$$

gilt.

Über das System von Funktionen $\varphi_j(x)$ läßt sich unter Anwendung der stückweise-linearen Approximation in kompakter Form ein Ausdruck für das Modell des Objekts angeben. Für den j-ten Unterbereich wird folgende Form des Modells angenommen:

$$u(i) = B^{(j)T}(i)\, x(i) \qquad \text{für} \qquad x(i) \in \omega_j\,; \qquad j = 1, 2, \ldots, m. \tag{4.3}$$

Die gesamte Charakteristik des Objekts läßt sich dann folgendermaßen angeben:

$$u(i) = \sum_{j=1}^{m} B^{(j)T}(i)\, x(i)\, \varphi_j\big(x(i)\big), \tag{4.4}$$

$\varphi_j(x(i))$, $j = 1, 2, \ldots, m$ — System von Funktionen, das sich aus Gleichung (4.1) ergibt.

In diesem Kapitel werden Methoden zur Ermittlung der laufenden Werte der Koeffizienten des Modells behandelt, dessen Form der des Ausdrucks (4.4) entspricht. Diese hier formulierte Aufgabenstellung unterscheidet sich nicht von der im Abschnitt 3.1. beschriebenen. Es wird ebenso angenommen, daß die Koeffizienten $B^{(j)}(i)$ zeitlich veränderlich sind, wobei die Werte der Koeffizienten $B^{(j)}(i)$ keinerlei zusätzlichen Beschränkungen, die sich aus der Forderung nach Stetigkeit der Objektcharakteristik ergeben könnten, unterworfen sind.

Bei der Lösung wird auf die im Abschnitt 3.1. angegebene Methodik zurückgegriffen. Die Struktur des Lösungsalgorithmus für die einzelnen Unterbereiche ω_j wird in Form rekursiver Beziehungen vom Typ (3.5) gewählt. Zur Gewährleistung optimaler Eigenschaften des gewählten Algorithmus werden die Schätzwerte der Parameter γ_j, $j = 1, 2, \ldots, m$ unter der Bedingung einer maximalen Anpassungsgenauigkeit an die wahren Werte am Objektausgang ermittelt. Auf den folgenden Seiten wird eine Methode zur Schätzung der Parameter $\gamma_1, \ldots, \gamma_m$ (die Gesamtheit dieser Parameter soll durch den Vektor γ gekennzeichnet werden) auf der Grundlage einer endlichen Stichprobe von Beobachtungen beschrieben, wobei man bei bekannten Korrelationsfunktionen der zufällig zeitveränderlichen Koeffizienten des Modells und einer vorgegebenen Fehlerdispersion σ^2 für den Algorithmus einen analytischen Ausdruck erhält.

4.2. *Schätzung der Parameter des Algorithmus auf der Grundlage einer endlichen Stichprobe von Beobachtungen*

Durch Versuche soll eine Stichprobe von Beobachtungen des Objektein- und -ausgangs zu äquidistanten Zeitpunkten $1, 2, \ldots, n$ gewonnen worden sein. Auf der Grundlage dieser Stichprobe sollen die Werte der Koeffizienten des Modells für das Objekt, das in der Form (4.4) vorliegt, zum Zeitpunkt $(n + \alpha)$ mit $\alpha > 0$ geschätzt werden.

Die Lösung für einen beliebigen Unterbereich ω_j mit vorgegebener Unterteilung des Variationsbereiches von x basiert auf der Anwendung eines rekursiven Algorithmus der Art (3.40), der sich für den vorliegenden Fall folgendermaßen umformen läßt:

$$\hat{B}^{(j)}(i) = \begin{cases} \hat{B}^{(j)}(i-1) & \text{für} \quad x(i-\alpha) \notin \omega_j \\ \hat{B}^{(j)}(i-1) + \dfrac{x(i-\alpha)}{x^T(i-\alpha)\,x(i-\alpha)+\gamma_j} & \\ \times [y(i-\alpha) - \hat{B}^{(j)T}(i-1)\,x(i-\alpha)] & \text{für}\; x(i-\alpha) \in \omega_j . \end{cases} \tag{4.5}$$

Die an Hand der vorhandenen Stichprobe zu schätzenden Parameter des Algorithmus sind hier $(\gamma_1, \gamma_2, \ldots, \gamma_m) = \mathfrak{G}$.

Die Schätzung der Parameter des Algorithmus erfolgt durch das Kriterium (3.42), das hier wie folgt modifiziert wird:

$$\min_{\gamma} S_\alpha(\gamma) = \min_{\gamma} \sum_{\mu=\alpha}^{n} \left[y(\mu) - \sum_{j=1}^{m} \hat{B}^{(j)T}(\mu)\; x(\mu)\; \varphi_j\big(x(\mu)\big) \right]^2 , \tag{4.6}$$

$\varphi_j(x(\mu))$ — System orthonormierter Funktionen (4.1), das durch die vorgegebene Unterteilung des Variationsbereiches von x bestimmt ist;

$\hat{B}^{(j)}(\mu)$ — Schätzwert des Koeffizientenvektors für den Unterbereich ω_j, der nach dem Algorithmus (4.5) berechnet wird.

Durch Umformen der rechten Seite des Ausdrucks (4.6) erhält man unter Berücksichtigung, daß es sich bei $\varphi_j(x)$ um orthonormierte Funktionen handelt, folgendes Ergebnis:

$$S_\alpha(\mathfrak{G}) = \sum_{j=1}^{m} S_\alpha(\gamma_j) . \tag{4.7}$$

Hierin bedeutet

$$S_\alpha(\gamma_j) = \sum_{\mu=\alpha}^{n} [y(\mu) - \hat{B}^{(j)T}(\mu)\, x(\mu)]^2\, \varphi_j\big(x(\mu)\big) . \tag{4.8}$$

Die Berechnung der Schätzung $\mathfrak{G}_{\text{opt}}$ bei vorgegebener Unterteilung des Variationsbereiches von x wird somit auf m voneinander unabhängige Berechnungen von $\hat{\gamma}_{j\,\text{opt}}$ für jeden Unterbereich ω_j zurückgeführt. Der Lösungsalgorithmus für derartige Probleme wurde bereits im Abschnitt 3.4. beschrieben.

4.3. Optimale Wahl der Parameter des Algorithmus bei bekannten Korrelationsfunktionen der zeitveränderlichen Koeffizienten

Hier wird ein dem im Abschnitt 3.5. analoges Lösungsverfahren für den Fall betrachtet, daß das Modell des Objekts durch eine Anzahl linearer Flächen (4.4) dargestellt wird. Vorausgesetzt wird, daß die Unterteilung des Variationsbereiches für den Vektor der Variablen x bereits vorgegeben ist. Unter dieser Voraussetzung sollen die besten Werte der Parameter des Algorithmus ermittelt werden. Innerhalb jedes Unterbereiches wird die Approximation in Form eines linearen Polynoms vorgenommen; als Lösungsalgorithmus soll die Gleichung (3.46) dienen. In der Literatur [46] ist die Lösung eines ähnlichen Problems angeführt; die Approximation erfolgt hier jedoch über Treppenfunktionen, während die Unterteilung bis auf den Wert eines gewissen Parameters (die Schrittgröße bei gleichmäßiger Unterteilung des Bereiches von x) vorgegeben ist. Dieser Parameter in [46] ist ebenso wie $\mathfrak{G}$ ein Parameter des Algorithmus und bedarf einer Anpassung.

Der Variationsbereich der Eingangsveränderlichen x soll in m Unterbereiche ω_j unterteilt werden, während das Modell des Objekts durch folgenden Ausdruck dargestellt wird:

$$u(n) = \sum_{j=1}^{m} B^{(j)T}(n) \left(x(n) - \bar{x}^{(j)}\right) \varphi_j\left(x(n)\right), \tag{4.9}$$

n — diskrete Zeitpunkte zur Informationsentnahme am Ein- und Ausgang des Objekts:

$$\varphi_j\left(x(n)\right) = \begin{cases} 1 & \text{für } x(n) \in \omega_j, \\ 0 & \text{für } x(n) \notin \omega_j; \end{cases}$$

$\bar{x}^{(j)}$ — Mittelwert des Vektors x für den Unterbereich ω_j, der nach folgender Gleichung bestimmt wird:

$$\bar{x}^{(j)} = E\left[\frac{x}{x \in \omega_j}\right]. \tag{4.10}$$

Im allgemeinen Fall sollte die Modellapproximation des Objekts für jeden Unterbereich ω_j noch ein absolutes Glied d_j (oder eine konstante Komponente) enthalten. Um die Ableitung nicht zu kompliziert zu gestalten, wird ebenso wie im Abschnitt 3.5. angenommen, daß der Wert des absoluten Gliedes für jeden Unterbereich bekannt ist und keinen zeitlichen Änderungen unterliegt. Die zur mathematischen Modellierung erforderlichen Werte $y(n)$ betragen dann

$$y(n) = \sum_{j=1}^{m} \left(y'(n) - d_j\right) \varphi_j\left(x(n)\right), \tag{4.11}$$

$y'(n)$ — gemessener Wert am Objektausgang;
d_j — bekannter Wert des absoluten Gliedes für den Unterbereich ω_j, $j = 1, 2, \ldots, m$.

Zu jedem Zeitpunkt i soll das Ereignis $x(i) \in \omega_j$ mit einer Wahrscheinlichkeit q_j auftreten, wobei $j = 1, 2, \ldots, m$ und q_j unabhängig vom Zeitpunkt i sind.

Es wird nun der Prozeß $x^{(j)}(n)$ untersucht, der sich durch Zentrierung (Subtraktion von $\bar{x}^{(j)}$) und Beseitigung der Zeitintervalle ergibt, in denen $x(i)$ nicht zum Unterbereich ω_j gehört, d. h. wenn $x(i) \notin \omega_j$ gilt. Diese Transformation wird in Abb. 4.2 für einen eindimensionalen Vektor $x(i)$ verdeutlicht: 1 — Realisierung des Prozesses $x(i)$; ω_j — Variationsintervall von x für den j-ten Unterbereich; 2 — Prozeß $x^{(j)}(n)$, der aus $x(i)$ durch Elimination der Zeitintervalle für $x(i) \notin \omega_j$ und Zentrierung [Subtraktion von $\bar{x}^{(j)}$, dem Erwartungswert des Prozesses $x^{(j)}(n)$] gewonnen wurde.

Für den Prozeß $x^{(j)}(n)$ sollen die gleichen Annahmen wie auch für den im Abschnitt 3.5. beschriebenen Prozeß $x(n)$ Gültigkeit besitzen. Ferner wird angenommen, daß der Erwartungswert $E[x^{(j)}(n)] = 0$ betragen soll und daß die Folge der Werte $x_\nu^{(j)}(n)$ unabhängig ist. Es gilt somit

$$E[x_\nu^{(j)}(n)\, x_\nu^{(j)}(n + \tau)] = 0 \tag{4.12}$$

für $\tau \neq 0$ und $\nu = 1, 2, \ldots, k;\quad j = 1, 2, \ldots, m.$

Die Kovarianzmatrix des Vektors $x^{(j)}$ zu einem beliebigen Zeitpunkt n hat die Form

$$E\left[x^{(j)}(n)\left(x^{(j)}(n)\right)^T\right] = I_k, \tag{4.13}$$

I_k — Einheitsmatrix vom Typ k; $j = 1, 2, \ldots, m.$

Die vierten Momente der Verteilung der Veränderlichen $x^{(j)}$ werden als gleich angenommen.

$$E[(x_\nu^j)^4] = \mu_j \qquad \text{für} \qquad \nu = 1, 2, \ldots, k. \tag{4.14}$$

$B^{(j)}(i)$ soll ein k-dimensionaler stationärer Zufallsprozeß sein, wobei die Korrelationsfunktionen bekannt sind:

$$R_{ii}^{(j)}(\tau) = (\sigma_{ii}^{(j)})^2\, f_{ii}^{(j)}(\tau), \tag{4.15}$$

$$(\sigma_{\mu\nu}^{(j)})^2 < \infty; \quad \lim_{|\tau|\to\infty} |f_{ii}^{(j)}(\tau)| = 0; \quad i = 1, 2, \ldots, k; \quad j = 1, 2, \ldots, m.$$

Für den Meßwert am Ausgang des Objekts zum Zeitpunkt n wird

$$y(n) = u(n) + e(n) \tag{4.16}$$

angenommen, wobei $e(n)$ eine Folge unabhängiger Zufallsgrößen mit einem Erwartungswert von Null und einer bekannten Dispersion σ^2 darstellt. Ebenso wie in Abschnitt 3.5. sollen die Zufallsprozesse $x^{(j)}(n)$, $B^{(j)}(n)$ $(j = 1, 2, \ldots, m)$ und $e(n)$ unabhängig sein.

Zur Vorausberechnung der Koeffizientenwerte des Modells dient ein Algorithmus der Form (3.46), der sich bei stückweise-linearer Approximation

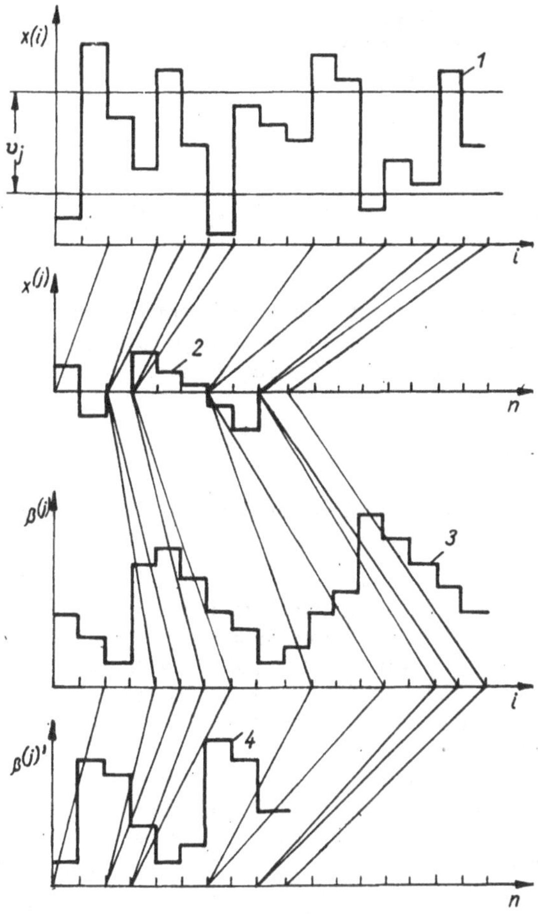

Abb. 4.2. Schema zur Transformation der Prozesse $x(i)$ und $\beta^{(j)}(i)$

folgendermaßen angeben läßt:

$$\hat{B}^{(j)}(n+\alpha+1) = \begin{cases} \hat{B}^{(j)}(n+\alpha) \quad \text{für} \quad x(n+1) \notin \omega_j \\ \hat{B}^{(j)}(n+\alpha) + \gamma_j x(n+1) \left[y(n+1) - x^T(n+1)\,\hat{B}^{(j)}(n+\alpha)\right] \\ \text{für} \quad x(n+1) \in \omega_j. \end{cases} \tag{4.17}$$

Ausdruck (4.17) gilt für den j-ten Unterbereich. Analoge Ausdrücke lassen sich für beliebige Unterbereiche $j = 1, 2, \ldots, m$ angeben.

Es ist der Wert des Vektors $\mathfrak{G}$ mit den Koordinaten $\gamma_1, \ldots, \gamma_m$ zu ermitteln, der ein Minimum des mittleren Fehlerquadrates der berechneten Werte bei stationärer Anpassung gewährleistet:

$$\min_{\mathfrak{G}} Q(\mathfrak{G}) = \min_{\mathfrak{G}} \lim_{n\to\infty} E\left\{\left[u(n) - \sum_{j=1}^{m} B^{(j)T}(n)\left(x(n) - \bar{x}^{(j)}\right)\varphi_j\big(x(n)\big)\right]^2\right\}$$
$$= \min_{\mathfrak{G}} \lim_{n\to\infty} E\left\{\sum_{j=1}^{m} \varphi_j\big(x(n)\big)\left[u(n) - \hat{B}^{(j)T}\big(x(n) - \bar{x}^{(j)}\big)\right]^2\right\}. \tag{4.18}$$

Weil zu einem beliebigen Zeitpunkt immer nur ein Glied der Summe in Gleichung (4.18) einen von Null verschiedenen Wert annimmt ($\varphi_j = 1$ tritt mit einer Wahrscheinlichkeit q_j ein), läßt sich Ausdruck (4.18) in folgender Form darstellen:

$$\min_{\mathfrak{G}} Q(\mathfrak{G}) = \min_{\mathfrak{G}} \sum_{j=1} q_j Q_j(\gamma_j), \tag{4.19}$$

$Q_j(\gamma_j)$ — mittleres Fehlerquadrat der berechneten Werte am Objektausgang für den Unterbereich ω_j.

Zur Ermittlung eines Ausdruckes für $Q_j(\gamma_j)$ wird auf Gleichung (3.71) zurückgegriffen. Das ist möglich, wenn man die Berechnung des mittleren Fehlerquadrates der berechneten Werte für den Objektausgang für den j-ten Unterbereich vorläufig auf die in Abschnitt 3.5. behandelte Aufgabenstellung zurückführt. Eine Änderung des Vektors für die Koeffizientenschätzungen $\hat{B}^{(j)}(i)$ für den Unterbereich ω_j vollzieht sich dem Algorithmus (4.17) entsprechend nur zu solchen Zeitpunkten i, für die $x(i) \in \omega_j$ gilt. Darin unterscheidet er sich vom Algorithmus (3.46), für den Gleichung (3.71) abgeleitet wurde. Für den Unterbereich ω_j erfolgen also zu gewissen Zeitpunkten keine Änderungen der Schätzungen; diese Zeitpunkte werden quasi „ausgelassen". Infolge dieser „Auslassungen" ergibt sich eine Folge von Werten $B^{(j)\prime}(n)$, die nur für Zeitpunkte i, zu denen eine Änderung der Schätzungen $\hat{B}^{(j)}$ erfolgt, bestimmt werden. Sie unterscheidet sich von der Folge $B^{(j)}(i)$, für die die Korrelationsfunktion $R_{ii}^{(j)}(\tau)$; $i = 1, 2, \ldots, k$ ermittelt wurde, weshalb man bei der Berechnung von $Q_j(\gamma_j)$ nach Gleichung (3.71) von der Korrelationsfunktion des Prozesses $B^{(j)\prime}(n)$ ausgehen muß.

Es soll nun auf den Mechanismus der Bildung des Prozesses $B^{(j)\prime}(n)$ und die Methodik zur Berechnung der Korrelationsfunktionen $R_{ii}^{(j)\prime}(\tau)$ eingegangen werden. Dies erfolgt an Hand der Abbildung 4.2. Der Prozeß 4 ergibt sich aus dem Prozeß $3\beta^{(j)}(i)$ durch Elimination der Zeitintervalle, für die $x(i) \notin \omega_j$ gilt. Nimmt man die Korrelationsfunktion $R^{(j)}(\tau)$ des Prozesses $\beta^{(j)}(i)$ als bekannt an, so ist die Korrelationsfunktion $R^{(j)\prime}(\tau)$ des Prozesses $\beta^{(j)\prime}(n)$ zu bestimmen, wenn bekannt ist, daß die Wahrscheinlichkeit des Ereignisses $x(i) \notin \omega_j$ zu jedem Zeitpunkt iq_j beträgt.

Dieses Problem läßt sich wie folgt lösen [46]: Ist $\beta^{(j)\prime}(n) = \beta^{(j)}(i)$, so muß $\beta^{(j)\prime}(n + \tau) = \beta^{(j)}(i + \tau + \theta)$ gelten (θ — Zufallsgröße). Somit ist

$$\beta^{(j)\prime}(n)\, \beta^{(j)\prime}(n + \tau) = \beta^{(j)}(i)\, \beta^{(j)}(i + \tau + \theta). \tag{4.20}$$

Durch Mittelung über die Menge der Realisierungen der Folge x von (4.20) erhält man (eine Mittelung über x wird durch E_x symbolisiert):

$$E_x[\beta^{(j)\prime}(n)\, \beta^{(j)\prime}(n + \tau)] = \sum_{\theta=0}^{\infty} P_j(\theta, \tau)\, \beta^{(j)}(i)\, \beta^{(j)}(i + \tau + \theta). \tag{4.21}$$

$P_j(\theta, \tau)$ stellt die Wahrscheinlichkeit dafür dar, daß x im Intervall $[\tau + \theta]$ genau τ-mal in den betrachteten Bereich ω_j fällt, wobei zum $(i + \tau + \theta)$-ten Zeitpunkt x ebenfalls in diesen Bereich fällt. Durch Mittelung der Gleichung (4.21) über die Menge der Realisierungen des Prozesses $\beta^{(j)}(i)$ ergibt sich

$$\begin{aligned} E_{\beta^{(j)}} E_x[\beta^{(j)\prime}(n)\, \beta^{(j)\prime}(n + \tau) &= E[\beta^{(j)\prime}(n)\, \beta^{(j)\prime}(n + \tau)] \\ &= \sum_{\theta=0}^{\infty} P_j(\theta, \tau)\, E[\beta^{(j)}(i)\, \beta^{(j)}(i + \tau + \theta)] \\ &= \sum_{\theta=0}^{\infty} P_j(\theta, \tau)\, R^{(j)}(\tau + \theta) + (e^{(j)})^2, \end{aligned} \tag{4.22}$$

$R^{(j)}(\tau)$ — Korrelationsfunktion des Prozesses $\beta^{(j)}(i)$;
$e^{(j)}$ — Erwartungswert des Prozesses $\beta^{(j)}(i)$.

Da

$$E[\beta^{(j)\prime}(n + \tau)] = E\left[\sum_{\theta=0}^{\infty} P_j(\theta, \tau)\, \beta^{(j)}(i + \tau + \theta)\right] = e^{(j)} \tag{4.23}$$

gilt, folgt aus Gleichung (4.22)

$$R^{(j)\prime}(\tau) = \sum_{\theta=0}^{\infty} P_j(\theta, \tau)\, R^{(j)}(\tau + \theta). \tag{4.24}$$

Beträgt die Wahrscheinlichkeit des Ereignisses $x \in \omega_j$ zu jedem beliebigen Zeitpunkt q_j, so läßt sich der Wert $P_j(\tau, \theta)$ folgendermaßen angeben [47]:

$$P_j(\theta, \tau) = C^{\theta}_{\tau+\theta-1} q_j^{\tau} (1 - q_j)^{\theta}. \tag{4.25}$$

$C^{\theta}_{\tau+\theta-1}$ — Anzahl der Kombinationen von $(\tau + \theta - 1)$ zu θ.

Die Korrelationsfunktion der Folge $\beta^{(j)\prime}(n)$ ergibt sich durch folgende Umformung der Korrelationsfunktion der Folge $\beta^{(j)}(i)$:

$$R^{(j)\prime}(\tau) = \sum_{\theta=0}^{\infty} C^{\theta}_{\tau+\theta-1} q_j^{\tau} (1 - q_j)^{\theta R(j)}\, R(\tau + \theta). \tag{4.26}$$

Zur Untersuchung des Einflusses der Transformation (4.26) auf die Form der Korrelationsfunktion wird folgende Annahme gemacht:

$$R^{(j)}(\tau) = (\sigma_\beta^{(j)})^2\, e^{-\lambda|\tau|}; \qquad \lambda > 0. \tag{4.27}$$

Für $R^{(j)\prime}$ gilt dann

$$R^{(j)\prime}(\tau) = \sum_{\theta=0}^{\infty} C^\theta_{\tau+\theta-1} q_j^\tau (1-q_j)^\theta\, (\sigma_\beta^{(j)})^2\, e^{-\lambda(\tau+\theta)}$$

$$= (\sigma_\beta^{(j)})^2\, e^{-\lambda\tau} q_j^\tau \sum_{\theta=0}^{\infty} C^\theta_{\tau+\theta-1}[(1-q_j)\, e^{-\lambda}]^\theta. \tag{4.28}$$

Die Summe in Gleichung (4.28) läßt sich über eine NEWTONsche binominale Reihe angeben:

$$(1-g)^{-\tau} = \sum_{\theta=0}^{\infty} \binom{-\tau}{\theta} (-g)^\theta. \tag{4.29}$$

Hierin bedeutet

$$\binom{-\tau}{\theta} = \frac{-\tau(-\tau-1)(-\tau-2)\cdots(-\tau-\theta+1)}{\theta!}$$

$$= (-1)^\theta \frac{(\tau+\theta-1)(\tau+\theta-2)\cdots\tau}{\theta!} = (-1)^\theta C^\theta_{\tau+\theta-1}. \tag{4.30}$$

Durch Einsetzen des Ausdruckes (4.30) in Gleichung (4.29) erhält man unter der Annahme $g = (1-q_j)\, e^{-\lambda}$

$$\sum_{\theta=0}^{\infty} C^\theta_{\tau+\theta-1}[(1-q_j)\, e^{-\lambda}]^\theta = \frac{1}{[1-(1-q_j)\, e^{-\lambda}]^\tau}. \tag{4.31}$$

Damit wird

$$R^{(j)\prime}(\tau) = (\sigma_\beta^{(j)})^2 \left[\frac{q_j e^{-\lambda}}{1-(1-q_j)\, e^{-\lambda}}\right]^\tau. \tag{4.32}$$

Aus Gleichung (4.32) folgt, daß die Transformation (4.25) bei beliebigen $q_j < 1$ zu einem schnelleren Abklingen der Korrelationsfunktion führt. Für $q_j = 1$ tritt keine Änderung der Korrelationsfunktion ein, während bei einer Verringerung von q_j die Abklinggeschwindigkeit anwächst. Abb. 4.3 verdeutlicht diese Gesetzmäßigkeit: Die Kurve 1 entspricht einer Ausgangskorrelationsfunktion $f(\tau) = e^{-0{,}1\tau}$, die Kurven 2 und 3 stellen die nach Gleichung (4.32) transformierten Korrelationsfunktionen für $q_j = 0{,}2$ bzw. $q_j = 0{,}02$ dar. Unter

Berücksichtigung des Ausdruckes (4.26) läßt sich schreiben

$$R_{ii}^{(j)\prime}(\tau) = (\sigma_{ii}^{(j)\prime})^2 f_{ii}^{(j)\prime}(\tau); \quad i = 1, 2, \ldots, k; \; j = 1, 2, \ldots, m. \tag{4.33}$$

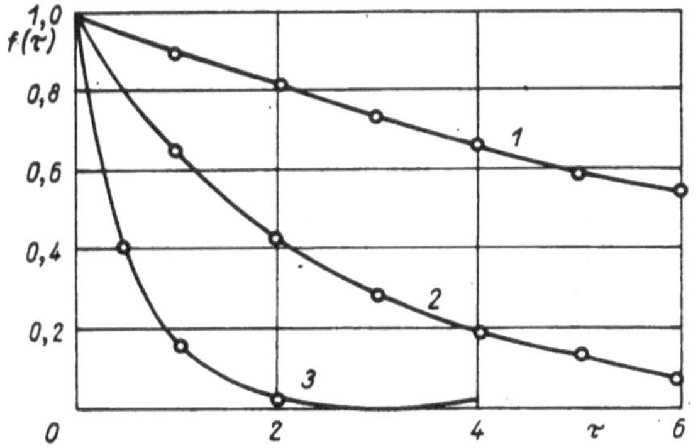

Abb. 4.3. Transformation der Korrelationsfunktion des Prozesses $\beta^{(j)}(i)$ bei stückweise-linearer Approximation des Modells

Jetzt kann Gleichung (3.71) angewendet werden, d. h. es läßt sich für das mittlere Fehlerquadrat $Q_j(\gamma_j)$ der berechnete Wert für den Unterbereich ω_j angeben:

$$Q_j(\gamma_j) = \frac{2}{2 - \gamma_j\varrho_j}\Bigg[\sum_{i=1}^{k} (\sigma_{ii}^{(j)\prime})^2 + \gamma_j(1 - \gamma_j\varrho_j)\sum_{i=1}^{k} (\sigma_{ii}^{(j)\prime})^2$$
$$\times \sum_{\nu=0}^{\infty} (1 - \gamma_j)^\nu f_{ii}^{(j)\prime}(\nu + 1) - \gamma_j(2 - \gamma_j\varrho_j)\sum_{i=1}^{k} (\sigma_{ii}^{(j)\prime})^2$$
$$\times \sum_{\nu=0}^{\infty} (1 - \gamma_j)^\nu f_{ii}^{(j)\prime}(\nu + \alpha)\Bigg] + \frac{\gamma_j k\sigma^2}{2 - \gamma_j\varrho_j}. \tag{4.34}$$

ϱ_j steht für

$$\varrho_j = (k - 1) + \mu_j. \tag{4.35}$$

Zur Ermittlung von $\gamma_{j\text{opt}}$ ist das Minimum des Ausdruckes (4.34) nach γ_j zu bestimmen. Dies ist für alle Unterbereiche ω_j; $j = 1, 2, \ldots, m$ vorzunehmen, um den optimalen Wert $\mathfrak{G}_{\text{opt}}$ des Vektors $\mathfrak{G}$ zu ermitteln.

Beispiel 4-1:

Die Charakteristik des Objekts wird durch zwei Abschnitte dargestellt:

$$u(i) = \begin{cases} \beta^1(i)\left(x(i) - \bar{x}^{(1)}\right) & \text{für} \quad x(i) \in \omega_1 \\ \beta^2(i)\left(x(i) - \bar{x}^{(2)}\right) & \text{für} \quad x(i) \in \omega_2 \end{cases} \tag{4.36}$$

$$x(i) \in \omega_1 \quad \text{für} \quad 0 < x(i) \leqq 2\sqrt{3}$$

$$x(i) \in \omega_2 \quad \text{für} \quad 0 > x(i) \geqq -2\sqrt{3}.$$

Die zeitliche Änderung der Charakteristik des Objekts soll durch Drehung der Abschnitte um die Punkte $\bar{x}^{(1)}$ und $\bar{x}^{(2)}$ erfolgen, so daß die Charakteristik des Objekts zu irgendeinem Zeitpunkt i die Form der in Abb. 4.4. gezeigten Abschnitte 1. und 2. besitzen kann.

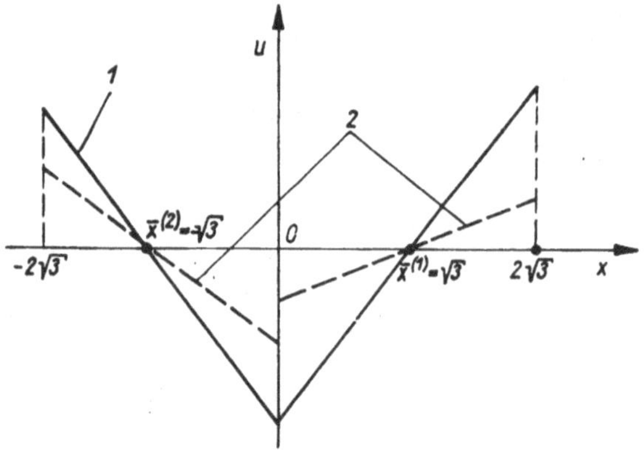

Abb. 4.4. Modell des Objekts für Beispiel 4-1

Die Wertereihe $x(i)$ soll unabhängig und x gleichmäßig im Intervall von $-2\sqrt{3}$ bis $+2\sqrt{3}$ unterteilt sein. Bekannt sind die Fehlerdispersion der Versuche $\sigma^2 = 1$ und die Korrelationsfunktionen der Koeffizienten $\beta^{(1)}(i)$ und $\beta^{(2)}(i)$:

$$\left.\begin{aligned} R^{(1)}(\tau) &= e^{-0,1|\tau|}; \\ R^{(2)}(\tau) &= e^{-0,01|\tau|}. \end{aligned}\right\} \qquad (4.37)$$

Zur Vorausberechnung der Koeffizientenwerte dient ein Algorithmus der Form (4.17). Es gilt, Werte für die Parameter γ_1 und γ_2 des Algorithmus (4.17) zu ermitteln, die das Fehlerquadrat zwischen den berechneten Werten und den tatsächlichen Werten am Objektausgang für einen Schritt (d. h. für $\alpha = 1$) minimieren. Für diesen Fall gilt (siehe Beispiel 3-3):

$$\left.\begin{aligned} \sigma^2_{\bar{x}^{(1)}} &= \sigma^2_{\bar{x}^{(2)}} = 1; \\ \mu_1 &= \mu_2 = 1{,}8. \end{aligned}\right\} \qquad (4.38)$$

Außerdem ist

$$q_1 = q_2 = \frac{1}{2}. \qquad (4.39)$$

Die Korrelationsfunktionen der Prozesse $\beta^{(1)\prime}(i)$ und $\beta^{(2)\prime}(i)$ erhält man über Gleichung (4.32):

$$\left.\begin{aligned} R^{(1)\prime}(\tau) &= \left(\frac{e^{-0,1}}{2-e^{-0,1}}\right)^{\tau} = (0{,}826)^{\tau}; \\ R^{(2)\prime}(\tau) &= \left(\frac{e^{-0,01}}{2-e^{-0,01}}\right)^{\tau} = (0{,}98)^{\tau}. \end{aligned}\right\} \tag{4.40}$$

Durch Einsetzen des Ausdruckes (4.40) in Gleichung (4.34) ergibt sich bei Berücksichtigung von $\varrho_1 = \varrho_2 = 1{,}8$ für $Q_1(\gamma_1)$ und $Q_2(\gamma_2)$:

$$\left.\begin{aligned} Q_1(\gamma_1) &= \frac{2(1-0{,}826)}{(2-1{,}8\gamma_1)\,[1-0{,}826(1-\gamma_1)]} + \frac{1}{2-1{,}8\gamma_1}; \\ Q_2(\gamma_2) &= \frac{2(1-0{,}98)}{(2-1{,}8\gamma_2)\,[1-0{,}98(1-\gamma_2)]} + \frac{2}{2-1{,}8\gamma_2}. \end{aligned}\right\} \tag{4.41}$$

Für die Werte $\gamma_{1\text{opt}}$ und $\gamma_{2\text{opt}}$, die die Ausdrücke (4.41) minimieren, erhält man $\gamma_{1\text{opt}} = 0{,}178$ und $\gamma_{2\text{opt}} = 0{,}15$.

Der Lösungsalgorithmus läßt sich durch folgende rekursive Beziehungen darstellen:

$$\hat\beta^{(1)}(i) = \begin{cases} \hat\beta^{(1)}(i-1) \quad \text{für} \quad x(i-1) \in \omega_2; \\ \hat\beta^{1}(i-1) + 0{,}178[y(i-1) - \hat\beta^{(1)}(i-1)\,x(i-1)]\,x(i-1) \\ \text{für} \quad x(i-1) \in \omega_1; \end{cases}$$

$$\hat\beta^{(2)}(i) = \begin{cases} \hat\beta^{(2)}(i-1) \quad \text{für} \quad x(i-1) \in \omega_1; \\ \hat\beta^{(2)}(i-1) + 0{,}15[y(i-1)\,\hat\beta^{(2)}x(i-1)]\,x(i-1) \quad \text{für} \quad x(i-1) \in \omega_2. \end{cases}$$

Das mittlere Fehlerquadrat für die berechneten Werte des Ausgangs ergibt sich zu

$$Q(\mathfrak{G}) = \frac{1}{2}\,0{,}832 + \frac{1}{2}\,0{,}225 = 0{,}5285.$$

In den letzten beiden Kapiteln wurden Methoden der mathematischen Modellierung auf der Grundlage von Versuchswerten behandelt, und zwar für den Fall, daß die Koeffizienten des Modells zeitlichen Änderungen unterworfen sind. Die mathematische Modellierung eines zeitveränderlichen Objekts wurde wie die Vorausberechnung (Prognostizierung) der Werte der Koeffizienten für das Modell des Objekts für einen Zeitpunkt $(n+\alpha)$ auf der Grundlage von Beobachtungen des Objektein- und -ausganges bis zum Zeitpunkt n behandelt.

Zur Lösung derartiger Aufgaben wurden rekursive Algorithmen herangezogen, die ihrer Struktur nach mit den Algorithmen der stochastischen Approximation übereinstimmen. Die optimalen Eigenschaften der verwendeten Algorithmen werden im Rahmen der vorgegebenen Struktur durch die Wahl der besten Parameterwerte γ des Algorithmus erzielt. Es wurde ein Algorithmus zur Ermittlung der Schätzung $\hat{\gamma}_{opt}$, der auf der Grundlage einer endlichen Stichprobe von Beobachtungen beruht, angegeben und die Konsistenz der erhaltenen Schätzungen nachgewiesen. Dieser Algorithmus wurde als eine Ergänzung zur Methode der Mehrfachregression angesehen. Er liefert genauere Schätzwerte für die Koeffizienten des Modells zum Zeitpunkt $(n + \alpha)$, wenn Zeitveränderlichkeit vorliegt. Ferner wurde bewiesen, daß man die optimalen Parameterwerte γ_{opt} des Algorithmus bei der Ermittlung der Werte für den Objektausgang analytisch wählen kann, wenn das Zeitverhalten durch einen stationären Zufallsprozeß beschreibbar ist. Hierfür ist jedoch die Kenntnis der Korrelationsfunktionen der zeitveränderlichen Koeffizienten und der Fehlerdispersion des Versuches erforderlich. Ein solches Herangehen läßt auch Schlußfolgerungen darüber zu, wie gut der gewählte Algorithmus unter den verschiedensten Umständen arbeitet und inwieweit es zweckmäßig ist, ihn zur Vorausberechnung zeitveränderlicher Parameter heranzuziehen.

Die Lösungsmethoden bei der Vorausberechnung zeitveränderlicher Koeffizienten des Modells erschöpfen sich natürlich nicht in den hier dargelegten Methoden. Der Vorzug der hier behandelten Methoden besteht zweifelsohne in ihrer Einfachheit und im offensichtlichen physikalischen Sinn. Nicht immer stellt die Einfachheit einer Methode einen Vorteil dar; besonders dann nicht, wenn die Genauigkeit darunter leidet. Unter den Bedingungen einer vorerst großen Unbestimmtheit, wenn nämlich die Anpassung des Algorithmus im Verlaufe der Lösung erfolgt (wie das z. B. im Abschnitt 3.4. der Fall ist), stellt jedoch die Notwendigkeit der Anpassung nur einer geringen Anzahl von Parametern des Algorithmus unbedingt eine positive Seite der angewendeten Methode dar.

5. Anwendung von Methoden der Versuchsplanung zur Gewinnung mathematischer Beschreibungen

5.1. Die Bedeutung aktiver Versuche zur Gewinnung von Modellen verfahrenstechnischer Objekte

Bei aktiven Versuchen (Experimenten) besteht die Möglichkeit einer zielgerichteten Änderung der auf das Objekt einwirkenden Eingangsvariablen. Die sogenannten kontrollierbaren Eingangsvariablen wurden (siehe Einführung) in zwei Gruppen unterteilt: Die Gruppe *A* umfaßt Variable, die Quantität und Qualität der Eingangsstoffe charakterisieren, während der Gruppe *B* die Variablen zur Steuerung des Prozesses zugeordnet werden. In der Regel hat man bei der Untersuchung eines technologischen Prozesses unter Betriebsbedingungen kaum die Möglichkeit, aktiv auf Variable einzuwirken, die die Qualität der Eingangsstoffe charakterisieren. Die zielgerichtete Änderung der Werte von Variablen aus der Gruppe *B* ist hingegen meistens möglich. Allerdings besteht die Forderung, daß diese Änderungen nicht zu einer Störung des normalen Prozeßablaufes führen.

Im vorliegenden Kapitel wird auf die Versuchsplanung unter dem Aspekt eingegangen, daß sie zur Gewinnung von Koeffizientenschätzungen für die mathematische Beschreibung des zu untersuchenden Prozesses dienen soll, wobei das Prozeßmodell in der Form von Linearkombinationen von Potenzfunktionen der Eingangsvariablen darstellbar sein soll. Auf Fragen der optimalen Versuchsplanung wird in diesem Rahmen nicht eingegangen; zu diesen Problemen wird auf die entsprechende Literatur verwiesen [1—4, 74—76]. Gegenstand dieses Kapitels sind vielmehr spezielle Probleme der Versuchsplanung, so der Fall, daß nicht alle Eingangsvariablen regelbar sind (Abschnitte 5.2. und 5.3.) und die Überprüfung des durch aktive Versuche gewonnenen Modells auf Adäquatheit (Abschnitt 5.4.).

Zuvor soll jedoch noch auf einige Besonderheiten der Versuchsplanung bei laufendem Produktionsbetrieb eingegangen werden. In der Regel enthält das Modell des zu untersuchenden Prozesses, wenn zu seiner Gewinnung auf Methoden der Versuchsplanung zurückgegriffen wird, nur die Eingangsvariablen, die sich unabhängig innerhalb eines gewissen Bereiches ändern lassen. Zu diesen Veränderlichen gehören nur die Variablen der Gruppe *B*. Der Einfluß der nicht in das Modell eingehenden Variablen der Gruppe *A* äußert sich in einer Zunahme der Fehlerdispersion der Versuche, vor allem, wenn die Änderungsgeschwindigkeit dieser Variablen im Vergleich zur Versuchsdauer hinreichend groß ist. Ist die Änderungsgeschwindigkeit der unberücksichtigten Variablen gering, so führen sie zu einer langsamen zeitlichen Änderung der

Modellkoeffizienten. Dieser Vorgang wird als Drift der Modellkoeffizienten bezeichnet. Führt die Drift nur zu einer Verschiebung der gefundenen Abhängigkeiten zwischen Eingangs- und Ausgangsvariablen (d. h., die Drift beeinflußt nur die Größe des absoluten Gliedes in der Regressionsgleichung), dann lassen sich spezielle Methoden der Versuchsplanung anwenden, die auf einer Ausschaltung des Einflusses der Drift auf die Schätzungen der Modellkoeffizienten beruhen [75, 77].

Wegen der Forderung, den normalen Prozeßablauf nicht zu stören, lassen sich viele regelbare Variable nur in sehr engen Grenzen variieren. Dieser Umstand und der hohe Störpegel, hervorgerufen durch die Änderung der unberücksichtigten Variablen aus der Gruppe A, führt zu der Notwendigkeit einer oftmaligen Wiederholung der geplanten Versuche, um so die Gewinnung signifikanter Schätzungen für die Modellkoeffizienten zu gewährleisten. Die Verfahren zur Gewinnung einer mathematischen Beschreibung bei nur geringen Variationsbreiten der Variablen sind in der Literatur unter der Bezeichnung der evolutionären Versuchsplanung (EVOP) bekannt [75, 78]. Solche Methoden werden in der Regel zum Aufstellen von Modellen benutzt, die zur Bestimmung der Änderungsrichtung der regelbaren Variablen bei der Suche optimaler Betriebszustände von technologischen Prozessen mit langsamer Drift, hervorgerufen durch die unberücksichtigt gebliebenen Eingangsvariablen, dienen.

Methoden der Versuchsplanung lassen sich auch dann anwenden, wenn in das Modell nichtregelbare Variable der Gruppe A eingehen. Allerdings ist dann nur ein Teil der Eingangsvariablen frei wählbar, während sich die restlichen unabhängig von den Wünschen des Experimentators bei der Versuchsdurchführung ändern. In solchen Fällen ist es erforderlich, bereits vor Beginn der Versuche einen Plan zur eventuellen Änderung der regelbaren Variablen aufzustellen. Die Wahl der Werte für die regelbaren Eingangsvariablen hat dabei in Abhängigkeit von den konkreten Werten der nichtregelbaren Variablen und damit auch von der Geschwindigkeit der Versuchsdurchführung zu erfolgen. Diese kurzen Bemerkungen lassen bereits deutlich erkennen, daß die Versuchsdurchführung unter solchen Bedingungen nur mit Hilfe automatisierter Systeme für die Datenerfassung und -aufbereitung möglich ist.

Von praktischem Interesse ist auch folgender Fall: Das aufzustellende Modell enthält regelbare und nichtregelbare Eingangsvariable, wobei sich letztere hinreichend langsam ändern, so daß sie für einen Zeitraum, in dem bereits einige (z. B. n) Beobachtungen für verschiedene Werte der regelbaren Variablen durchgeführt wurden, praktisch konstant bleiben. Bis zum laufenden Zeitpunkt sei bereits eine Stichprobe von Beobachtungen, bestehend aus den Ergebnissen von N Versuchen, gewonnen worden. Ferner seien die Werte der nichtregelbaren Variablen zum laufenden Zeitpunkt sowie der zulässige Änderungsbereich der regelbaren Variablen bekannt. Mit Hilfe spezieller Methoden lassen sich dann n im zulässigen Änderungsbereich der regelbaren Variablen liegende Punkte angeben, deren Beobachtungswerte zu in gewissem Sinne besten Schätzungen der Modellkoeffizienten führen. Eine solche Vorgehensweise führt zu einer wesentlichen Senkung der Versuchsdauer (oder zur Erhöhung der Genauigkeit des gewonnenen Modells bei vorgegebener Versuchsdauer).

5.2. *Problemstellung und Kriterien zur Wahl von Versuchsplänen*

Das Modell des zu untersuchenden Objekts soll folgende Form besitzen:

$$y = \sum_{i=0}^{k} \beta_i f_i(x) + e, \tag{5.1}$$

x — m-dimensionaler Vektor der Eingangsvariablen (er enthält im allgemeinen Fall regelbare und nichtregelbare Variable);
$f_i(x)$ — vorgegebenes System von Funktionen der Eingangsvariablen;
e — Beobachtungsfehler der Ausgangsvariablen;
β_i — Modellkoeffizienten.

Wie bereits an anderer Stelle soll auch hier angenommen werden, daß die Beobachtungsfehler für verschiedene Versuche voneinander unabhängig sind, einen Erwartungswert von Null und gleiche Dispersion σ^2 besitzen.

Die Schätzungen der Modellkoeffizienten aus Gleichung (5.1) sollen nach der Methode der kleinsten Quadrate ermittelt werden, d. h. es gilt folgende Bedingung:

$$\min\,(Y_N - F_N B)^T\,(Y_N - F_N B), \tag{5.2}$$

Y_N — $(N \times 1)$-dimensionale Beobachtungsmatrix der Ausgangsvariablen für N Versuche;
B — $(k + 1)$-dimensionaler Koeffizientenvektor;
F_N — $N \times (k + 1)$-dimensionale Matrix der Funktionswerte $f_i(x)$ von den Eingangsvariablen für N Versuche.

An Stelle der früher [siehe Gleichung (1.29)] benutzten Schreibweise X_N wurde die Matrix F_N eingeführt, da künftig der Versuchsplan, d. h. die Matrix für die Werte der Eingangsvariablen bei N Versuchen, mit X_N bezeichnet wird. Enthält das Modell nur lineare Funktionen der Eingangsvariablen, so sind F_N und X_N identisch.

Mit $X_N{}^{nr}$ wird die die ersten m_{nr} Spalten der Matrix X_N enthaltende Matrix bezeichnet. Diese Spalten umfassen die nichtregelbaren Eingangsvariablen. Die restlichen $m - m_{nr} = m_r$ Spalten der Matrix X_N mit den Spaltennummern $m_{nr} + 1, m_{nr} + 2, \ldots, m$ bilden die Matrix X_N. Sie enthält folglich m_r Spalten mit den regelbaren Eingangsvariablen.

Ω symbolisiert den zulässigen Änderungsbereich der regelbaren Variablen. Dieser Bereich kann von den Werten der nichtregelbaren Variablen abhängig sein, so daß für den allgemeinen Fall $\Omega(x^{nr})$ gilt (x^{nr} — Vektor der nichtregelbaren Variablen).

Bis zum betrachteten Zeitpunkt sollen bereits N Beobachtungen der Prozeßvariablen erfolgt sein (d. h. X_N und Y_N sind damit bekannt), außerdem soll der Wert x^{nr} des Vektors der nichtregelbaren Variablen zum betrachteten Zeitpunkt bekannt sein. Die Aufgabe besteht nun im Auffinden eines in gewissem Sinne besten Planes X_n zur Durchführung der restlichen n Versuche, wobei angenommen wird, daß der Vektor der nichtregelbaren Variablen während dieses Versuchszeitraumes keinen Änderungen unterworfen ist. Das Aufstellen des Versuchsplanes X_n besteht somit nur in der Bestimmung der letzten Spalten der Matrix X_n (d. h. in der Ermittlung der Matrix $X_n{}^r$), wobei die gefundenen Werte der Elemente des Vektors für die regelbaren Variablen im zulässigen Bereich $\Omega(x^{nr})$ liegen müssen.

Im folgenden wird auf einige Optimalitätskriterien für den Versuchsplan X_n eingegangen, die alle mit einer größtmöglichen Genauigkeit der Schätzungen für die Koeffizienten der Regressionsgleichung verbunden sind. Die Genauigkeit der nach der Methode der kleinsten Quadrate bei Erfüllung der bereits aufgezählten Voraussetzungen (Adäquatheit des Modells, Unabhängigkeit der Fehler) berechneten Schätzungen $\hat{B}$ wird durch die Kovarianzmatrix der Koeffizientenschätzungen bestimmt. Sie hat folgende Form [siehe Gleichung (1.23)]:

$$\operatorname{cov}\{\hat{B}\} = E\{(\hat{B} - B)(\hat{B} - B)^T\} = \sigma^2(F_{N+n}^T F_{N+n})^{-1}. \tag{5.3}$$

Dieser Ausdruck unterscheidet sich von Gleichung (1.23) nur durch die für die Matrix X vorgenommene Änderung der Bezeichnungsweise. Die Matrix $F_{N+n}^T F_{N+n}$ wird in der Theorie der Versuchsplanung als Informationsmatrix, die inverse Matrix $(F_{N+n}^T F_{N+n})^{-1}$ als Präzisionsmatrix der Schätzungen bezeichnet.

Das A-Optimalitätskriterium fordert eine solche Wahl des Versuchsplanes X_n (im vorliegenden Fall des Planes $X_n{}^r$), daß die Spur (d. h. die Summe der Diagonalelemente der Matrix) der Matrix $(F_{N+n}^T F_{N+n})^{-1}$ einen minimalen Wert annimmt. Der untere Index von F gibt die Gesamtzahl der Versuche (oder die Zeilenanzahl der Matrix F) an, nach denen die Schätzung ermittelt wird. Da aber die Diagonalelemente der Matrix $(F_{N+n}^T F_{N+n})^{-1}$ den Dispersionen der Schätzungen für die entsprechenden Koeffizienten proportional sind, läuft das A-Optimalitätskriterium auf eine Minimierung der mittleren Dispersion der Schätzungen für die Modellkoeffizienten hinaus.

Das G-Optimalitätskriterium verlangt eine derartige Anordnung der Punkte im Bereich $\Omega(x^{nr})$, für die ein minimaler Wert der maximalen Dispersion des berechneten Wertes für die Ausgangsvariable innerhalb eines vorgegebenen Meßbereiches ω für die Eingangsvariablen (regelbare und nichtregelbare) erreicht werden soll. In der Regel sind die Bereiche ω und $\Omega(x^{nr})$ einander nicht identisch.

Nach Gleichung (1.60) läßt sich die Dispersion des berechneten Wertes für einen Punkt x_0 in folgender Form angeben:

$$\sigma^2_{\hat{y}(x_0)} = E\{(\hat{y}(x_0) - E[\hat{y}(x_0)])^2\} = f^T(x_0)\,(F^T_{N+n}F_{N+n})^{-1}\,f(x_0)\,\sigma^2, \quad (5.4)$$

$f(x_0)$ — $(k+1)$-dimensionaler Spaltenvektor mit den Funktionswerten der unabhängigen Variablen im Punkt x_0.

Aus Gleichung (5.4) folgt, daß die Dispersion des berechneten Wertes durch die Präzisionsmatrix der Koeffizientenschätzungen bestimmt wird.

Das D-Optimalitätskriterium verlangt eine solche Anordnung der geplanten Versuche in einem vorgegebenen Bereich $\Omega(x^{nr})$, daß die Determinante der Matrix $(F^T_{N+n}F_{N+n})^{-1}$ einen minimalen bzw. die Determinante der Informationsmatrix $F^T_{N+n}F_{N+n}$ einen maximalen Wert annimmt.

Das Wesen des D-Kriteriums läßt sich mit Hilfe des Streuungsellipsoids eines Zufallsvektors θ erklären. Ein Streuungsellipsoid besitzt die Eigenschaft, daß bei gleichmäßiger Wahrscheinlichkeitsverteilung eines Zufallsvektors auf ihm die Kovarianzmatrix dieses Vektors mit der Kovarianzmatrix des Vektors θ identisch ist.

Die Abmessungen des Streuungsellipsoids wachsen mit der Streuung des Zufallsvektors θ um seinen Erwartungswert. Dabei ist das Volumen des Streuungsellipsoides eines Zufallsvektors θ der Quadratwurzel aus der Determinante seiner Kovarianzmatrix proportional. Da aber die Kovarianzmatrix der Schätzungen $\hat{B}$ der Matrix $(F^T_{N+n}F_{N+n})^{-1}$ proportional ist, ist die Minimierung der Determinante dieser Matrix gleichbedeutend mit der Minimierung des Volumens des Streuungsellipsoides der Schätzungen, d. h. mit der Minimierung der Streuung der Schätzwerte um ihren Erwartungswert. Ergänzend soll noch bemerkt werden, daß man den Wert der Determinante der Kovarianzmatrix eines Zufallsvektors auch als verallgemeinerte Dispersion eines Zufallsvektors [79] bezeichnet.

Neben den kurz beschriebenen Kriterien gibt es noch andere Kriterien zur Wahl des Versuchsplanes, so z. B. die Minimierung der mittleren Dispersion der berechneten Werte über einen bestimmten Bereich, die Minimierung der maximalen Dispersion der Modellkoeffizienten u. a.

Auf solche Kriterien, wie das Orthogonalitätskriterium oder das Drehbarkeitskriterium für Versuchspläne [1, 74—76] wird hier nicht eingegangen, da bei der vorliegenden Problemstellung derartige Eigenschaften ohnehin nicht erreichbar sind.

Die Gewinnung eines optimalen Versuchsplanes auf der Grundlage des D-Kriteriums läßt sich folgendermaßen formulieren:

$$\min_{X_n{}^r \in \Omega(x^{nr})} |(F^T_{N+n}F_{N+n})^{-1}| \quad (5.5)$$

oder

$$\max_{X_n{}^r \in \Omega(x^{nr})} |F^T_{N+n}F_{N+n}|, \quad (5.6)$$

$X_n{}^r$ — $(n \times m_r)$-dimensionale Matrix, die die Werte der regelbaren Variablen für die n geplanten Versuche bestimmt.

Die Schreibweise $X_n^r \in \Omega(x^{nr})$ besagt, daß alle gewählten Versuchspunkte im zulässigen Bereich $\Omega(x^{nr})$ liegen sollen.

Anschließend soll auf einige Besonderheiten bei der Versuchsplanung eingegangen werden. So geht bereits aus der kurzen Beschreibung der Kriterien hervor, daß diese nur effektiv anwendbar sind, wenn die wahre Form des Modells bereits bekannt ist. Nur bei Erfüllung dieser Voraussetzung ist überhaupt der gewünschte Effekt bei der Versuchsplanung erreichbar. Methoden der Versuchsplanung sind deshalb sinnvollerweise nicht bei der Bestimmung der Form des Modells, sondern beim nächsten Arbeitsschritt, der Ermittlung der Koeffizienten eines Modells bekannter Form anzuwenden. Dabei werden stets nur noch günstigste zusätzliche Versuchspunkte gesucht, was auch in der hier behandelten Problemstellung zum Ausdruck kommt.

Die Effektivität der Versuchsplanung ist nicht zuletzt von der Wahl der Bereichsgrenzen abhängig, innerhalb derer die nichtregelbaren Eingangsvariablen liegen sollen. Der Bestimmung dieses Bereiches $\Omega(x^{nr})$ kommt deshalb besondere Bedeutung zu, zumal bei einer nachträglichen Änderung der Bereichsgrenzen der ermittelte Versuchsplan seine optimalen Eigenschaften verliert.

Die Ermittlung eines besten Versuchsplanes auf der Grundlage der angeführten Kriterien ist, namentlich bei großen m_r und n, mit umfangreichen Rechnungen verbunden, die sich in der Regel nur durch den Einsatz der EDV bewältigen lassen. Ein möglicher Algorithmus zur Suche eines optimalen Versuchsplanes wird im folgenden Abschnitt behandelt.

5.3. *Algorithmus zur Ermittlung eines optimalen Versuchsplanes unter Verwendung von Suchverfahren*

Als bekannt vorausgesetzt werden die Form des Modells (d. h. die Funktionen $f_i(x)$, $i = 0, 1, \ldots, k$) und die Beobachtungsmatrix X_N für die vorausgegangenen N Versuche. Außerdem soll der laufende Wert x^{nr} des Vektors für die nichtregelbaren Eingangsvariablen vorliegen. Gesucht werden n Punkte für die Werte der regelbaren Eingangsvariablen im Bereich $\Omega(x^{nr})$, die bezüglich des D-Kriteriums optimale Eigenschaften aufweisen sollen.

Der Lösungsweg läßt sich in folgende Teiloperationen zerlegen:

1. Auf zufällige Weise werden n Punkte aus dem Bereich $\Omega(x^{nr})$ gewählt. Die Dimension des Bereiches $\Omega(x^{nr})$ beträgt m_r, so daß die zufällige Auswahl der n Punkte mit einer Generierung der m_r-dimensionalen, zum Bereich $\Omega(x^{nr})$ gehörenden n Zufallsvektoren verbunden ist. Der so gewählte Plan soll mit $X^r_{n(0)}$ bezeichnet werden, während die in ihn eingehenden einzelnen Punkte durch $x^r_{j(0)}$, $j = 1, 2, \ldots, n$ symbolisiert werden. Als Spezialfall können auch sämtliche Punkte $x^r_{j(0)}$ zusammenfallen.
2. Der erste Punkt $x^r_{1(0)}$ des Planes $X^r_{n(0)}$ wird durch den Punkt $x^r_{1(1)}$ ersetzt,

der sich aus folgender Bedingung ergibt:

$$\max_{x_1^r \in \Omega(x^{nr})} |F_N^T F_N + F_n^T(x_1^r) F_n(x_1^r)| . \tag{5.7}$$

F_n stellt eine $n \times (k+1)$-dimensionale Matrix dar, die von den Koordinaten der Punkte des gesuchten Planes abhängig ist:

$$F_n = \begin{pmatrix} f_0(x_1) & \dots\dots & f_k(x_1) \\ \vdots & & \vdots \\ f_0(x_n) & \dots\dots & f_k(x_n) \end{pmatrix}. \tag{5.8}$$

In die Vektoren x_i gehen sowohl nichtregelbare, als auch regelbare Eingangsvariable ein.

Die Suche des Punktes $x_{1(1)}^r$ auf der Grundlage des Kriteriums (5.7) läßt sich mit Hilfe bekannter Suchverfahren zur Ermittlung des Extremums von Funktionen mehrerer Variabler durchführen [80, 81].

3. Die unter Punkt 2 angegebene Berechnung wird für alle n Punkte des ursprünglichen Planes $X_{n(0)}^r$ durchgeführt. Die so gefundenen neuen Punkte bilden den Versuchsplan $X_{n(1)}^r$.
4. Der Plan $X_{n(1)}^r$ wird wie der ursprüngliche Versuchsplan behandelt und den unter den Punkten 2. und 3. beschriebenen Operationen unterworfen.
5. Die Berechnungen nach den Punkten 2., 3., 4. werden solange fortgesetzt, bis erstmals eine Zunahme der Determinante auftritt. Danach werden der gefundene Plan und die Determinante der Informationsmatrix abgespeichert.
6. Die Prozeduren nach den Punkten 1. bis 5. werden für eine vorgegebene Zahl sich voneinander unterscheidender Anfangspläne wiederholt. Als optimaler Plan wird dann der Plan mit dem minimalen Wert der Determinante der Informationsmatrix gewählt.

Beispiel 5-1:

Das folgende Beispiel dient lediglich zur Anschauung. Das Modell des zu untersuchenden Objekts hat folgende Form:

$$y = \beta_0 + \beta_1 x_1 + \beta_2 x_2 + e. \tag{5.9}$$

Ferner sind die Ergebnisse der Beobachtungen der Ausgangsvariablen für folgende Punkte (Matrix X_N) bekannt:

$$X_N = \begin{pmatrix} +1 & +1 \\ +1 & -1 \\ -1 & +1 \\ -1 & -1 \end{pmatrix}.$$

Es wird angenommen, daß die Variable x_1 nichtregelbar ist und ihr Wert zum Beobachtungszeitpunkt $x_1 = 0$ beträgt. Es sollen die Werte der regelbaren Variablen x_2 für zwei Versuche nach dem D-Optimalitätskriterium ermittelt werden, wenn der Bereich $\Omega(x_1)$ das Intervall $[-1, +1]$ umfaßt.

Die Berechnung erfolgt nach dem obigen Algorithmus. Im vorliegenden Fall beträgt $m_r = 1$, die Matrix $X_n{}^r$ ist (2×1)-dimensional, während die Matrix F_N folgende Form aufweist:

$$F_N = \begin{pmatrix} 1 & 1 & 1 \\ 1 & 1 & -1 \\ 1 & -1 & 1 \\ 1 & -1 & -1 \end{pmatrix}.$$

1. Als Anfangsplan wird

$$X^r_{n(0)} = \begin{pmatrix} 0 \\ 0 \end{pmatrix}$$

gewählt, d. h. $x_{21(0)} = 0$; $x_{22(0)} = 0$.
2. Der Wert $x_{21(1)}$ ergibt sich aus der Bedingung (5.7):

$$F_n{}^T F_n = \begin{pmatrix} 4 & 0 & 0 \\ 0 & 4 & 0 \\ 0 & 0 & 4 \end{pmatrix}; \; F_n(x_{21}) = \begin{pmatrix} 1 & 0 & x_{21} \\ 1 & 0 & 0 \end{pmatrix};$$

$$F_n{}^T F_n = \begin{pmatrix} 1 & 0 & x_{21} \\ 0 & 0 & 0 \\ x_{21} & 0 & x_{21}^2 \end{pmatrix}.$$

Die Maximumbedingung lautet

$$\max_{-1 \leqq x_{21} \leqq 1} \left| \begin{pmatrix} 5 & 0 & x_{21} \\ 0 & 4 & 0 \\ x_{21} & 0 & x_{21}^2 + 4 \end{pmatrix} \right| = \max_{-1 \leqq x_{21} \leqq 1} \{4(20 + 4x_{21}^2)\}. \tag{5.10}$$

Aus der Bedingung (5.10) ergibt sich $x_{21(1)} = \pm 1$, wobei

$$x_{21(1)} = +1$$

angenommen wird.

3. Der Wert $x_{22(1)}$ ergibt sich aus der Bedingung

$$\max_{-1 \leq x_{22} \leq 1} \left| \begin{pmatrix} 5 & 0 & 1 \\ 0 & 4 & 0 \\ 1 & 0 & 5 \end{pmatrix} + \begin{pmatrix} 1 & 0 & x_{22} \\ 0 & 0 & 0 \\ x_{22} & 0 & x_{22}^2 \end{pmatrix} \right| = \max_{-1 \leq x_{22} \leq 1} \{4(29 + 5x_{22}^2 - 2x_{22})\}.$$

Die Lösung lautet $x_{22(1)} = -1$. Dafür erhält man

$$|F_{N+n}^T F_{N+n}| = 144.$$

Wie man sich leicht überzeugen kann, führt eine weitere Suche (d. h. ein wiederholter Austausch der Punkte) zu keiner Vergrößerung der Determinante der Informationsmatrix. Somit lautet das Ergebnis

$$X_n^r = \begin{pmatrix} +1 \\ -1 \end{pmatrix}.$$

5.4. *Überprüfung der Adäquatheit des Modells bei aktiven Versuchen*

Der Begriff „Adäquatheit des Modells" hängt unmittelbar mit der Genauigkeit der Beschreibung des Objekts, die mit Hilfe des vorliegenden Modells erreichbar ist, zusammen. Zur Bestimmung der Adäquatheit wird also vom vorliegenden Modell ausgegangen, so daß für ein Objekt durchaus eine ganze Anzahl verschiedener adäquater Modelle existieren kann, die für die verschiedenartigsten Berechnungen Anwendung finden. Bei der experimentellen Aufstellung eines Modells wird der Begriff „Adäquatheit" in der Regel im weiterreichenden Sinne gebraucht: Ein Modell ist adäquat, wenn die Reaktion des Objektes auf eine beliebige Einwirkung auf die Eingänge und die berechneten Werte dieser Reaktion nach dem Modell (Ausgänge) nicht „allzusehr differieren". Die zulässige Abweichung zwischen diesen Größen wird entweder vorgegeben oder läßt sich durch die beim Versuch auftretenden chrakteristischen Beobachtungsfehler bestimmen.

Der natürlichste Weg zur Überprüfung der Adäquatheit eines Modells besteht in der Durchführung einiger Kontrollversuche. Die für die Ausgangsvariable auftretenden Differenzen zwischen Modell- und Versuchswerten haben zweierlei Ursachen: Sie können systematischer (nichtzufälliger) Natur sein, was in der Nichtadäquatheit des Modells begründet ist, und es kann sich um zufällige Abweichungen handeln, die durch Fehler bei der Versuchsdurchführung hervorgerufen werden. Bevor ein Modell auf Adäquatheit hin untersucht wird, sollte man sich stets vom Fehlen systematischer Abweichungen zwischen Modell- und Versuchswerten überzeugen.

Die Kontrollversuche wurden an den Punkten $x_1, x_2, \ldots, x_n$ mit Wiederholungen m_j-mal durchgeführt ($j = 1, 2, \ldots, n$).

Ferner sollen die Versuchsergebnisse reproduzierbar sein, d. h. eine zeitliche Verschiebung der Beobachtungen bei gleichen Werten für die regelbaren Variablen führt nicht zu einer Vergrößerung der Dispersion der Beobachtungen in diesem Punkt. Bei Gültigkeit dieser Voraussetzung haben Wiederholungsversuche keinen Einfluß auf die Rechnung, so daß sie bei den folgenden Betrachtungen explizit nicht mehr erwähnt werden [82, 83].

Mit Hilfe des vorliegenden Modells soll die Berechnung des Wertes der Ausgangsvariablen für jeden Kontrollpunkt möglich sein. Diese berechneten Werte werden mit $\hat{y}_j$ bezeichnet. Es soll nun die Quadratsumme

$$S = \sum_{j=1}^{n} \sum_{\mu=1}^{m_j} (y_j^\mu - \hat{y}_j)^2 \tag{5.11}$$

betrachtet werden. Sie läßt sich wie folgt zerlegen:

$$\begin{aligned} S &= \sum_{j=1}^{n} \sum_{\mu=1}^{m_j} (y_j^\mu - \bar{y}_j + \bar{y}_j - \hat{y}_j)^2 \\ &= \sum_{j=1}^{n} \sum_{\mu=1}^{m_j} (y_j^\mu - \bar{y}_j)^2 + 2 \sum_{j=1}^{n} \sum_{\mu=1}^{m_j} (y_j^\mu - \bar{y}_j)(\bar{y}_j - \hat{y}_j) \\ &\quad + \sum_{j=1}^{n} \sum_{\mu=1}^{m_j} (\bar{y}_j - \hat{y}_j)^2 \\ &= \sum_{j=1}^{n} \sum_{\mu=1}^{m_j} (y_j^\mu - \bar{y}_j)^2 + \sum_{j=1}^{n} m_j (\bar{y}_j - \hat{y}_j)^2 = S_e + S_{ad}. \end{aligned} \tag{5.12}$$

Hierbei stellt $\bar{y}_j$ den Mittelwert von m_j Kontrollversuchen für den Punkt x_j dar. Der erste Summand S_e der Quadratsumme S ist lediglich durch die Beobachtungsfehler bedingt. Er läßt sich zur Berechnung einer erwartungstreuen Schätzung für die Fehlerdispersion der Beobachtungen mit

$$\varphi_e = \sum_{j=1}^{n} (m_j - 1) = N - n$$

Freiheitsgraden heranziehen, wobei unwesentlich ist, ob das Modell adäquat ist oder nicht:

$$s_e^2 = \frac{S_e}{\varphi_e} = \frac{S_e}{N - n}. \tag{5.13}$$

Der zweite Summand in Gleichung (5.12) ist sowohl von den Beobachtungsfehlern, als auch vom Grad der Adäquatheit des Modells (Genauigkeit der nach dem Modell berechneten Werte im Vergleich zum tatsächlichen Wert der Ausgangsvariablen) abhängig. Ist das Modell adäquat, d. h. ist der für den Punkt x_j mit Hilfe des Modells berechnete Wert $\hat{y}_j$ der Ausgangsvariablen mit dem wahren Wert der Ausgangsvariablen für diesen Punkt identisch, dann ergibt sich S_{ad} nur aus den Beobachtungsfehlern. In diesem Falle läßt sich über S_{ad} die Schätzung der Dispersion der Beobachtungsfehler als s_{ad}^2 mit $\varphi_{da} = n$ Freiheitsgraden angeben. Diese Aussage läßt sich durch Umformung des Erwartungswertes von S_{ad} für $\hat{y}_j = E\{\bar{y}_j\}$ beweisen:

$$E\{S_{ad}\} = E\left\{\sum_{j=1}^{n} m_j(\bar{y}_j - E\{\bar{y}_j\})^2\right\} = \sum_{j=1}^{n} m_j \frac{\sigma^2}{m_j} = n\sigma^2. \tag{5.14}$$

Somit stellt

$$s_{ad}^2 = \frac{S_{ad}}{n} \tag{5.15}$$

die Schätzung der Dispersion der Beobachtungsfehler dar, wenn das Modell adäquat ist. Dieser Umstand findet auch bei der Überprüfung des Modells auf Adäquatheit Anwendung. Der Adäquatheitstest besteht im Vergleich zweier Dispersionen, deren Schätzungen bekannt sind, auf ihre Gleichheit hin: Der Dispersion s_{ad}^2 und der Fehlerdispersion der Versuche s_e^2. Das Modell gilt als adäquat, wenn beide Dispersionen gleich groß sind, d. h. wenn die Versuchsergebnisse im Einklang mit der Behauptung stehen, daß s_{ad}^2 die Schätzung der Fehlerdispersion der Versuche darstellt.

Die Ableitung der zur Überprüfung auf Adäquatheit erforderlichen Gleichungen erfolgt unter der Voraussetzung, daß die Beobachtungsfehler normalverteilt sind. Ferner wird angenommen, daß die Ergebnisse der durchgeführten Kontrollversuche nicht bei der Bestimmung der Modellparameter Verwendung fanden, d. h. beim Aufstellen des Modells und bei der Prüfung auf Adäquatheit werden verschiedene Stichproben benutzt.

Bei der experimentellen Modellbildung wird die Adäquatheit des gewonnenen Modells häufig mit Hilfe der gleichen Datensätze überprüft, die schon zur Parameterbestimmung dienten. Obgleich der Lösungsweg im großen und ganzen der folgenden Ableitung entspricht, ist doch auf einige Besonderheiten hinzuweisen. Man muß die Möglichkeit haben, aus den Versuchsergebnissen die Schätzung der Dispersion der Beobachtungsfehler zu gewinnen, ohne irgendwelche Annahmen über die Adäquatheit des Modells machen zu müssen. Deshalb sollte der Versuchsplan eine Anzahl von Beobachtungen der Ausgangsvariablen für ein und dieselben Werte der Eingangsvariablen enthalten. Derartige Versuchspläne lassen sich in der Regel nur bei aktiven Versuchen realisieren.

Es wurden bereits N Beobachtungen der Ausgangsvariablen durchgeführt, wobei die Anzahl der verschiedenen Kombinationen der Eingangsvariablen während der Versuche $n < N$ war. Für jeden Versuchspunkt x_j, $j = 1, 2, \ldots, n$ wurden die Beobachtungen m_j-mal wiederholt, so daß

$$\sum_{j=1}^{n} m_j = N \tag{5.16}$$

gilt. Aus dieser Stichprobe wurden die Schätzungen der kleinsten Quadrate der Modellkoeffizienten in der Form

$$y = \sum_{i=0}^{k} \beta_i f_i(x) + e \tag{5.17}$$

aus der Gleichung

$$\hat{B} = (F_N^T F_N)^{-1} F_N^T Y_N \tag{5.18}$$

ermittelt. Die Matrix Y_N ist dabei $(N \times 1)$-dimensional.

Die Matrix Y_N enthält die Ergebnisse der einzelnen Beobachtungen und nicht den Mittelwert der Beobachtungen für jeden der n Meßpunkte. Die Verwendung von Mittelwerten bei Parallelversuchen mit unterschiedlichem m_j (unterschiedliche Anzahl von Parallelversuchen für die einzelnen Meßpunkte) bei Berechnungen nach der Methode der kleinsten Quadrate ist nach den bereits gemachten Ausführungen über die Methode der Mehrfachregression unzulässig, weil sie zu einer Verletzung über die gleiche Genauigkeit der Beobachtungen bei allen Versuchen führt. Laut Definition gilt für die Restsumme der Quadrate S_{Rest}:

$$S_{\text{Rest}} = (Y_N - F_N\hat{B})^T (Y_N - F_N\hat{B}) = \sum_{j=1}^{N} \left[y_j - \sum_{i=0}^{k} \hat{\beta}_i f_i(x_j) \right]^2. \tag{5.19}$$

Der Ausdruck (5.19) läßt sich in etwas anderer Form angeben, wenn der Index j nur für sich voneinander unterscheidende Meßpunkte (d. h. $j = 1, 2, \ldots, n$) gebraucht wird und die Parallelversuche bei gleichem j durch einen oberen Index μ gekennzeichnet werden ($\mu = 1, 2, \ldots, m_j$):

$$S_{\text{Rest}} = \sum_{j=1}^{n} \sum_{\mu=1}^{m_j} \left[y_j^\mu - \sum_{i=0}^{k} \hat{\beta}_i f_i(x_j) \right]^2. \tag{5.20}$$

In Analogie zu Ausdruck (5.12) wird die Restquadratsumme durch Addition und Subtraktion des Mittelwertes $\bar{y}_j$ der Beobachtungen für den j-ten Meßpunkt in zwei Summanden zerlegt:

$$\begin{aligned} S_{\text{Rest}} &= \sum_{j=1}^{n} \sum_{\mu=1}^{m_j} \left[y_j^\mu - \bar{y}_j + \bar{y}_j - \sum_{i=0}^{k} \hat{\beta}_i f_i(x_j) \right]^2 \\ &= \sum_{j=1}^{n} \sum_{\mu=1}^{m_j} (y_j^\mu - \bar{y}_j)^2 + \sum_{j=1}^{n} m_j \left[\bar{y}_j - \sum_{i=0}^{k} \hat{\beta}_i f_i(x_j) \right]^2 = S_e + S_{ad}. \end{aligned} \tag{5.21}$$

Wie auch in Ausdruck (5.13) läßt sich der Summand S_e der Restquadratsumme zur Ermittlung der Schätzung s_e^2 der Dispersion der Versuchsfehler mit

$$\varphi_e = \sum_{j=1}^{n} m_j - n = N - n$$

Freiheitsgraden verwenden.

Der zweite Summand S_{ad} der Restquadratsumme ist sowohl von der Adäquatheit des Modells, als auch von den Beobachtungsfehlern abhängig. S_{ad} ist mit der Dispersion s_{ad}^2 mit $\varphi_{ad} = n - (k + 1)$ Freiheitsgraden durch den Ausdruck

$$s_{ad}^2 = \frac{S_{ad}}{n - (k + 1)} \tag{5.22}$$

verknüpft.

Im Unterschied zu Gleichung (5.15) ist hier die Anzahl der Freiheitsgrade von der Anzahl der Modellkoeffizienten, deren Schätzungen an Hand der Stichprobe berechnet werden, abhängig. Ist das Modell adäquat, so stellt s_{ad}^2 ebenso wie s_e^2 die erwartungstreue Schätzung für die Dispersion der Versuchsfehler dar. Diese Tatsache dient, wie bereits ausgeführt wurde, zur Überprüfung des Modells auf Adäquatheit.

Aus der Zerlegungsgleichung (5.21) lassen sich einige interessante Schlußfolgerungen ziehen. So zeigt sich, daß die Berechnung der Schätzungen $\hat{B}$ aus der Minimumbedingung für Gleichung (5.19) und aus der Minimumbedingung für S_{ad} die gleichen Werte liefert. Der Grund hierfür liegt darin, daß der Summand S_e unabhängig von der Größe $\hat{B}$ ist. In den Ausdruck S_{ad} gehen die Mittelwerte der Beobachtungen für n Versuchspunkte des Planes ein, während das Fehlerquadrat für den j-ten Versuchspunkt eine Wichtung von m_j aufweist. Eine Überprüfung der Adäquatheit ist nur dann möglich, wenn die Anzahl $(k + 1)$ der Koeffizientenschätzungen kleiner als die Anzahl n verschiedener Versuchspunkte im Versuchsplan ist (das bezieht sich nicht auf die Gesamtzahl N von Beobachtungen). Im Falle $N > n = k + 1$ nimmt S_{Rest} zwar einen von Null verschiedenen Wert an, enthält jedoch keinerlei Informationen bezüglich der Adäquatheit des Modells.

Der Adäquatheitstest wird auf die Prüfung der statistischen Hypothese $H: \sigma^2 = \sigma_{ad}^2$ bei gegebenen Schätzungen s_e^2 (für die Dispersion σ^2) mit φ_e Freiheitsgraden und s_{ad}^2 (für σ_{ad}^2) mit φ_{ad} Freiheitsgraden zurückgeführt. Die Prüfung dieser Hypothese ist relativ einfach, wenn der Versuchsfehler mit einer Dispersion σ^2 normalverteilt ist. In diesem Falle sind die Zufallsgrößen S_e und S_{ad} bei Gültigkeit der Hypothese unabhängig und mit den Freiheitsgraden φ_e und φ_{ad} χ^2-verteilt, während der Quotient

$$v = \frac{S_{ad}/\varphi_{ad}}{S_e/\varphi_e} \tag{5.23}$$

eine F-Verteilung mit den entsprechenden Freiheitsgraden aufweist. Bei vorgegebenem Signifikanzniveau α wird die Hypothese über die Gleichheit der Dispersion (d. h. über die Adäquatheit des Modells) akzeptiert, wenn man $v \leqq F_{\alpha(\varphi_{ad}, \varphi_e)}$ erhält. $F_{\alpha(\varphi_{ad}, \varphi_e)}$ stellt den kritischen Wert der F-Verteilung bei einem Signifikanzniveau α und φ_{ad} (für den Zähler) und φ_e (für den Nenner) Freiheitsgraden dar. Er wird aus Tabellen entnommen und entspricht folgender

Bedingung:

$$\int\limits_{F_{\alpha}(\varphi_{ad},\varphi_e)}^{\infty} p(F)\,dF = \alpha\,, \tag{5.24}$$

$p(F)$ — Wahrscheinlichkeitsdichteverteilung.

Die Prüfung der Hypothese wurde hier über einen einseitig kritischen Bereich vorgenommen, da offensichtlich σ_{ad}^2 nicht kleiner als σ^2 werden kann.

Abschließend sei nochmals darauf hingewiesen, daß der Adäquatheitstest nach der hier beschriebenen Methodik nur Schlußfolgerungen darüber zuläßt, ob das zur Beschreibung des Objekts angenommene Modell in Übereinstimmung mit den Beobachtungen stehende Ergebnisse liefert oder nicht. Es wäre jedoch falsch, daraus ableiten zu wollen, daß die wahren Abhängigkeiten zwischen den Variablen des Objekts der Struktur des gewählten Modells entsprechen, weil es prinzipiell stets möglich ist, für ein Objekt eine ganze Anzahl verschiedenartiger Modelle zu wählen, die nach diesem Prüfverfahren den gleichen Grad an Adäquatheit aufweisen.

Beispiel 5-2: [*68*]

Auf experimentellem Wege wird die Abhängigkeit zwischen einem Qualitätsparameter y des Endproduktes eines technologischen Prozesses und folgenden, den Anlagenzustand charakterisierenden Variablen gesucht: x_1 — Temperatur, °C; x_2 — Druck, at; x_3 — Aufgabegeschwindigkeit des Eingangsproduktes, kg/min. Der Versuchsplan (Matrix X) und die Meßergebnisse für die Qualität des Endproduktes (Matrix Y) sind der Tab. 5.1 zu entnehmen.

Tabelle 5.1

j	x_{j1}	x_{j2}	x_{j3}	y_j	
1	81	81	81	2011	
2	89	81	81	2432	
3	81	89	81	2345,6	
4	89	89	81	2331,6	
5	81	81	89	2449,6	
6	89	81	89	2833,7	
7	81	89	89	2494,3	
8	89	89	89	2628	
9	85	85	85	2458	y_q^1
10	85	85	85	2129,9	y_q^2
11	85	85	85	2121,4	y_q^3
12	85	85	85	2389,5	y_q^4

Die gewonnenen Ergebnisse sollen zur Überprüfung auf Adäquatheit des linearen Prozeßmodells dienen.

Die weiteren Berechnungen vereinfachen sich beim Übergang zu normierten

Eingangsvariablen erheblich. Es wird folgende Normierung vorgenommen:

$$x_{ji}^* = \frac{x_{ji} - 85}{4}.$$

Die Informationsmatrix enthält dann die Werte $+1$ (an Stelle von 89), -1 (an Stelle von 81) und 0 (an Stelle von 85). Der Adäquatheitstest des linearen Modells wird selbstverständlich nicht vom gewählten Maßstab der Variablen beeinflußt.

Als erstes sind S_e und S_{ad} der Restquadratsumme zu bestimmen. Die Zahl der verschiedenen Meßpunkte im Versuchsplan beträgt $n = 9$. Die Indizierung dieser Punkte wird wie in Tab. 5.1 vorgenommen, so daß die letzten vier Punkte den gleichen Index $j = 9$ erhalten. Wiederholungsversuche wurden, wie Tab. 5.1 ausweist, nur für einen, den neunten Versuchspunkt vorgenommen, wobei die Anzahl der Parallelversuche für diesen Punkt $m_q = 4$ beträgt.

Für den Mittelwert des neunten Punktes ergibt sich

$$\bar{y}_0 = \frac{1}{4} \sum_{\mu=1}^{4} y_0{}^\mu = 2274{,}7.$$

Der Summand S_e der Restquadratsumme ist mit $\varphi_e = 12 - 9 = 3$ Freiheitsgraden verbunden und beträgt

$$S_e = \sum_{\mu=1}^{4} (y_9{}^\mu - 2274{,}7)^2 = 91326.$$

Zur Ermittlung von S_{ad} müssen die Schätzungen $\hat{b}_j{}^*$ der Koeffizienten der Regressionsgleichung bestimmt werden. Letztere hat folgende Form:

$$y = b_0{}^* + b_1{}^* x_1{}^* + b_2{}^* x_2{}^* + b_3{}^* x_3{}^* + e,$$

$x_i{}^*$ — Werte der normierten Eingangsvariablen.

Die Matrix F lautet:

$$F = \begin{bmatrix} 1 & -1 & -1 & -1 \\ 1 & 1 & -1 & -1 \\ 1 & -1 & 1 & -1 \\ 1 & 1 & 1 & -1 \\ 1 & -1 & -1 & 1 \\ 1 & 1 & -1 & 1 \\ 1 & -1 & 1 & 1 \\ 1 & 1 & 1 & 1 \\ 1 & 0 & 0 & 0 \\ 1 & 0 & 0 & 0 \\ 1 & 0 & 0 & 0 \\ 1 & 0 & 0 & 0 \end{bmatrix}.$$

Für $F^T F$ ergibt sich

$$F^T F = \begin{pmatrix} 12 & 0 & 0 & 0 \\ 0 & 8 & 0 & 0 \\ 0 & 0 & 8 & 0 \\ 0 & 0 & 0 & 8 \end{pmatrix},$$

so daß man für ihre inverse Matrix

$$(F^T F)^{-1} = \begin{pmatrix} 1/12 & 0 & 0 & 0 \\ 0 & 1/8 & 0 & 0 \\ 0 & 0 & 1/8 & 0 \\ 0 & 0 & 0 & 1/8 \end{pmatrix}$$

erhält.

Nach Gleichung (5.13) ergeben sich für die Koeffizienten der Regressionsgleichung folgende Werte:

$$\hat{b}_0{}^* = 2390; \quad \hat{b}_1{}^* = 123{,}2; \quad \hat{b}_2{}^* = 16{,}78; \quad \hat{b}_3{}^* = 153{,}3.$$

Die Quadratsumme S_{ad} läßt sich dann nach folgender Gleichung berechnen:

$$S_{ad} = \sum_{j=1}^{9} m_j(\bar{y}_j - \hat{b}_0{}^* - \hat{b}_1{}^* x^*{}_{j1} - \hat{b}_2{}^* x^*{}_{j2} - \hat{b}_3{}^* x^*{}_{j3})^2$$

mit $m_j = 1$ für $j = 1, 2, \ldots, 8$; $m_j = 4$ für $j = 9$.

Das Ergebnis lautet

$$S_{ad} = 158445,$$

$$\varphi_{ad} = n - 4 = 5.$$

Für v ergibt sich nach Gleichung (5.23)

$$v = \frac{S_{ad}/\varphi_{ad}}{S_e/\varphi_e} = \frac{158445/5}{91326/3} = 1{,}16.$$

Für ein Signifikanzniveau von $\alpha = 0{,}05$ und $\varphi_{ad} = 5$ und $\varphi_e = 3$ Freiheitsgrade findet man den Tabellenwert [75, 78] für die F-Verteilung zu

$$F_{0,05(5,3)} = 9{,}01.$$

Es ist also $v < F_{0,05(5,3)}$, womit die Hypothese über die Gleichheit der Dispersionen akzeptiert wird. Das Modell ist folglich adäquat.

6. Experimentelle Bildung dynamischer Modelle

6.1. Vorbemerkungen

Bisher wurden lediglich Modelle betrachtet, die den Wert der Ausgangsvariablen y zum Zeitpunkt t mit Werten der Eingangsvariablen zum gleichen Zeitpunkt verknüpften. Bei realen industriellen Prozessen ist jedoch die Ausgangsvariable zum Zeitpunkt t von den Eingangsvariablen während eines vor-

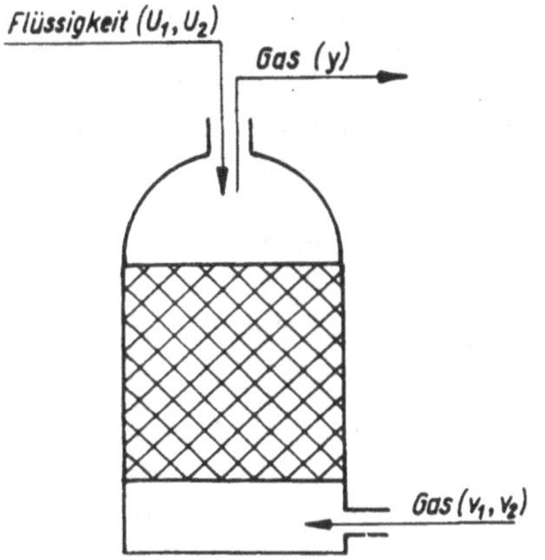

Abb. 6.1. Füllkörperabsorptionskolonne

u_1 – Flüssigkeitsdurchsatz; u_2 – Konzentration der Übergangskomponente in der Flüssigkeit; v_1 – Gasdurchsatz; v_2 – Konzentration der Übergangskomponente im Gas; y – Konzentration der Übergangskomponente am Ausgang

liegenden Zeitintervalls abhängig. Dieses Zeitintervall wird mit $[t, t - T]$ bezeichnet. Die Abhängigkeit $y(t)$ von der Realisierung $x(\tau)$ im Intervall $[t, t - T]$ ist auf die dynamischen Eigenschaften des Objekts zurückzuführen.

Als einfaches Beispiel für die dynamischen Eigenschaften chemisch-technologischer Objekte soll die in Abb. 6.1 dargestellte Füllkörperabsorptionskolonne dienen [84]. Der Flüssigkeitseintritt befindet sich am Kopf der Kolonne, während das Gasgemisch dem unteren Teil der Kolonne zugeführt wird. Durch das Absorptionsvermögen der Flüssigkeit gegenüber einer Komponente des Gasgemisches erfolgt in der Flüssigkeit eine Anreicherung und im aufsteigenden Gas eine Verarmung dieser Komponente. Es werden folgende

Bezeichnungen eingeführt:

y — Konzentration der absorbierbaren Komponente in der Gasphase am Absorberausgang;
u_1 — Flüssigkeitsdurchsatz am Absorbereingang;
v_1 — Gasdurchsatz am Absorbereingang;
u_2 — Konzentration der absorbierten Komponente in der Flüssigkeit am Absorbereingang;
v_2 — Konzentration der absorbierbaren Komponente im Gasgemisch am Absorbereingang.

Die mathematische Beschreibung der Kolonne muß also die Ausgangsvariable y mit den Eingangsvariablen u_1, u_2, v_1 und v_2 verknüpfen.

Die Änderung einer beliebigen Eingangsvariablen hat Einfluß auf die Ausgangsvariable; die dynamischen Eigenschaften der Kolonne führen dabei zu einem Übergangsprozeß für die Konzentrationsänderung von y. Ändert man beispielsweise u_1 zum Zeitpunkt $t - T$, so ändert sich y bis zum Zeitpunkt t und behält dann diesen Wert als stationären Wert bei. Nach [84] liegt die Größe von T bei der Änderung von u_1 im Bereich von 30—40 Minuten.

Die dynamischen Eigenschaften des Objekts führen zu einem komplizierteren Modell: Während sonst $y(t)$ nur von Eingangsgrößen zum Zeitpunkt t abhängig ist, gehen bei Berücksichtigung der Dynamik die Eingangswerte während des Zeitraumes $[t, t - T]$ in das Modell ein. Das statische Modell stellt einen Sonderfall des die dynamischen Eigenschaften berücksichtigenden Modells dar. Der Wert der Ausgangsvariablen zum Zeitpunkt t, berechnet nach dem die dynamischen Eigenschaften berücksichtigenden Modell, deckt sich, wenn im vorhergehenden Zeitintervall $[t, t - T]$ die Eingangsvariablen keinen Änderungen unterworfen sind, mit dem nach dem statischen Modell berechneten Wert. Daraus leitet sich ab, daß statische Modelle zur Beschreibung von Objekten mit dynamischen Eigenschaften nur bei stationärer Prozeßführung geeignet sind.

Die in diesem Kapitel behandelten experimentellen Methoden zur Gewinnung einer mathematischen Beschreibung erfordern die geeignete Wahl einer Modellstruktur. Diese Struktur muß die dynamischen Eigenschaften des Objekts widerspiegeln.

Das Modell wird dabei formal in einen dynamischen und einen statischen Teil aufgespalten, wobei beide Modellteile hintereinander geschaltet sind (siehe Abb. 6.2) [84]. Wie der Abb. 6.2 zu entnehmen ist, werden die Ausgangssignale des dynamischen Teils durch $\mu(t)$ und die Signale am Objekteingang durch $z(t)$ gekennzeichnet, wobei die Vektoren μ und z unterschiedliche Dimensionen aufweisen können.

Die Prozesse $z(t)$ am Objekteingang sind kontrollierbar, während die Prozesse $\mu(t)$ nichtmeßbar sind, da ja die Auftrennung des Objekts in einen dynamischen und einen statischen Teil willkürlich erfolgt. Modelle, die einen dynamischen Teil enthalten, sollen zukünftig als dynamische Modelle bezeichnet werden (im Unterschied zu statischen Modellen, die nur einen statischen Teil umfassen).

Die Aufgabenstellung bei der Bildung eines dynamischen Modells besteht darin, auf der Grundlage der Beobachtungswerte für die Prozesse $z(t)$ und $y(t)$ die Schätzungen für die den dynamischen und den statischen Modellteil charakterisierenden Parameter zu ermitteln. Die Struktur beider Modellteile wird als bekannt angenommen, wobei sich der dynamische Teil im allgemeinen als Differentialgleichungssystem oder in Form eines mehrfach gekoppelten Systems, dessen Elemente durch Übertragungsfunktionen beschreibbar sind, angeben läßt [68]. Die Schätzung der unbekannten Parameter solcher Modelle an Hand experimentellen Datenmaterials erfolgt nach nichtlinearen Schätz-

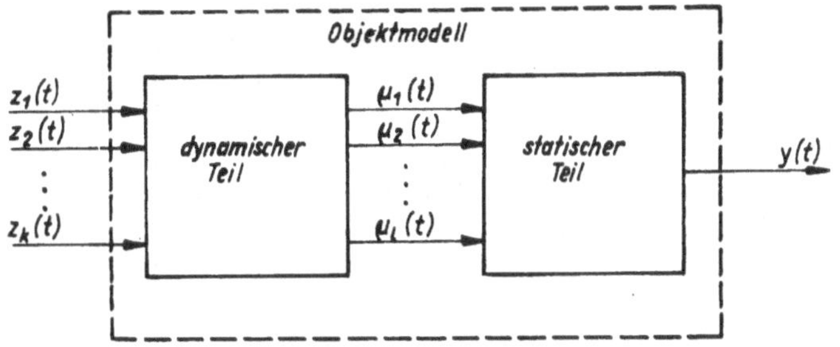

Abb. 6.2. Auftrennung des Modells in einen dynamischen und einen statischen Teil

methoden. Auf sie wird im Rahmen dieses Buches nicht eingegangen. Hier werden nur solche Strukturen des dynamischen Teils behandelt, für die bei der Modellierung die in den vorhergehenden Kapiteln beschriebenen Methoden der Mehrfachregression angewendet werden können.

6.2. *Struktur des dynamischen Modells*

Der dynamische Teil soll linear sein, die Struktur ist der Abb. 6.3 zu entnehmen. In dieser Abbildung stellen die $h_i(\tau)$ die Impulsantworten der dynamischen Glieder für die Kanäle der Eingangsvariablen dar. Die Impulsantwort (Gewichtsfunktion) stellt bekanntlich die Antwort des Systems auf eine Eingangsstörung in Form einer Deltafunktion, der sog. Impulsfunktion, dar. Die Prozesse am Ausgang der dynamischen Glieder ergeben sich aus folgender Beziehung:

$$\mu_i(t) = \int_0^\infty h_i(\tau)\, z_i(t - \tau)\, d\tau; \qquad i = 1, 2, \ldots, k. \tag{6.1}$$

Der dynamische Teil des Modells wird also mit Hilfe der Gewichtsfunktionen für die Kanäle der Eingangsvariablen dargestellt. Der statische Teil wird, wie auch in den vorhergehenden Kapiteln, durch von den Werten der Variablen am Eingang des statischen Teils abhängige Polynome beschrieben.

Für die Impulsantwort wird folgende Darstellungsform angenommen:

$$h_i(\tau) = \sum_{j=1}^{m_i} \varphi_{ij}(\tau)\, \theta_{ij}, \tag{6.2}$$

$\varphi_{ij}(\tau)$ — vorgegebene Funktionen;
θ_{ij} — unbekannte Koeffizienten (s. Abb. 6.4).

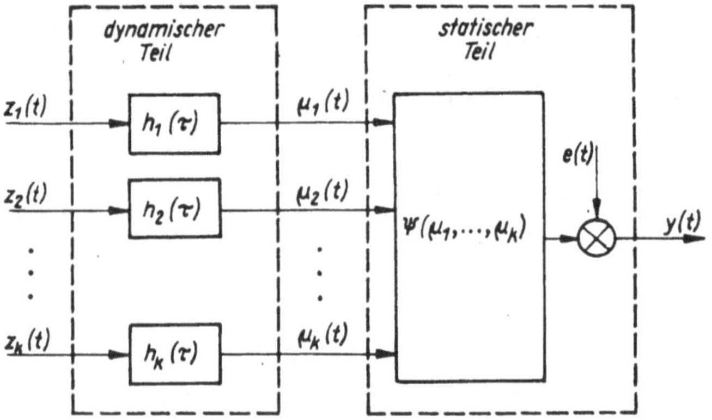

Abb. 6.3. Struktur des dynamischen und des statischen Modellteils

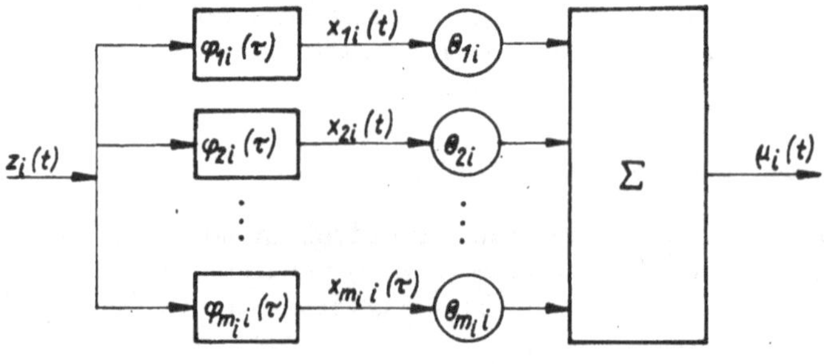

Abb. 6.4. Struktur des dynamischen Modellteils für den i-ten Kanal (Eingang)

Abb. 6.4 zeigt die Struktur des dynamischen Teils. Hierbei ist eine nochmalige Unterteilung in den eigentlichen dynamischen Teil und den verbleibenden Rest möglich. Der eigentliche dynamische Teil umfaßt die Filter $\varphi_{ij}(\tau)$. Der verbleibende Teil setzt sich aus den unbekannten Koeffizienten θ_{ij} und der Summenbildung zusammen. Er stellt damit in gewissem Sinne einen statischen Transformator dar. Bei bekannten Prozessen $z_i(t)$ sind die Prozesse am Eingang dieses statischen Gliedes bestimmt, da die Funktionen $\varphi_{ij}(\tau)$ als vorgegeben angenommen wurden. Bezeichnet man den Prozeß am Ausgang des Filters φ_{ij} mit $x_{ij}(t)$, dann gilt

$$\mu_i(t) = \theta_{1i}x_{1i}(t) + \theta_{2i}x_{2i}(t) + \cdots + \theta_{m_i i}x_{m_i i}(t). \tag{6.3}$$

Die in den statischen Teil ψ (siehe Abb. 6.3) eintretenden Größen $\mu_i(t)$ haben in der Regel weder einen physikalischen Sinn, noch sind sie meßbar. Bei Versuchen meßbar ist lediglich die Variable $y(t)$ am Objektausgang. Ist das statische Glied $\psi(\mu_1, \ldots, \mu_k)$ eine Linearkombination von Potenzfunktionen von $\mu_1, \ldots, \mu_k$, dann läßt sich die Ausgangsvariable $y(t)$ in Form einer Linearkombination von Potenzfunktionen der Ausgangsvariablen $x_{11}, x_{21}, \ldots, x_{m_1 1},$

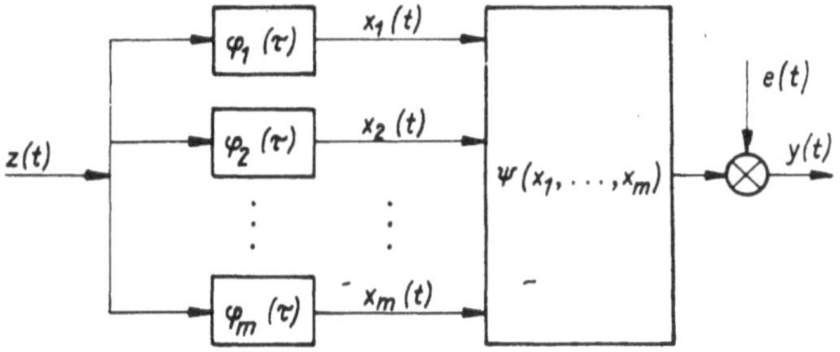

Abb. 6.5. Modellstruktur für $k = 1$

$\ldots, x_{1k}, x_{2k}, \ldots, x_{m_k k}$ am Ausgang der Filter φ_{ij} darstellen. So erhält man beispielsweise für $k = 1$ und eine quadratische Abhängigkeit des statischen Gliedes $\psi(\mu)$ von μ:

$$\begin{aligned}\psi(\mu) &= a_0 + a_1\mu(t) + a_2\mu^2(t) = a_0 + a_1 \sum_{j=1}^{m} \theta_j x_j(t) + a_2 \left[\sum_{j=1}^{m} \theta_j x_j(t)\right] \\ &= a_0 + a_1\theta_1 x_1(t) + \cdots + a_1\theta_m x_m(t) + a_2\theta_1^2 x_1^2(t) + \cdots \\ &\quad + a_2\theta_m^2 x_m^2(t) + 2a_2\theta_1\theta_2 x_1(t)\, x_2(t) + \cdots + 2a_2\theta_{m-1}\theta_m x_{m-1}(t)\, x_m(t) \\ &= \beta_0 + \beta_1 x_1(t) + \cdots + \beta_m x_m(t) + \beta_{11} x_1{}^{\circ}(t) + \cdots \\ &\quad + \beta_{mm} x_m^2(t) + \beta_{12} x_2(t)\, x_2(t) + \cdots + \beta_{m-1,m} x_{m-1}(t)\, x_m(t).\end{aligned} \tag{6.4}$$

Eine derartige Modellstruktur ist in Abb. 6.5 dargestellt. Da die Funktionen $\varphi_j(\tau)$ vorgegeben sind, lassen sich die Größen $x_j(t)$ bei bekanntem Prozeß $z(t)$ nach folgender Gleichung berechnen:

$$x_j(t) = \int_0^{\infty} \varphi_j(\tau)\, z(r - \tau)\, d\tau. \tag{6.5}$$

Die Modellierung wird somit auf die Schätzung der Koeffizienten β_j des statischen Gliedes $\psi(x_1, \ldots, x_m)$ zurückgeführt.

Wirken auf den Objekteingang (siehe Abb. 6.3) k Prozesse ein, so ergibt sich die Anzahl der Eingänge des statischen Gliedes ψ zu

$$\sum_{i=1}^{k} m_i = m, \tag{6.6}$$

m_i — Anzahl der Filter zur Zerlegung der Impulsantwort $h_i(\tau)$ über den i-ten Eingang.

Für spätere Beispiele wird nur ein Eingangsprozeß ($k = 1$) angenommen. Diese Vereinfachung wirkt sich nur auf die Berechnung der Größen $x_j(t)$ aus, hat jedoch keinen Einfluß auf die Methodik bei der Schätzung der Modellkoeffizienten β_j.

Die folgenden Beispiele beziehen sich auf die Struktur dynamischer Objekte.

Beispiel 6-1:

Die Impulsantwort $h(\tau)$ soll durch m parallel geschaltete Verzögerungsglieder mit den Zeitkonstanten $\tau_1, \tau_2, \ldots, \tau_m$ darstellbar sein. Damit wird

$$x_j(t) = z(t - \tau_j). \tag{6.7}$$

Die Wahl der Werte τ_j erfolgt im allgemeinen nach Methoden der nichtlinearen Schätzung [68], auf die im Rahmen dieses Buches nicht eingegangen wird. Kurz erwähnt werden soll jedoch ein Sonderfall zur Wahl der Verzögerungsglieder, und zwar bei einer Datenerfassung zu diskreten Zeitpunkten $r\,\Delta t$, $r = 1, 2, \ldots$:

Die Schätzung für die Dauer des Übergangsprozesses am Objekt sei bekannt und betrage T_n. Das dynamische Modell läßt sich dann durch parallel geschaltete Verzögerungsglieder mit den Parametern

$$\tau_1 = 0; \quad \tau_2 = \Delta t; \quad \tau_3 = 2\Delta t; \quad \ldots; \quad \tau_m = entier\left\{\frac{T_n}{\Delta t}\right\} + 1;$$

entier — größte ganze Zahl, kleiner gleich dem Argument.

darstellen.

Einige Fragen der Berücksichtigung dynamischer Eigenschaften bei einer Versuchsdurchführung zu diskreten Zeitpunkten wurden bereits im Abschnitt 2.7. behandelt.

Beispiel 6-2:

Die Impulsantwort wird häufig durch parallel geschaltete Filter dargestellt, deren Gewichtsfunktionen folgende Form aufweisen:

$$\varphi_j(\tau) = c_j e^{-\gamma\tau} \tau^{j-1}; \qquad j = 1, 2, \ldots \tag{6.8}$$

In der Regel nimmt man dabei LAGUERRE-Filter an, die sich durch einige besondere Eigenschaften auszeichnen [75, 84].

Die Impulsantwort eines LAGUERRE-Filters μ-ter Ordnung lautet

$$\varphi_\mu(\tau) = \sqrt{2\gamma}\, e^{-\gamma\tau} \sum_{i=0}^{\mu=1} \frac{(\mu-1)!\,(2\gamma)^i}{(\mu-1-i)!\,(i!)^2}\, \tau^i; \quad \mu = 1, 2, \ldots \tag{6.9}$$

Für den Frequenzgang eines LAGUERRE-Filters μ-ter Ordnung gilt:

$$\Phi_\mu(j\omega) = \sqrt{2\gamma}\, \frac{(j\omega-\gamma)^{\mu-1}}{(j\omega+\gamma)^\mu}. \tag{6.10}$$

Zu den erwähnten besonderen Eigenschaften eines LAGUERRE-Funktionssystems gehört die Orthonormiertheit im Bereich $[0, \infty]$:

$$\int_0^\infty \varphi_\lambda(\tau)\, \varphi_\mu(\tau)\, d\tau = \begin{cases} 1 & \text{für } \lambda = \mu \\ 0 & \text{für } \lambda \neq \mu. \end{cases} \tag{6.11}$$

Diese Eigenschaft führt häufig zu einer wesentlichen Vereinfachung des Rechenaufwandes bei der Identifikation dynamischer Objekte [75, 84].

In den Gleichungen (6.9) und (6.10) stellt die Größe $1/\gamma$ die Zeitkonstante der LAGUERRE-Filter dar. γ ist ein Parameter der LAGUERRE-Funktionen, der in der Regel aus den Versuchsdaten zu bestimmen ist. Die Schätzung von γ und der Parameter der Totzeitglieder ist nur durch Methoden der nichtlinearen Schätzung möglich.

Bisherige Untersuchungen [84] zeigen bei Modellen niederer Ordnung eine relativ geringe Empfindlichkeit der Modellqualität gegenüber dem Parameter γ. Derartige Objekte (mit einer Ordnung der Übertragungsfunktion bis zu 3...4) sind in der chemischen Technologie relativ häufig anzutreffen. Bei der Modelldarstellung erweist es sich als hinreichend, mit 5—6 LAGUERRE-Funktionen 1. Art zu arbeiten. Für γ läßt sich dann ein Wert von $(0{,}2T_n)^{-1}$ annehmen. T_n stellt dabei die Schätzung für die Dauer des Übergangsprozesses am Objekt dar.

6.3. *Problemstellung beim Aufstellen dynamischer Modelle*

Der dynamische Teil des Objekts ist durch die Impulsantwort $h(\tau)$ beschreibbar, die als endliche Summe linearer Funktionen $\varphi_j(\tau)$ mit den unbekannten Koeffizienten θ_j darstellbar ist:

$$h(\tau) = \sum_{j=1}^{m} \theta_j \varphi_j(\tau). \tag{6.12}$$

Der statische Teil des Modells ist eine Potenzfunktion vom Ausgang des dynamischen Teils. Nach den bisherigen Darlegungen läßt sich die Modellstruktur eines solchen Objekts in Form des in Abb. 6.6 gezeigten Schemas darstellen. Abb. 6.6 gilt für den Sonderfall, daß der statische Teil durch eine quadratische Funktion vom Ausgang des dynamischen Teils beschrieben wird. Multiplikationsoperationen werden in Abb. 6.6 durch Kreise symbolisiert, wobei die Faktoren entweder an den Pfeilen oder im Inneren der Kreise vermerkt sind. Die Abbildung entspricht praktisch der Gleichung (6.4). Durch die

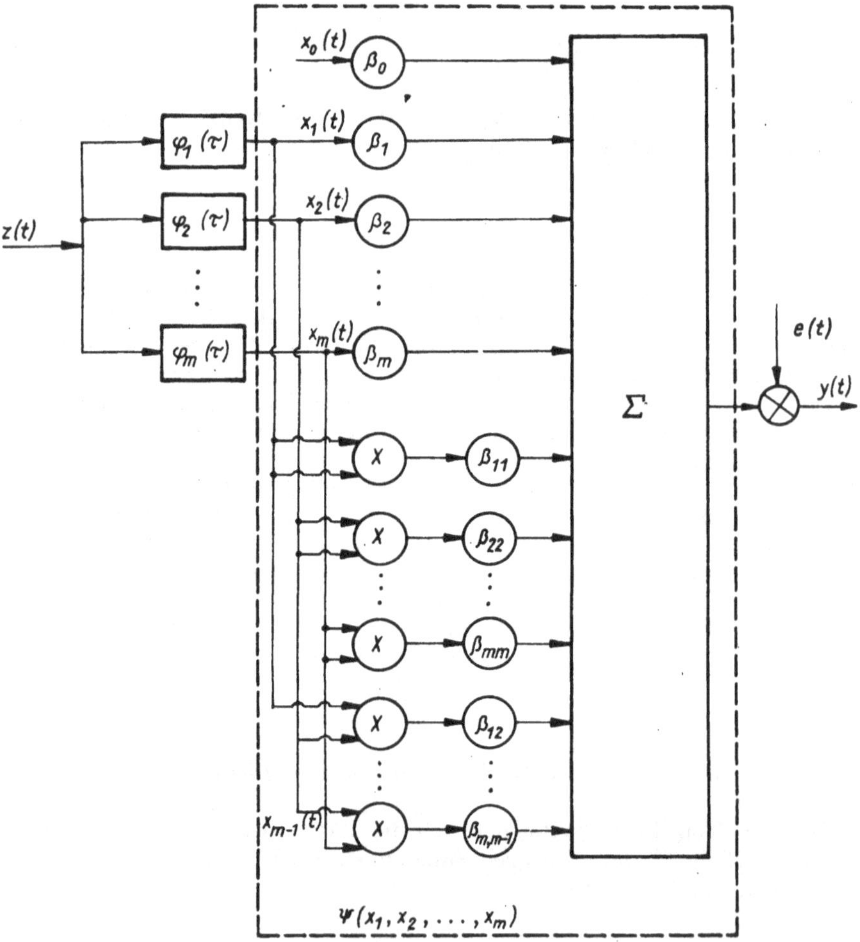

Abb. 6.6. Modellstruktur für den speziellen Fall, daß der statische Teil durch eine quadratische Funktion der Ausgänge des dynamischen Teils beschrieben wird

gestrichelte Linie wird das statische Glied hervorgehoben, dessen Koeffizienten sowohl von den Koeffizienten θ_j der Zerlegung der Impulsantwort, als auch von den Koeffizienten a_μ des statischen Modellteils abhängig sind. β_0 stellt das absolute Glied des statischen Modellteils dar.

Zu den diskreten Zeitpunkten t_μ, $\mu = 1, 2, \ldots, n$ wurden Messungen der Ausgangsvariablen des Objekts vorgenommen. Das Meßergebnis wird mit $y(t_\mu)$ bezeichnet:

$$y(t_\mu) = \psi\big(x_1(t_\mu), \ldots, x_m(t_\mu)\big) + e(t_\mu), \tag{6.13}$$

$\psi(x_1(t_\mu), \ldots, x_m(t_\mu))$ — Größe am Ausgang des statischen Gliedes;
$e(t_\mu)$ — Zufallsfehler zum Zeitpunkt t_μ.

Für $e(t_\mu)$ wird vorausgesetzt, daß die Größen des Fehlers für verschiedene μ voneinander unabhängig sind, einen Erwartungswert von Null besitzen und gleiche Dispersion σ^2 aufweisen. Ferner soll die Realisierung des Prozesses $z(t)$ am Objekteingang während des Zeitintervalls $[t_1 - T_n, t_n]$ als bekannt vorausgesetzt werden, wobei T_n die Dauer des Übergangsprozesses darstellt (T_n wird bis zum Versuchsbeginn ebenfalls als bekannt angenommen).

Durch Linearisierung (siehe Abschnitt 2.1.) läßt sich $y(t_\mu)$ auf folgende Form bringen:

$$y(t_\mu) = \sum_{i=0}^{k} \beta_i x_i(t_\mu) + e(t_\mu), \tag{6.14}$$

$$x_0(t_\mu) \equiv 1; \quad x_{m+1}(t_\mu) = x_1^2(t_\mu); \quad x_{m+2}(t_\mu) = x_2^2(t_\mu);$$

$$\ldots; x_k(t_\mu) = x_{m-1}(t_\mu)\, x_m(t_\mu).$$

Die Werte $x_j(t_\mu)$, $j = 1, 2, \ldots, m$ am Eingang des statischen Gliedes lassen sich über

$$x_j(t_\mu) = \int_0^\infty \varphi_j(\tau)\, z(t_\mu - \tau)\, d\tau \tag{6.15}$$

unter Berücksichtigung der als bekannt angenommenen Realisierung des Prozesses $z(t)$ angeben.

Beim Aufstellen des Modells müssen die Schätzungen $\hat{\beta}_i$ in Gleichung (6.14) das mittlere Fehlerquadrat minimieren, d. h. es muß gelten

$$\min_\beta \sum_{\mu=1}^{n} \left[y(t_\mu) - \sum_{i=0}^{k} \beta_i x_i(t_\mu) \right]^2. \tag{6.16}$$

Die Problemstellung unterscheidet sich also gegenüber bereits behandelten Modellierungsaufgaben nicht.

6.4. *Aufbau und statistische Analyse dynamischer Modelle*

Durch X wird (vgl. auch Abschnitt 2.1.) die Wertemenge der $(k+1)$-ten Funktion von den Eingängen des statischen Gliedes $x_1, x_2, \ldots, x_m$ zu n diskreten Zeitpunkten für die Messung der Ausgangsvariablen gekennzeichnet:

$$X = \begin{pmatrix} x_{10} & x_{11} & x_{12} & \cdots & x_{1k} \\ x_{20} & x_{21} & x_{22} & \cdots & x_{2k} \\ \vdots & \vdots & \vdots & & \vdots \\ x_{n0} & x_{n1} & x_{n2} & \cdots & x_{nk} \end{pmatrix}.$$

Während der erste Index die Versuchsnumerierung angibt, bezeichnet der zweite die Nummer der Funktion von den Eingängen des statischen Gliedes. Die gemessenen Werte der Ausgangsvariablen werden durch die Matrix Y zusammengefaßt:

$$Y = \begin{pmatrix} y_1 \\ y_2 \\ \vdots \\ y_n \end{pmatrix}.$$

Mit B wird der Spaltenvektor der gesuchten Koeffizienten bezeichnet, während B den Vektor für die Koeffizientenschätzungen darstellt. Die Minimumbedingung (6.16) lautet dann in vektorieller Form

$$\min_B \; (Y - B\hat{B}^T X)^T \, (Y - B^T X). \tag{6.17}$$

Für $n \geqq k + 1$ ergeben sich die Schätzungen $\hat{B}$ aus einem Normalgleichungssystem der Form

$$X^T X \hat{B} = X^T Y$$

zu

$$\hat{B} = (X^T X)^{-1} X^T Y. \tag{6.18}$$

Die rechentechnischen Aspekte zur Ermittlung der Schätzungen wurden bereits behandelt. Deshalb wird hier nur auf einige Besonderheiten bei der Anwendung der Mehrfachregression zur Aufstellung dynamischer Modelle eingegangen; ferner werden die Grundgleichungen zur statistischen Analyse des erhaltenen Modells angegeben.

Bei für verschiedene μ unabhängigen Fehlern $e(t_\mu)$ liefert das Kriterium (6.17) erwartungstreue Schätzungen des Koeffizientenvektors B. Die Kovarianzmatrix des Vektors für die Koeffizientenschätzungen lautet

$$\operatorname{cov}\{\hat{B}\} = E\{(\hat{B} - B)(\hat{B} - B)^T\} = (X^T X)^{-1} \sigma^2 = S^{-1}\sigma^2, \tag{6.19}$$

B — Vektor für die wahren Werte der Koeffizienten;
σ^2 — Fehlerdispersion der Beobachtungen.

Durch die Diagonalelemente der Kovarianzmatrix (6.19) wird die Dispersion der Koeffizientenschätzungen festgelegt. Bei Gültigkeit obiger Voraussetzungen stellt die Restdispersion $\hat{\sigma}^2$ die erwartungstreue Schätzung der Dispersion der Beobachtungsfehler dar. Sie ergibt sich aus folgender Gleichung:

$$\hat{\sigma}^2 = \frac{1}{n - (k + 1)} (Y - \hat{B}^T X)^T (Y - \hat{B}^T X). \tag{6.20}$$

Die Anzahl der Freiheitsgrade dieser Schätzung beträgt $\varphi_e = n - (k + 1)$, wobei n die Anzahl von Beobachtungen der Ausgangsvariablen und $(k + 1)$ die Anzahl der zu schätzenden Koeffizienten (Typ des Vektors B) darstellen.

Vollständigkeitshalber wird noch der Ausdruck für die Dispersion der berechneten Werte für die Ausgangsvariable zum Zeitpunkt t_* bei bekannter Realisierung des Prozesses $z(t)$ am Objektausgang im Intervall $[t_*, -\infty]$ angegeben:

$$\sigma^2_{\hat{y}(t_*)} = x^T(t_*) (X^T X)^{-1} x(t_*) \sigma^2. \tag{6.21}$$

$x(t_*)$ stellt einen Spaltenvektor vom Typ $(k + 1) \times 1$ dar, dessen Elemente sich bei quadratischem statischen Teil wie folgt angeben lassen:

$$x_j(t_*) = \begin{cases} 1 & \text{für } j = 0 \\ \int\limits_0^\infty \varphi_j(\tau) z(t_* - \tau) d\tau & \text{für } j = 1, 2, \ldots, m \\ x_\lambda(t_*) x_i(t_*) & \text{für } j = m + 1, \ldots, k; \\ & \quad i, \lambda = 1, 2, \ldots, m. \end{cases} \tag{6.22}$$

$\varphi_j(\tau)$, $j = 1, 2, \ldots, m$ ist die Funktion für die Zerlegung der Impulsantwort des Objekts über den betrachteten Eingang.

Die Gleichungen (6.19) und (6.21) und ebenso die Feststellung über die Erwartungstreue der Schätzungen (6.20) für die Fehlerdispersion der Beobachtungen haben nur Gültigkeit, wenn das gewählte Modell das zu untersuchende Objekt adäquat beschreibt. Die Adäquatheit resultiert nicht nur aus der Art der Wahl der Gleichung zur Beschreibung des statischen Gliedes, sondern ebenso aus der Wahl und der Zusammenstellung der Filter zur Darstellung des dynamischen Teils des Objekts. Die im Kapitel 2. gemachten Ausführungen über die Wahl der Form statischer Modelle sind hier nur unter der Voraussetzung anwendbar, daß der dynamische Teil adäquat ist.

Eine erwartungstreue Schätzung der Fehlerdispersion der Beobachtungen bei dynamischen Modellen läßt sich durch mehrfache Versuchswiederholung gewinnen: Bei gleicher Realisierung des Eingangsprozesses wird die Beobachtung der Ausgangsvariablen bei jeder Realisierung zu den gleichen Zeitpunkten, gerechnet vom Beginn der Realisierung, vorgenommen. In ähnlicher Art, nämlich durch Wiederholungsversuche bei gleichen Werten für die Eingangsvariablen, erhält man auch bei statischen Modellen die Schätzungen für die Versuchsfehler. Die Methode der Versuchswiederholung ist, wie bereits an anderer Stelle betont wurde, nur bei aktiven Versuchen zu verwirklichen.

Beim Aufstellen dynamischer Modelle muß die Messung des Eingangsprozesses $z(t)$ kontinuierlich oder in sehr kleinen Zeitabständen erfolgen. Mitunter besteht die Möglichkeit, auch die Ausgangsvariable in den gleichen Zeitabständen zu messen. Obgleich man nicht von vornherein auf eine solche Möglichkeit verzichten sollte, besteht die Gefahr, daß bei kleinen Zeitabständen zwischen den Messungen der Ausgangsvariablen die Beobachtungsfehler für verschiedene Versuche untereinander korreliert sein können. Damit würde eine der Grundvoraussetzungen für die abgeleitete Methode der Mehrfachregression verletzt. In diesem Falle müßte man zur Ermittlung der Schätzungen der Modellkoeffizienten auf die verallgemeinerte Methode der kleinsten Quadrate zurückgreifen, die die Korrelationsbeziehungen zwischen den Beobachtungsfehlern berücksichtigt. Diese Methode wurde bereits im Abschnitt 2.6. erläutert.

Sind die Fehler $e(t_\mu)$, $\mu = 1, 2, \ldots, n$ voneinander unabhängig, mit einem Erwartungswert von Null normalverteilt und besitzen sie eine einheitliche Dispersion σ^2, so lassen sich für die zu schätzenden Modellkoeffizienten und für die Werte der Ausgangsvariablen zu nachfolgenden Zeitpunkten Vertrauensintervalle angeben. Ferner lassen sich bezüglich der Koeffizienten grundlegende statistische Tests anwenden. Die Methodik unterscheidet sich dabei nicht von der im Kapitel 1. behandelten, so daß an dieser Stelle nur im Rahmen der Beispielaufgabe darauf eingegangen wird.

Beispiel 6-3:

Das Modell, das die Werte der Variablen an Ein- und Ausgang miteinander verknüpft, besitzt die in Abb. 6.7 gezeigte Struktur. $\varphi_1(\tau) = e^{-\tau}$ stellt die Impulsantwort des Verzögerungsgliedes mit einer Zeitkonstanten von Eins dar, während $\varphi_2(\tau) = \delta(\tau - 2\Delta t)$ die Impulsantwort eines Gliedes mit einer Totzeit von $2\Delta t$ bedeutet. Die Messungen am Objektausgang erfolgen nach jedem abgeschlossenen Zeitintervall Δt.

Der Einfachheit wegen wird $\Delta t = 1$ gesetzt. Die Zeitpunkte der Messung werden, wie bereits im Verlaufe dieses Kapitels mehrfach gehandhabt, durch $t_1, t_2, \ldots, t_n$ symbolisiert. Der Prozeß am Objekteingang soll für ein gewisses, vor dem Zeitpunkt t_1 liegendes Intervall und für das Intervall $[t_1, t_n]$ bekannt sein und die in Abb. 6.8 gezeigte Form aufweisen. $z(t)$ nimmt also alternierend die Werte ± 1 an. Wie der Abb. 6.8 zu entnehmen ist, wurden $n = 5$ Messungen durchgeführt. Die Meßergebnisse sind der Tab. 6.1 zu entnehmen.

An Hand dieser Daten sind die Koeffizientenschätzungen $\hat{\beta}_1$ und $\hat{\beta}_2$ anzu-

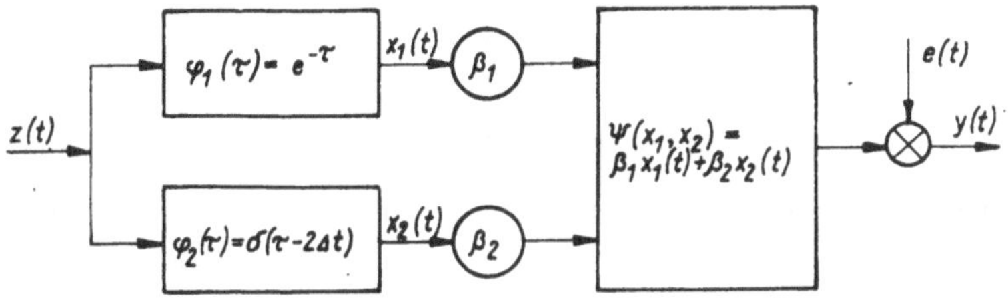

Abb. 6.7. Modellstruktur für das Beispiel 6–3

geben, außerdem ist die Schätzung der Ausgangsvariablen zum Zeitpunkt $t_6 = t_5 + \Delta t$ zu berechnen, wenn

$$t(t) = 1 \quad \text{für} \quad t_5 < t \leqq t_6$$

gilt.

Ferner sollen die Schätzungen für die Dispersion der Koeffizienten und für den berechneten Wert der Ausgangsvariablen zum Zeitpunkt t_6 bestimmt

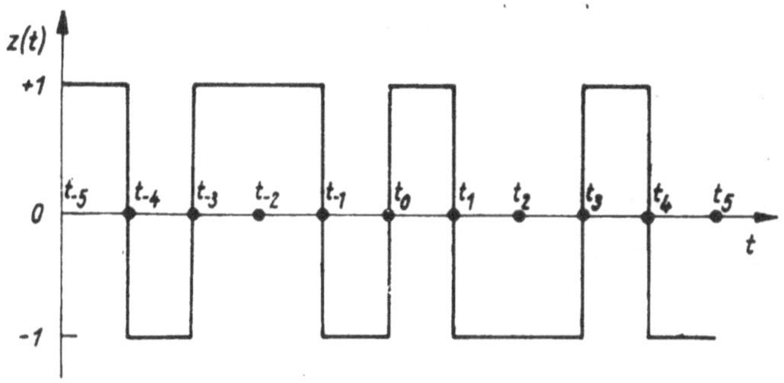

Abb. 6.8. Realisierung des Eingangsprozesses für das Beispiel 6–3

werden. Unter der Annahme normalverteilter Fehler sind die Vertrauensintervalle für die wahren Werte der geschätzten Größen anzugeben.

1. Berechnung der Variablen $x_1(t_\mu)$ und $x_2(t_\mu)$ am Eingang des statischen Gliedes zu den Zeitpunkten der Messung der Ausgangsvariablen (d. h. für $\mu = 1, 2, \ldots, 5$):

Nach Gleichung (6.15) ergibt sich für $x_1(t_1)$ und $\Delta t = 1$:

$$x_1(t_1) = z(t_1) \int_0^1 e^{-\tau}\, d\tau + z(t_0) \int_1^2 e^{-\tau}\, d\tau + z(t_{-1}) \int_2^3 e^{-\tau}\, d\tau$$

$$+ z(t_{-2}) \int_3^4 e^{-\tau}\, d\tau + z(t_{-3}) \int_4^5 e^{-\tau}\, d\tau + z(t_{-4}) \int_5^6 e^{-\tau}\, d\tau, \qquad (6.23)$$

$z(t_\mu)$ — Wert der Eingangsvariablen $z(t)$ für $t_{\mu-1} < t \leqq t_\mu$.

Die Durchführung der Integration

$$\int_{i-1}^{i} e^{-\tau}\, d\tau = e^{-(i-1)} - e^{-i}$$

liefert

$$x_1(t_1) = (1 - 0{,}368) - (0{,}368 - 0{,}135) + (0{,}135 - 0{,}050)$$

$$+ (0{,}050 - 0{,}018) - (0{,}018 - 0{,}007) + (0{,}007 - 0{,}0025)$$

$$= 0{,}5095.$$

Es gilt

$$x_1(t_\mu) = e^{-1} x_1(t_{\mu-1}) + z(t_\mu)\,(1 - e^{-1}), \qquad (6.24)$$

so daß nach Gleichung (6.24) folgende Werte erhält: man

$$x_1(t_2) = 0{,}368 \cdot 0{,}5095 - (1 - 0{,}368) = -0{,}445$$

$$x_1(t_3) = 0{,}368(-0{,}445) - (1 - 0{,}368) = -0{,}796$$

$$x_1(t_4) = 0{,}368(-0{,}796) + (1 - 0{,}368) = +0{,}339$$

$$x_1(t_5) = 0{,}368(+0{,}339) - (1 - 0{,}368) = -0{,}507.$$

Für die Werte $x_2(t_\mu)$ ergibt sich

$$x_2(t_1) = 1; \quad x_2(t_2) = -1; \quad x_2(t_3) = 1; \quad x_2(t_4) = -1; \quad x_2(t_5) = -1.$$

2. Berechnung der Schätzungen $\hat\beta_1$ und $\hat\beta_2$ der Modellkoeffizienten nach dem Kriterium der kleinsten Quadrate, d. h. nach folgender Minimumbedingung:

$$\min_{\beta_1, \beta_2} \sum_{\mu=1}^{5} [y(t_\mu) - \beta_1 x_1(t_\mu) - \beta_2 x_2(t_\mu)]^2. \qquad (6.25)$$

Die Erfüllung der Bedingung (6.25) führt auf folgendes System von Normalgleichungen:

$$\left.\begin{aligned}\hat{\beta}_1 \sum_{\mu=1}^{5} x_1^2(t_\mu) + \hat{\beta}_2 \sum_{\mu=1}^{5} x_1(t_\mu)\, x_2(t_\mu) &= \sum_{\mu=1}^{5} y(t_\mu)\, x_1(t_\mu)\\ \hat{\beta}_1 \sum_{\mu=1}^{5} x_1(t_\mu)\, x_2(t_\mu) + \hat{\beta}_2 \sum_{\mu=1}^{5} x_2^2(t_\mu) &= \sum_{\mu=1}^{5} y(t_\mu)\, x_2(t_\mu).\end{aligned}\right\} \tag{6.26}$$

Die Berechnung der Koeffizienten des Gleichungssystems, die die Elemente der Matrizen X^TX und X^TY in Gleichung (6.18) darstellen, erfolgt in Tab. 6.1.

Das Normalgleichungssystem (6.26) nimmt damit folgende Form an:

$$\left.\begin{aligned}1{,}464\hat{\beta}_1 + 0{,}326\hat{\beta}_2 &= 2{,}939\\ 0{,}326\hat{\beta}_1 + 5\hat{\beta}_2 &= 0{,}3.\end{aligned}\right\} \tag{6.27}$$

Tabelle 6.1

μ	$x_1(t_\mu)$	$x_2(t_\mu)$	$y(t_\mu)$	$x_1^2(t_\mu)$	$x_2^2(t_\mu)$	$x_1(t_\mu)\,x_2(t_\mu)$	$x_1(t_\mu)\,y(t_\mu)$	$x_2(t_\mu)\,y(t_\mu)$
1	+0,5095	+1	+1,3	0,259	1	+0,5095	+0,662	+1,3
2	−0,445	−1	−0,3	0,198	1	+0,445	+0,134	+0,3
3	−0,796	+1	−1,5	0,635	1	−0,796	+1,195	−1,5
4	+0,339	−1	+1,0	0,115	1	−0,339	+0,339	−1,0
5	−0,507	−1	−1,2	0,257	1	+0,507	+0,609	+1,2
$\sum_{\mu=1}^{5}$				1,464	5	+0,326	+2,939	+0,3

Die Lösung des Gleichungssystems erfolgt nach der CRAMERschen Regel. Die Determinante der Matrix X^TX besitzt folgenden Wert:

$$|X^TX| = \begin{vmatrix} 1{,}464 & 0{,}326 \\ 0{,}326 & 5 \end{vmatrix} = 7{,}21.$$

Für die Koeffizienten ergibt sich

$$\hat{\beta}_1 = \frac{5 \cdot 2{,}939 - 0{,}3 \cdot 0{,}326}{7{,}21} = 2{,}02$$

$$\hat{\beta}_2 = \frac{0{,}3 \cdot 1{,}464 - 0{,}326 \cdot 2{,}939}{7{,}21} = -0{,}073.$$

Damit erhält man folgende Modellgleichung:

$$\hat{y}(t_\mu) = 2{,}02x_1(t_\mu) + (-0{,}073)\, x_2(t_\mu).$$

3. Berechnung der Restdispersion nach Gleichung (6.20):

Der allgemeine Ausdruck für die Restdispersion lautet:

$$\hat{\sigma}^2 = \frac{1}{n - (k + 1)} \sum_{\mu=1}^{n} [y(t_\mu) - \hat{y}(t_\mu)]^2, \tag{6.28}$$

$(k + 1)$ — Anzahl der zu schätzenden Koeffizienten,
$\varphi = n - (k + 1)$ — Anzahl der Freiheitsgrade der Schätzung.

An Stelle der Gleichung (6.28) läßt sich auch folgende Berechnungsgleichung benutzen:

$$\hat{\sigma}^2 = \frac{1}{n - (k + 1)} \left[\sum_{\mu=1}^{n} y^2(t_\mu) - \sum_{j=0}^{k} \hat{\beta}_j \sum_{\mu=1}^{n} x_j(t_\mu)\, y(t_\mu) \right]. \tag{6.29}$$

Für das Beispiel wird

$$n = 5; \quad (k + 1) = 2; \quad \varphi = 3.$$

Die Gleichungen (6.28) oder (6.29) liefern $\sigma^2 \approx 0{,}2$ bei $\varphi = 3$ Freiheitsgraden.

4. Berechnung der Dispersion der Koeffizientenschätzungen $\hat{\beta}_1$ und $\hat{\beta}_2$:

Für die inverse Matrix $(X^T X)^{-1}$ erhält man

$$(X^T X)^{-1} = \begin{pmatrix} 1{,}464 & 0{,}326 \\ 0{,}326 & 5 \end{pmatrix}^{-1} = \frac{1}{7{,}21} \begin{pmatrix} 5 & -0{,}326 \\ -0{,}326 & 1{,}464 \end{pmatrix}$$

$$= \begin{pmatrix} 0{,}692 & -0{,}045 \\ -0{,}045 & 0{,}23 \end{pmatrix}.$$

Verfährt man nach Gleichung (6.19), d. h. benutzt man als Schätzung für σ^2 die Restdispersion $\hat{\sigma}^2$, so ergibt sich:

$$\hat{\sigma}^2_{\hat{\beta}_1} \simeq 0{,}2 \cdot 0{,}629 \approx 0{,}138$$

$$\hat{\sigma}^2_{\hat{\beta}_2} \simeq 0{,}2 \cdot 0{,}23 \approx 0{,}046.$$

5. Berechnung der Schätzung für die Ausgangsvariable zum Zeitpunkt t_6 und Ermittlung der Dispersion dieser Schätzung:

Gleichung (6.24) liefert für den bereits berechneten Wert $x_1(t_5) = -0{,}507$ und für $z(t_6) = 1$:

$$x_1(t_6) = 0{,}368(-0{,}507) + (1 - 0{,}368) = +0{,}45.$$

Für $x_2(t_6)$ gilt

$$x_2(t_6) = 1,$$

so daß man

$$\hat{y}(t_6) = 2{,}02 \cdot 0{,}45 - 0{,}073 = 0{,}84$$

erhält.

Benutzt man als Schätzung von σ^2 die Restdispersion σ^2, so ergibt sich nach Gleichung (6.21):

$$\begin{aligned}\hat{\sigma}^2_{\hat{y}(t_6)} &= 0{,}2[0{,}692x_1^2(t_6) + 0{,}23x_2^2(t_6) - 2 \cdot 0{,}045x_1(t_6)\, x_2(t_6)] \\ &= 0{,}2[0{,}692(0{,}45)^2 + 0{,}23 - 0{,}9 \cdot 0{,}045] \\ &\simeq 0{,}066.\end{aligned}$$

6. Bestimmung der Vertrauensintervalle für die wahren Werte der Koeffizienten und des Wertes der Ausgangsvariablen zum Zeitpunkt t_6 (unter der Annahme normalverteilter Fehler $e(t_\mu)$):

Als Wahrscheinlichkeit wird $1 - \alpha = 0{,}95$ angenommen. Bei $\varphi = 3$ Freiheitsgraden und einem Signifikanzniveau von $\alpha = 0{,}05$ lautet der Tabellenwert für die t-Verteilung

$$t_{\alpha/2,3} = 3{,}18.$$

Für die Vertrauensintervalle erhält man

$$2{,}02 - 3{,}18\sqrt{0{,}138} \leqq \beta_1 \leqq 2{,}02 + 3{,}18\sqrt{0{,}138}$$

$$-0{,}073 - 3{,}18\sqrt{0{,}046} \leqq \beta_2 \leqq -0{,}073 + 3{,}18\sqrt{0{,}046}.$$

Die Anwendung der im Kapitel 1. beschriebenen Nullhypothese wird hier nicht durchgeführt, es werden nur die Ergebnisse genannt. Die erhaltenen Vertrauensintervalle führen bei einem Signifikanzniveau von $\alpha = 0{,}05$ zu einer Ablehnung der Nullhypothese für β_1, während sie für β_2 akzeptiert wird. Wie man sich leicht überzeugen kann, hat der Ausschluß des Totzeitgliedes aus der Modellstruktur nur einen unbedeutenden Einfluß auf die Größe der Restdispersion.

6.5. *Zur Wahl des Eingangssignals beim Aufstellen dynamischer Modelle*

Beim Aufstellen dynamischer Modelle ist in manchen Fällen die Aufgabe eines speziell erzeugten Signals auf den Objekteingang möglich. Solche Signale werden eingesetzt, um die Genauigkeit der Schätzungen für die Modellkoeffizienten zu erhöhen. Man bezeichnet sie deshalb mitunter als Testsignale. Dieses Testsignal läßt sich dem am Objekteingang wirkenden Prozeß aufmodulieren. Der resultierende Prozeß am Objekteingang stellt dann die Summe von Grund- und Testsignal dar. Dabei besteht die Forderung, daß das Testsignal nicht zu einer Störung des normalen Prozeßablaufes führen darf.

Das Aufstellen von dynamischen Modellen erfolgt zweckmäßigerweise mit automatisierten Datenverarbeitungssystemen. Hierfür gibt es mehrere Gründe: Der Prozeß am Objekteingang muß kontinuierlich oder zumindest innerhalb sehr kurzer Zeitabstände abgetastet werden. Aus den am Objekteingang gewonnenen Daten sind dann die Ausgangsprozesse an den Filtern zur Zerlegung der Impulsantwort des Objekts zu berechnen. Diese recht aufwendigen Rechenoperationen lassen sich am effektivsten im Echtzeitbetrieb durchführen, da anderenfalls sehr große Datenmassive abgespeichert werden müßten. Hinzu kommt, daß zur Erzeugung der Testsignale ohnehin rechentechnische Mittel erforderlich sind, die sogleich Bestandteil des automatisierten Datenerfassungs- und -verarbeitungssystems werden.

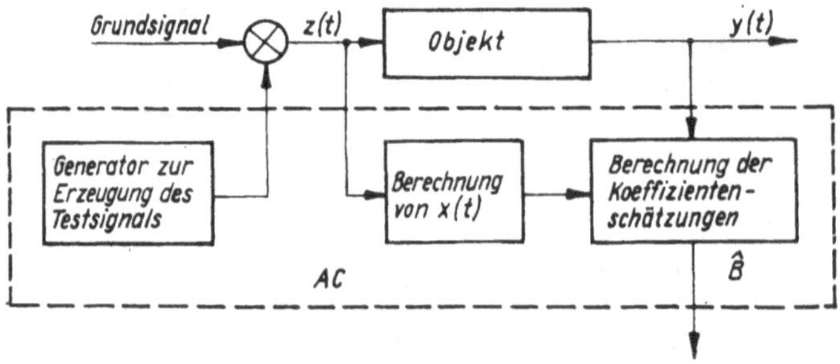

Abb. 6.9. Blockschaltbild zum Aufstellen von Modellen dynamischer Objekte

Das Blockschaltbild in Abb. 6.9 zeigt, wie mit Hilfe eines automatisierten Systems unter Verwendung eines Testsignals die Berechnung der Modellkoeffizienten verläuft. Die durch eine unterbrochene Linie eingerahmten Blöcke stellen das automatisierte System dar. Das automatisierte Datenerfassungs- und -verarbeitungssystem kann normalerweise zur Prozeßüberwachung dienen, so daß zum Aufstellen eines Modells lediglich auf spezielle Programme zurückgegriffen werden muß. Bei der Koeffizientenberechnung mit Hilfe automatisierter Systeme haben sich rekursive Algorithmen, die auf der Methode der kleinsten Quadrate beruhen, als effektiv erwiesen [75].

Im folgenden wird eine Methode zur Wahl des Testsignals beim Aufstellen dynamischer Modelle beschrieben. Das Wesen dieser Methode besteht darin, daß als Eingangssignal ein stationärer Zufallsprozeß, dessen Autokorrelationsfunktion mit der Genauigkeit bis auf einen Parameter bekannt ist, gewählt wird. Die optimalen Eigenschaften des Eingangssignals erzielt man durch geeignete Wahl des Parameterwertes der Autokorrelationsfunktion, der dann einen maximalen Wert des gewählten Kriteriums für die Genauigkeit des Modells gewährleistet. Diese Methode zeichnet sich durch ihre Universalität aus: Sie gestattet die Verwendung des gleichen Generators zur Erzeugung des Testsignals beim

Aufstellen von Modellen für die verschiedenartigsten Objekte. Es ist dann lediglich eine Neueinstellung des Parameterwertes des Generators vorzunehmen.

Auf einige spezielle Probleme bei der Wahl des Testsignals nach der beschriebenen Methode soll gesondert eingegangen werden:

1. Die Verfahrensweise zur Modellgewinnung wurde im Abschnitt 6.3. dargelegt. Von besonderer Wichtigkeit sind folgende Punkte: Die Beobachtung der Ausgangsvariablen (Abtastung) erfolgt zu diskreten Zeitpunkten, die Beobachtungsfehler der Ausgangsvariablen sind voneinander unabhängig, die Schätzung der Modellparameter erfolgt nach der Methode der kleinsten Quadrate.

2. Die Struktur des statischen Modellteils und die Parameter der Filter des dynamischen Modellteils werden als bekannt angenommen. Die Wahl des Testsignals sieht keine Hinweise über die Wahl von Struktur und Parametern der Filter des dynamischen Teils vor; diesbezügliche Angaben werden als bekannt vorausgesetzt. Das gefundene Signal dient lediglich zur Erhöhung der Genauigkeit bei der Schätzung der Modellkoeffizienten, ist jedoch zur Wahl von Struktur und Parametern der Filter des dynamischen Modellteils ungeeignet. Die Erzeugung eines Signals mit dem Ziel der Wahl eines besten Modells aus einer Anzahl vorgegebener Modelle, die sich durch Struktur oder Parameterwerte der Filter voneinander unterscheiden, stellt eine völlig andere Problematik dar, auf die im Rahmen dieser Arbeit nicht eingegangen wird.

Als Kriterium zur Synthese eines optimalen Eingangssignals läßt sich jedes der in Abschnitt 5.2. betrachteten Kriterien zur Versuchsplanung benutzen, in die sämtlich die Werte der Elemente der Kovarianzmatrix für die Koeffizientenschätzungen $\hat{B}$ in irgendeiner Form eingehen. Ein Vergleich der Ausdrücke (6.19) und (6.15) zeigt, daß bei vorgegebener Struktur des dynamischen und des statischen Modellteils und festgelegten Zeitpunkten $t_1, \ldots, t_n$ zur Messung der Ausgangsvariablen die Elemente der Matrix $\operatorname{cov}\{\hat{B}\}$ von der Prozeßrealisierung $z(t)$ am Objekteingang abhängig sind. Für jede Anzahl n von Beobachtungen und für Tupel von Beobachtungszeitpunkten läßt sich eine optimale Realisierung des Eingangssignals ermitteln.

Eine im Sinne des D-Kriteriums optimale Realisierung $z(t)$ muß dann folgende Bedingung erfüllen:

$$\left.\begin{aligned} &\min_{z(t)} |(X^T X)^{-1}| = \min_{z(t)} |S^{-1}| \\ \text{oder} \quad & \\ &\max_{z(t)} |X^T X| = \max_{z(t)} |S| . \end{aligned}\right\} \tag{6.30}$$

An Stelle der Matrix S in Gleichung (6.30) läßt sich die normierte Matrix $\frac{1}{n} S$ benutzen (n — Anzahl der Beobachtungen), wobei das auf der Grundlage des Kriteriums ermittelte Eingangssignal bezüglich des auf eine Messung der

Ausgangsvariablen entfallenden Informationsgehaltes über die Koeffizienten als optimal angesehen wird.

Bei gegen Unendlich strebendem n kann man von einzelnen Realisierungen des optimalen Eingangsprozesses zu den wesentlichsten Prozeßeigenschaften übergehen, die einen im Mittel maximalen, auf eine Messung entfallenden Informationsgehalt über die Modellkoeffizienten gewährleisten. In dieser Art wird auch bei der folgenden Ableitung vorgegangen. Verständlicherweise führt die Anwendung der berechneten optimalen Signale nur bei hinreichend großen n zu positiven Ergebnissen. Auf diese Problematik wird ebenfalls im Verlaufe der Ableitung eingegangen.

Zur Synthese des optimalen Eingangssignals werden folgende Annahmen gemacht:

Das Modell des Objekts stellt eine Linearkombination der Ausgänge eines vorgegebenen, aus m Filtern bestehenden Systems dar, auf deren Eingänge ein Signal $z(t)$ wirkt:

$$\psi\big(x_1(t_\mu), \ldots, x_m(t_\mu)\big) = \sum_{i=1}^{m} \beta_i x_i(t_\mu), \tag{6.31}$$

$$x_i(t_\mu) = \int_0^\infty \varphi_i(\tau)\, z(t - \tau)\, d\tau. \tag{6.32}$$

An Hand der Messungen der Ausgangsvariablen zu den Zeitpunkten t_u werden nach der Methode der kleinsten Quadrate die Koeffizientenschätzungen $\hat{\beta}_i$ gesucht.

Auf den Objekteingang wirkt ein stationärer Zufallsprozeß $z(t)$ mit einer Autokorrelationsfunktion folgender Form:

$$R_z(\tau) = \sigma_z^2 r(\tau, \alpha), \tag{6.33}$$

σ_z^2 — Dispersion des Prozesses $z(t)$;
$r(\tau, \alpha)$ — normierte Autokorrelationsfunktion;
α — Parameter der Autokorrelationsfunktion.

Aus der Forderung nach Aufrechterhaltung des normalen Prozeßablaufes ergibt sich für $z(t)$ folgende Beschränkung:

$$|z(t)| \leqq b. \tag{6.34}$$

Bezeichnet man die Matrix $X_n^T X_n$, die die Ergebnisse von n Beobachtungen enthält, mit S_n, dann sind für α^* und σ_z^2 Werte zu ermitteln, für die

$$\max_{\alpha, \sigma^2_z} \left| \lim_{n \to \infty} \frac{1}{n} S_n \right| = \max_{\alpha, \sigma_z^2} |C| \tag{6.35}$$

wird.

Diese Form des Lösungsansatzes ist auch auf ein allgemeineres dynamisches Modell, wie es im Abschnitt 6.2. betrachtet wurde, anwendbar. Unproblematisch ist auch eine Verallgemeinerung für den Fall, daß sich das Eingangssignal aus dem Grundsignal mit bekannter Autokorrelationsfunktion und dem Testsignal zusammensetzt, wobei die Parameter der Autokorrelationsfunktion des letzteren zu bestimmen sind.

Im folgenden wird auf die Abhängigkeit der Elemente der Matrix C von den Parametern der Autokorrelationsfunktion des Eingangssignals eingegangen. Für die Elemente c_{ij}, $i, j = 1, 2, \ldots, m$ der Matrix C gilt:

$$c_{ij} = \lim_{n\to\infty} \sum_{\mu=1}^{n} x_i(t_\mu)\, x_j(t_\mu)$$

$$= \int_0^\infty \int_0^\infty \varphi_i(\tau_1)\, \varphi_j(\tau_2) \left\{ \lim_{n\to\infty} \frac{1}{n} \sum_{\mu=1}^{n} z(t_\mu - \tau_1)\, z(t_\mu - \tau_2) \right\} d\tau_1\, d\tau_2 . \tag{6.36}$$

Da es sich bei $z(t)$ laut Voraussetzung um einen stationären ergodischen Prozeß handelt, läßt sich Gleichung (6.36) auf folgende Form bringen:

$$c_{ij} = \sigma_z^2 \int_0^\infty \int_0^\infty \varphi_i(\tau_1)\, \varphi_j(\tau_2)\, r(\tau_1 - \tau_2, \alpha)\, d\tau_1\, d\tau_2 . \tag{6.37}$$

Für die Determinante der Matrix C gilt

$$|C| = (\sigma_z^2)^m\, |G(\alpha)| . \tag{6.38}$$

Die Elemente der Matrix $G(\alpha)$ sind dabei nur vom Parameter α der normierten Autokorrelationsfunktion des Eingangssignals abhängig:

$$g_{ij} = \int_0^\infty \int_0^\infty \varphi_i(\tau_1)\, \varphi_j(\tau_2)\, r(\tau_1 - \tau_2, \alpha)\, d\tau_1\, d\tau_2 . \tag{6.39}$$

Wie aus Gleichung (6.38) ersichtlich ist, nimmt die Determinante der Matrix C bei einer maximalen Dispersion des Eingangssignals einen maximalen Wert an. Unter Einhaltung der Beschränkung (6.34) stellt deshalb das optimale Eingangssignal ein binäres Signal mit den Werten $\pm b$ dar. Die Bestimmung des Parameters α erfolgt dann aus der Bedingung

$$\max_\alpha |G(\alpha)| . \tag{6.40}$$

Die normierte Autokorrelationsfunktion soll folgende konkrete Form besitzen:

$$r(\tau, \alpha) = e^{-\alpha|\tau|} . \tag{6.41}$$

Die Erzeugung eines binären Zufallsprozesses mit einer derartigen Autokorrelationsfunktion ist ohne Schwierigkeiten mit Hilfe eines Digitalrechners möglich (siehe Beispiel 6—4).

Die Elemente der Matrix $G(\alpha)$ lassen sich bei einem Prozeß mit einer Autokorrelationsfunktion (6.41) für verschiedene Zerlegungsfunktionen der Impulsantwort des Objekts auf analytischem Wege bestimmen. Als spezieller Fall dient ein System von Exponentialfunktionen:

$$\varphi_i(\tau) = \frac{1}{T_i}\left[\exp\left(-\frac{1}{T_i}\,\tau\right)\right]. \tag{6.42}$$

Die Elemente der Matrix $G(\alpha)$ ergeben sich dann nach folgender Gleichung:

$$g_{ij} = \frac{2\alpha T_i T_j + T_i + T_j}{(T_i + T_j)\,(1 + \alpha T_i)\,(1 + \alpha T_j)}. \tag{6.43}$$

Für ein LAGUERREsches Funktionensystem

$$\varphi_\mu(\tau) = \sqrt{2\gamma}\; e^{-\gamma\tau} \sum_{i=0}^{\mu-1} \frac{(\mu - 1)!\,(2\gamma)^i}{(\mu - 1 - i)!\,(i!)^2}\,\tau^i$$

ergibt sich für die Elemente g_{ij}

$$g_{ij} = \begin{cases} (-1)^{i+j}\,\dfrac{2\gamma(\gamma - \alpha)^{|i-j|-1}}{(\gamma + \alpha)^{|i-j|+1}} & \text{für} \quad i \neq j \\[2ex] \dfrac{2}{\alpha + \gamma} & \text{für} \quad i = j \end{cases} \tag{6.44}$$

Die Ableitung der Gleichungen (6.43) und (6.44) ist dem Anhang (siehe Beispiele A-2 und A-3) zu entnehmen.

Bei bekannten Gleichungen für die Elemente der Matrix $G(\alpha)$ ist dann die Ermittlung eines Wertes α^*, für den die Determinante der Matrix $G(\alpha)$ einen Maximalwert annimmt, unproblematisch.

Zu Beginn der Ableitung wurde vorausgesetzt, daß die Anzahl n von Beobachtungen hinreichend groß sein muß. Diese Aussage bedarf noch einer Konkretisierung. Die Versuchsanzahl n muß auf jeden Fall gewährleisten, daß die Matrizen $\frac{1}{n} S_n$ und C in etwa übereinstimmen. Die Elemente der Matrix C stellen die Kovarianzen der Prozesse an den Filterausgängen dar, während die Elemente der Matrix $\frac{1}{n} S_n$ die Schätzungen dieser Kovarianzen darstellen. Bei bekannter Dauer T_n für den Übergangsprozeß und einem Zeitraum Δt zwischen zwei aufeinanderfolgenden Versuchen, wobei $\Delta t \leqq T_n \cdot \frac{1}{l}$ für $l \gg 1$ gilt, ist eine Gesamtversuchsdauer von (50 bis 100) T_n erforderlich, so daß sich für die Versuchsanzahl $n >$ (50 bis 100) l ergibt.

Beispiel 6-4:

Bei der katalytischen Methankonvertierung zur Erzeugung von Synthesegas für die Ammoniakherstellung stellen die zugeführte Methanmenge die Eingangs- und die Temperatur in der Reaktionszone die Ausgangsgröße des Prozesses dar. Beim Aufstellen eines dynamischen Modells soll der Parameter α eines optimalen Eingangssignals mit exponentieller Autokorrelationsfunktion ermittelt werden. Die Dauer des Übergangsprozesses wird als bekannt mit $T_n \approx 60$ min angenommen.

Das Prozeßmodell wird in Form einer Linearkombination dreier LAGUERRE-Filter erster Art aufgestellt. Der Wert des Parameters γ der LAGUERRE-Filter wird (siehe Beispiel 6-2) mit $\gamma = (0{,}2T_n)^{-1} \approx 0{,}08\ \text{min}^{-1}$ festgelegt. Während des Versuches soll die Durchsatzänderung des Methans am Prozeßeingang nur infolge eines Testsignals erfolgen, das einen binären Zufallsprozeß mit einer Autokorrelationsfunktion exponentiellen Typs darstellt. Der optimale Parameterwert α des Eingangssignals soll nach dem Kriterium (6.40) ermittelt werden.

Nach Gleichung (6.44) ergibt sich für die Matrix $G(\alpha)$:

$$G(\alpha) = \begin{pmatrix} \dfrac{2}{\alpha+\gamma} & -\dfrac{2\gamma}{(\alpha+\gamma)^2} & \dfrac{2\gamma(\gamma-\alpha)}{(\alpha+\gamma)^3} \\ -\dfrac{2\gamma}{(\alpha+\gamma)^2} & \dfrac{2}{\alpha+\gamma} & -\dfrac{2\gamma}{(\alpha+\gamma)^2} \\ \dfrac{2\gamma\,(\gamma-\alpha)}{(\alpha+\gamma)^3} & -\dfrac{2\gamma}{(\alpha+\gamma)^2} & \dfrac{2}{\alpha+\gamma} \end{pmatrix} \tag{6.45}$$

Die Determinante der Matrix $G(\alpha)$ hat den Wert

$$|G(\alpha)| = 8\alpha^2 \frac{\alpha+3\gamma}{(\alpha+\gamma)^6}. \tag{6.46}$$

Der Optimalwert α^* ergibt sich aus

$$\left.\frac{\partial\,|G(\alpha)|}{\partial\alpha}\right|_{\alpha^*} = 0. \tag{6.47}$$

Die Differentiation des Ausdruckes (6.46) liefert

$$\frac{\partial\,|G(\alpha)|}{\partial\alpha} = 24\,\frac{\alpha(\alpha+2\gamma)\,(\gamma+\alpha) - 2\alpha^2(\alpha+3\gamma)}{(\alpha+\gamma)^7} = \frac{24\alpha(-\alpha^2 - 3\gamma\alpha + 2\gamma^2}{(\alpha+\gamma)^7}.$$

Da nur positive Parameterwerte sinnvoll sind ($\alpha^* > 0$), ergibt sich α^* aus der quadratischen Gleichung

$$(\alpha^*)^2 + 3\gamma\alpha^* - 2\gamma^2 = 0 \tag{6.48}$$

zu

$$\alpha^* = \frac{-3\gamma + \sqrt{9\gamma^2 + 8\gamma^2}}{2} = \frac{\gamma}{2}\left(\sqrt{17} - 3\right) \approx 0{,}56\gamma. \tag{6.49}$$

Der optimale Parameterwert der Autokorrelationsfunktion des Eingangssignals ist also dem Parameter γ der LAGUERRE-Filter proportional und beträgt

$$\alpha^* = 0{,}56 \cdot 0{,}08 \approx 0{,}045 \text{ min}^{-1}.$$

Abb. 6.10 zeigt die Abhängigkeit der Determinante der Matrix $G(\alpha)$ von der Größe α/γ für $\gamma = 1$ (für andere γ-Werte ergibt sich der Wert der Determinante durch Multiplikation der entsprechenden Ordinatenwerte mit γ^{-3}).

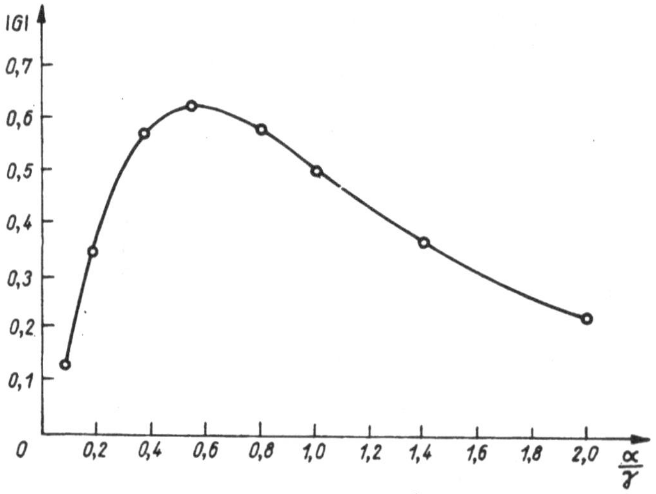

Abb. 6.10. Abhängigkeit der Determinante $|G|$ von der Größe α/γ für $\gamma = 1$ (siehe Beispiel 6-4)

Aus der Abb. 6.10 ist ersichtlich, daß der Wert der Determinante besonders stark abnimmt, wenn der Wert für α unter dem Optimalwert liegt, d. h. bei einer überhöhten Zeitkonstante der Autokorrelationsfunktion des Eingangssignals. Bei der Wahl des Parameters α ist es deshalb besonders dann, wenn zu Versuchsbeginn für den Wert von γ nur eine Grobschätzung vorliegt, der erst nach den Versuchsergebnissen durch Methoden der nichtlinearen Schätzung angepaßt wird, zweckmäßig, den nach Gleichung (6.49) berechneten Wert etwas höher zu wählen.

Abschließend wird beschrieben, wie sich mit Hilfe eines Digitalrechners ein binärer Prozeß mit exponentieller Autokorrelationsfunktion erzeugen läßt.

Als Beispiel dient ein Prozeß $z(t)$ mit einer Autokorrelationsfunktion

$$r(\tau) = e^{-\alpha|\tau|},$$

der die Werte ± 1 annimmt.

Der zu erzeugende Prozeß wird mit Hilfe eines Signals dargestellt, das seine Werte in einem Zeitraum Δt ändert. Die Betrachtung des Zufallsprozesses erfolgt nur zu den Zeitpunkten $i\,\Delta t$. Die Darstellung des Prozesses $z(t)$ verläuft nach folgendem Algorithmus: Zu jedem Zeitpunkt $i\,\Delta t$ ändert der Prozeß $z(t)$ vorzeichenmäßig seinen Wert (d. h. auf -1, wenn er vorher $+1$ betrug und umgekehrt) mit einer Wahrscheinlichkeit von p, während die Wahrscheinlichkeit für die Beibehaltung des alten Wertes $q = 1 - p$ beträgt.

Die Aufgabe besteht in der Ermittlung eines Ausdruckes für die Autokorrelationsfunktion eines solchen Prozesses. Offensichtlich ist der Wert der Autokorrelationsfunktion für einen Zeitraum $\tau = n\,\Delta t$ von der Verteilung der Nulldurchgänge des Prozesses $z(t)$ in diesem Zeitraum abhängig. Die Anzahl der Nulldurchgänge im Zeitraum $n\,\Delta t$ beträgt

$$P_n(k) = \binom{n}{k} p^k (1 - p)^{n-k}, \tag{6.50}$$

$\binom{n}{k}$ — Anzahl der Kombinationen von n Elementen zur k-ten Klasse.

Die Anzahl von Nullübergängen des Prozesses $z(t)$ gehorcht folglich dem Binomialgesetz der Wahrscheinlichkeitsverteilung, so daß gilt:

$$\begin{aligned} r(\tau) &= E\{z(t)\,z(t+\tau)\} \\ &= 1 \cdot P_n(0) - 1 \cdot P_n(1) + 1 \cdot P_n(2) - \cdots + (-1)^n P_n(n) \\ &= (1-p)^n - np(1-p)^{n-1} + \frac{n(n-1)}{2} p^2(1-p)^{n-2} - \cdots (-1)^n p^n \\ &= [(1-p) - p]^n \\ &= (1-2p)^n. \end{aligned} \tag{6.51}$$

Damit läßt sich die Wahrscheinlichkeit p angeben, für die der Prozeß $z(t)$ die geforderte Korrelationsfunktion aufweist:

$$(1-2p)^n = r(\tau) = r(n\,\Delta t) = e^{-\alpha n \Delta t}$$

$$p = \frac{1}{2}\left(1 - e^{-\alpha \Delta t}\right). \tag{6.52}$$

Abb. 6.11 zeigt den Programmablaufplan zur Erzeugung eines binären pseudozufälligen Prozesses mit exponentieller Autokorrelationsfunktion. Der Generator zur Erzeugung pseudozufälliger Zahlen, die im Bereich [0, 1] gleichmäßig verteilt sind, wird durch das Programm gestartet. Derartige Generatoren sind in der Regel Bestandteil der Standardausrüstung von Digitalrechnern [85]. Mit Hilfe des Programmablaufplanes ist es möglich, die Realisierung des Prozesses $z(t)$ in einem vorgegebenen Intervall zu bestimmen.

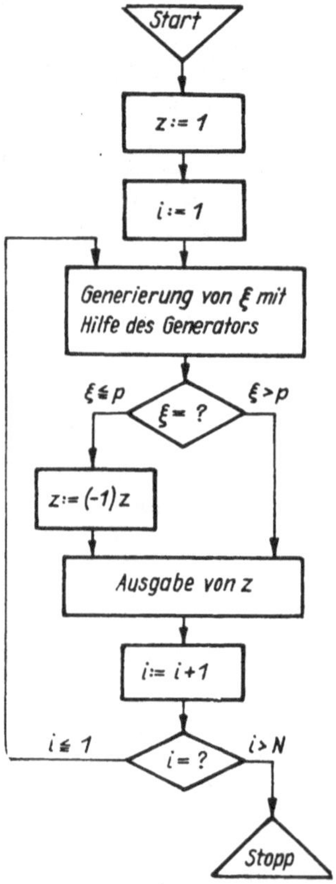

Abb. 6.11. Programmablaufplan zur Erzeugung eines binären pseudozufälligen Signals mit exponentieller Autokorrelationsfunktion

7. Anhang

Grundbegriffe der linearen Algebra

A sei eine Matrix vom Typ $(n \times k)$, d. h. sie besteht aus n Zeilen und k Spalten mit den Elementen a_{ij} $(i = 1, \ldots, n;\ j = 1, \ldots, k)$. Die Transponierte A^T besitzt k Zeilen und n Spalten.

Eine quadratische Matrix A heißt symmetrische Matrix, wenn $A = A^T$ ist.

Eine quadratische Matrix, deren außerhalb der Hauptdiagonalen liegende Elemente sämtlich den Wert Null aufweisen, heißt Diagonalmatrix.

Eine quadratische Matrix I_k vom Typ $(k \times k)$, deren Elemente der Hauptdiagonalen alle gleich Eins sind, während die restlichen Elemente den Wert Null aufweisen, bezeichnet man als Einheitsmatrix vom Typ k (oder k-ter Ordnung).

Sind A eine Matrix vom Typ $(n \times k)$ und B eine Matrix vom Typ $(n \times k)$, so ergibt sich als Summe $(A + B)$ eine Matrix C vom Typ $(n \times k)$ mit den Elementen c_{ij} $(i = 1, \ldots, n;\ j = 1, \ldots, k)$. Die Summe $(A + B)$ ist definiert, wenn die Matrizen A und B vom gleichen Typ sind.

Das Produkt AB der Matrix A vom Typ $(n \times m)$ und der Matrix B vom Typ $(m \times k)$ stellt eine Matrix C vom Typ $(n \times k)$ dar, deren Elemente wie folgt gebildet werden:

$$c_{jq} = \sum_{s=1}^{n} a_{js} b_{sq}; \qquad j = 1, \ldots, m; \quad q = 1, \ldots, k.$$

Das Produkt AB ist nur definiert, wenn die Anzahl der Zeilen von A gleich der der Spalten von B ist.

Bei der Multiplikation von Matrizen gelten folgende Gesetzmäßigkeiten:

1. Assoziatives Gesetz: $A(BC) = (AB)\,C$;
2. distributives Gesetz der Addition: $(A + B)\,C = AC + BC$;
3. bei der Multiplikation mit Konstanten hat das assoziative Gesetz Gültigkeit: $a(bA) = (ab)\,A$ und $a(AB) = (aA)\,B$, wobei a, b Skalare und A, B Matrizen darstellen;
4. die Matrizenmultiplikation ist nichtkommutativ, d. h. es gilt $AB \neq BA$.

Ist I_k eine Einheitsmatrix vom Typ k und A eine Matrix vom Typ $(k \times k)$, so gilt: $I_k A = A I_k = A$. Ist ϱ ein Skalar, so gilt $A \varrho I_k B = \varrho I_k A B$.

Die zu einer quadratischen Matrix A vom Typ $(k \times k)$ gehörige inverse Matrix A^{-1} besitzt folgende Eigenschaft: $AA^{-1} = I_k$.

Es gelten folgende Gesetze:

$$(A^T)^T = A, \quad (A^{-1})^{-1} = A,$$

$$(A^T)^{-1} = (A^{-1})^T.$$

Ist der Rang einer Matrix A vom Typ $(n \times n)$ gleich $\text{rg}\,(A) = m$, wobei $m < n$ sein soll, so ist die Anzahl der linear unabhängigen Zeilen der Matrix A ebenso wie die der linear unabhängigen Spalten gleich m.

Als Spur einer quadratischen Matrix A vom Typ $(n \times n)$ bezeichnet man die Summe ihrer Diagonalelemente:

$$\text{sp}\,(A) = \sum_{j=1}^{n} a_{jj}.$$

Ist I_k eine Einheitsmatrix vom Typ k, so gilt für ihre Spur

$$\text{sp}\,(I_k) = k.$$

Ferner gilt $\text{sp}\,(ABC) = \text{sp}\,(CBA) = \text{sp}\,(BCA)$.

Eine quadratische Matrix A wird als idempotent bezeichnet, wenn folgende Bedingungen erfüllt sind: $A = A^T$, $A = A^2$. Ist A eine idempotente Matrix vom Rang r, so ist $\text{sp}\,(A) = r$.

Eine nach einer bestimmten Ordnung aufgestellte Folge von k Zahlen wird als k-dimensionaler Vektor (oder als Punkt im k-dimensionalen Raum) bezeichnet. Jedes beliebige Element des k-dimensionalen Raumes läßt sich in Form einer Matrix Y vom Typ $(k \times 1)$ darstellen. Diese Matrix Y wird als Spaltenvektor bezeichnet.

Als Skalarprodukt z zweier k-dimensionaler Vektoren Y_1 und Y_2 bezeichnet man die Größe $z = Y_1^T Y_2 = Y_2^T Y_1$.

Ist Y eine Matrix vom Typ $(k \times 1)$, d. h., ein k-dimensionaler Vektor, so gilt $Y Y^T Y Y^T = Y^T Y Y Y^T$.

Als Länge l eines Vektors Y im k-dimensionalen Raum bezeichnet man den positiven Wert der Quadratwurzel aus dem Skalarprodukt $Y^T Y$, d. h. $l = \sqrt{Y^T Y}$.

Unter dem Betrag des Vektors Y soll der positive Wert der Quadratwurzel aus dem Skalarprodukt $Y^T Y$ verstanden werden, d. h. die Länge l des Vektors Y.

Ist Y ein n-dimensionaler Vektor und A eine Matrix vom Typ $(n \times n)$, so ist die quadratische Form $Y^T A Y$ als $\sum_{j=1}^{n} \sum_{q=1}^{n} y_j y_q a_{jq}$ definiert. Ist $A = I_k$, so wird $Y^T A Y = \sum_{j=1}^{n} y_j^2$.

Sind A und Y Spaltenvektoren vom Typ $(n \times 1)$, so ist $z = A^T Y = A Y^T$ und $\frac{\partial z}{\partial Y} = A$.

Sind A eine Matrix vom Typ $(n \times n)$, Y ein n-dimensionaler Vektor und $z = Y^T A Y$, so ist $\frac{\partial z}{\partial Y} = 2AY$.

Grundbegriffe der mathematischen Statistik

Eine Größe ζ, die bei sich wiederholenden Versuchsbedingungen zufällige Werte annimmt, bezeichnet man als Zufallsgröße.

Die Gesamtheit aller möglichen Werte einer Zufallsgröße für alle möglichen Versuchsbedingungen heißt Grundgesamtheit.

Die Gesamtheit einer begrenzten Anzahl aus Versuchen gewonnener Werte für eine Zufallsgröße wird als Stichprobe aus der Grundgesamtheit bezeichnet. Wurden für n voneinander unabhängig veränderbare Versuchsbedingungen n Stichprobenwerte $z_1, \ldots, z_n$ der Zufallsgröße ζ ermittelt, so lassen sich $z_1, \ldots, z_n$ wie n voneinander unabhängige Zufallsgrößen betrachten. Eine derartige Stichprobe wird als Zufallsstichprobe vom Umfang n bezeichnet.

Die Eigenschaften einer Grundgesamtheit werden durch die Funktion $f(z)$ für die Wahrscheinlichkeitsverteilung der möglichen Werte z_i, die die Zufallsgröße ζ annehmen kann, beschrieben. Der Wert $f(z_1)$ dieser Verteilungsfunktion stellt die Wahrscheinlichkeit eines Ereignisses dar: $\{\zeta < z_1\}$, d. h. $f(z_1) = P\{\zeta < z_1\}$.

Die Ableitung $\varphi(z)$ der Verteilungsfunktion $f(z)$ nennt man Verteilungsdichte der Zufallsgröße ζ. Aus der Definitionsbeziehung $f'(z) = \varphi(z)$ folgt

$$f(z) = \int_{-\infty}^{z} \varphi(z)\, dz.$$

Die Wahrscheinlichkeit dafür, daß der Wert von ζ in den Grenzen zwischen z_1 und $z_1 + dz$ liegt, beträgt

$$P\{z_1 < \zeta < z_1 + dz\} = \int_{z_1}^{z_1+dz} \varphi(z)\, dz.$$

Die Gesamtverteilungsfunktion der m Zufallsgrößen $\zeta_1, \ldots, \zeta_m$ bestimmt die Wahrscheinlichkeit des Ereignisses $\{\zeta_1 < z_1, \ldots, \zeta_m < z_m\}$. Die Zufallsgrößen $\zeta_1, \ldots, \zeta_m$ bezeichnet man als unabhängig, wenn $f(z_1, \ldots, z_m) = f(z_1), \ldots, f(z_m)$ ist.

Das Zentrum, um das die Werte der Zufallsgröße streuen, wird durch den Erwartungswert

$$E[\zeta] = \int_{-\infty}^{\infty} z\varphi(z)\, dz$$

charakterisiert. Er zeichnet sich durch folgende Eigenschaften aus:

1. $E[c] = c$, wenn $c = \text{const}$;
2. $E[c\zeta] = cE[\zeta]$;

3. $E[\zeta + \eta] = E[\zeta] + E[\eta]$;
4. $E[a + b\zeta] = a + bE[\zeta]$, $a, b = \text{const}$.

Ist Ξ eine Zufallsmatrix (d. h. eine Matrix, deren Elemente ζ_{ij} Zufallsgrößen darstellen), so ist

$$E[\Xi] = \Psi,$$

Ψ – Matrix mit den Elementen $\psi_{ij} = E[\zeta_{ij}]$.

Die Streuung der Werte einer Zufallsgröße um den Erwartungswert wird durch die Dispersion charakterisiert:

$$D[\zeta] = \int_{-\infty}^{\infty} (z - E[\zeta])^2 \varphi(z)\, dz.$$

Sie zeichnet sich durch folgende Eigenschaften aus:
1. $D[c] = 0$, wenn $c = \text{const}$;
2. $D[c\zeta] = c^2 D[\zeta]$;
3. $D[a + b\zeta] = b^2 D[\zeta]$, $a, b = \text{const}$.

Die Dispersion läßt sich als Erwartungswert der quadratischen Abweichung auffassen, d. h. $D[\zeta] = E[(z - E[\zeta])^2]$.

Die Quadratwurzel aus der Dispersion wird als mittlere quadratische Abweichung bezeichnet.

Die Dispersion einer Zufallsgröße ζ stellt ein zentrales Moment zweiter Ordnung dar. Mitunter wird auch mit Momenten höherer Ordnung gerechnet. So lautet ein zentrales Moment k-ter Ordnung für eine Zufallsgröße ζ

$$\mu_k = E[\zeta^k] = \int_{-\infty}^{\infty} (z - E[\zeta])^k \varphi(z)\, dz.$$

Ergeben sich die Werte der Zufallsgröße aus vielen voneinander unabhängigen Faktoren mit etwa gleichem Einfluß, so folgt die Zufallsgröße dem Normalverteilungsgesetz. Die Normalverteilungsdichte hat die Form

$$\varphi(z) = \frac{1}{\sqrt{2\pi}\sigma} \exp\left[-\frac{(z-\mu)^2}{2\sigma^2}\right].$$

Für die Verteilungsfunktion ergibt sich dann

$$f(z) = \int_{-\infty}^{z} \frac{1}{\sqrt{2\pi}\sigma} e^{-(z-\mu)^2/2\delta^2}\, dz.$$

Die Zahlengrößen μ und σ^2 charakterisieren die Grundgesamtheit einer normalverteilten Zufallsgröße eindeutig; μ ist dabei der Erwartungswert der Grundgesamtheit und σ^2 ihre Dispersion. Somit gilt $\zeta \sim N_1(\mu, \sigma^2)$.

Jede Normalverteilung läßt sich auf die sog. normierte Normalverteilung ($\mu = 0$, $\sigma^2 = 1$) zurückführen, wenn an Stelle der Zufallsgröße ζ ihre Transformation

$$\zeta' = \frac{\zeta - \mu}{\sigma}$$

gesetzt wird.

Die Zufallsgrößen $\zeta_1, \ldots, \zeta_m$ sollen einem gemeinsamen Normalverteilungsgesetz gehorchen. Die Dichtefunktion der Wahrscheinlichkeit hat bei gemeinsamer Normalverteilung folgende Form:

$$\varphi(Z) = (2\pi)^{-m/2} \, |D|^{-1/2} \, e^{-(Z-E)^T D^{-1} (Z-E)/2},$$

Z — $(m \times 1)$-dimensionaler Zufallsvektor für die Werte der Zufallsgrößen $\zeta_1, \ldots, \zeta_m$;
E — Erwartungsvektor für die Erwartungswerte $\mu_1, \ldots, \mu_m$ der Zufallsgrößen $\zeta_1, \ldots, \zeta_m$;
D — Symmetrische Matrix vom Typ $(m \times m)$, sie ist die Kovarianzmatrix der Gesamtheit der Zufallsgrößen $\zeta_1, \ldots, \zeta_m$;
$|D|$ — Determinante der Kovarianzmatrix.

Die Diagonalelemente der Kovarianzmatrix stellen die Dispersionen der einzelnen Zufallsgrößen dar:

$$d_{jj} = D[\zeta_j] = \sigma_j^2 = E\big[(z_j - E[\zeta_j])^2\big], \qquad j = 1, \ldots, m.$$

Die außerhalb der Diagonalen gelegenen Elemente der Kovarianzmatrix stellen die Kovarianzen der entsprechenden Zufallsgröße dar:

$$d_{jq} = d_{qj} = \operatorname{cov}[\zeta_j \zeta_q] = E\big[(z_j - E[\zeta_j])\,(z_q - E[\zeta_q])\big];$$
$$j, q = 1, \ldots, m; \quad j \neq q.$$

Die Kovarianzen unterscheiden sich von den Korrelationskoeffizienten durch die Normierung

$$r_{jq} = r_{qj} = \frac{d_{jq}}{\sigma_j \sigma_q}; \qquad j \neq q; \quad r_{jj} = 1.$$

Die Schätzungen der Verteilungsparameter, die man aus den Stichprobendaten erhält, bezeichnet man als Stichprobenschätzungen. So benutzt man z. B. als Stichprobenschätzung für den Erwartungswert den Mittelwert

$$\bar{z} = \frac{1}{n} \sum_{i=1}^{n} z_i$$

und für die Dispersion die Stichprobendispersion

$$\hat{\sigma}^2 = \frac{1}{n-1} \sum_{i=1}^{n} (z_i - \bar{z})^2.$$

Die Stichprobenschätzungen gelten als optimal, wenn sie eine Reihe von Eigenschaften aufweisen, deren wichtigste die Konsistenz die Erwartungstreue und die Effektivität sind.

Der Schätzwert $\hat{\theta} = \psi(z_1, \ldots, z_n)$ des Parameters θ ist konsistent, wenn sein Wert bei unbeschränktem Anwachsen von n mit einer Wahrscheinlichkeit von Eins dem wahren Wert des Parameters θ zustrebt, d. h., wenn gilt

$$P\left\{\lim_{n\to\infty} \psi(z_1, \ldots, z_n) = \theta\right\} = 1.$$

Der Schätzwert $\hat{\theta} = \psi(z_1, \ldots, z_n)$ heißt erwartungstreu, wenn sein Erwartungswert für beliebige n gleich dem wahren Wert des Parameters θ ist, d. h., wenn $E[\hat{\theta}] = \theta$ gilt. Die Forderung nach Erwartungstreue beseitigt die systematischen Schätzfehler, die durch die Begrenztheit der Stichprobe bedingt sind. Für eine konsistente Schätzung strebt dieser Schätzfehler für $n \to \infty$ gegen Null.

Die Schätzung $\hat{\theta} = \psi(z_1, \ldots, z_n)$ wird als effektiv bezeichnet, wenn sie neben anderen Schätzungen des gleichen Parameters die geringste Dispersion besitzt.

Ist die Art der Verteilungsfunktion bekannt, so ist die Likelihood-Methode zur Bestimmung der Stichprobenschätzung $\hat{\theta} = \psi(z_1, \ldots, z_n)$ besonders geeignet. Sie beruht auf folgenden Überlegungen: Eine Zufallsstichprobe $z_1, \ldots, z_n$ läßt sich als n-dimensionale Zufallsgröße mit einer gemeinsamen Verteilungsdichte $L(z_1, \ldots, z_n) = \varphi(z_1), \varphi(z_2), \ldots, \varphi(z_n)$ auffassen, die als Likelihood-Funktion bezeichnet wird. Für jede beliebige Stichprobe $z_1, \ldots, z_n$ ist der Wert der Likelihood-Funktion eine Funktion der unbekannten Verteilungsparameter $\theta_1, \ldots, \theta_m$. Nach der Likelihood-Methode wird als Schätzung für den Parameter θ_j eine Funktion $\hat{\theta}_j \doteq \psi_j(z_1, \ldots, z_n)$ gewählt, die die Größe $L(z_1, \ldots, z_n)$ maximiert. In der Praxis bestimmt man das Maximum von $\ln L(z_1, \ldots, z_n)$, was jedoch zu den gleichen Ergebnissen führt, da die Maxima beider Funktionen übereinstimmen. Zur Gewinnung einer Gesamtheit von m maximal wahrheitsgetreuen Schätzwerten $\hat{\theta}_1, \ldots, \hat{\theta}_m$ ist folgendes, aus m Gleichungen bestehendes System zu lösen:

$$\frac{\partial}{\partial \hat{\theta}_j} \ln L(z_1, \ldots, z_n, \hat{\theta}_1, \ldots, \hat{\theta}_m) = 0; \qquad j = 1, \ldots, m.$$

Die nach der Likelihood-Methode erhaltenen Schätzungen sind konsistent und besitzen noch einige andere optimale Eigenschaften.

Beispiel A-1:

$z_1, \ldots, z_n$ soll eine Zufallsstichprobe einer normalverteilten Grundgesamtheit mit den unbekannten Parametern μ und σ^2 darstellen. Die Likelihood-Funktion hat folgende Form:

$$L(z_1, \ldots, z_n, \mu, \sigma^2) = \frac{1}{(2\pi\sigma^2)^{n/2}} \exp\left[-\frac{1}{2\sigma^2} \sum_{i=1}^{n} (z_i - \mu)^2\right].$$

Zur Berechnung der Stichprobenschätzung des Erwartungswertes ist folgende Gleichung zu lösen:

$$\frac{\partial \ln L}{\partial \hat{\mu}} = \frac{1}{\sigma^2} \sum_{i=1}^{n} (z_i - \hat{\mu}) = 0.$$

Als Lösung ergibt sich

$$\hat{\mu} = \frac{1}{n} \sum_{i=1}^{n} z_i = \bar{z}.$$

Abschließend werden noch die drei wichtigsten, auf dem Normalverteilungsgesetz beruhenden Verteilungen behandelt.

Sind die Elemente des Vektors $Y^T = (y_1, \ldots, y_n)$ unabhängige normierte normalverteilte Zufallsgrößen, d. h. gilt

$$Y \sim N_n(0, I_n),$$

so besitzt die Zufallsgröße $u = Y^T Y = \sum_{i=1}^{n} y_i^2$ eine zentrale χ^2-Verteilung mit n Freiheitsgraden, es ist also $u \sim \chi^2(n)$.

Sind die Zufallsgrößen u und ω unabhängig und ist ferner $u \sim \chi^2(n)$ und $\omega \sim \chi^2(m)$, so hat die Zufallsgröße $v = \dfrac{u/n}{\omega/m}$ eine zentrale F-Verteilung mit n Freiheitsgraden des Zählers und m Freiheitsgraden des Nenners, es ist also $v \sim F(n, m)$.

Ist ζ' eine normierte normalverteilte Zufallsgröße, so daß $\zeta' \sim N_1(0, 1)$ gilt und $\omega \sim \chi^2(m)$, so besitzt die Zufallsgröße $t = \zeta'/\sqrt{\omega/m}$ eine zentrale t-Verteilung mit m Freiheitsgraden, es ist $t \sim t(m)$.

Theorem [7]: Besitzt ein Vektor Y der unabhängigen Zufallsgrößen $y_1, \ldots, y_n$ eine gemeinsame Normalverteilung mit den Parametern $(E, \sigma^2 I_n)$, so daß $Y \sim N_n(E, \sigma^2 I_n)$ gilt, und hat die idempotente Matrix $A(n \times n)$ den Rang m, so hat die quadratische Form $Y^T A Y/\sigma^2$ eine nichtzentrale $(\chi')^2$-Verteilung mit m Freiheitsgraden und einem Nichtzentralitätsparameter $\lambda = \dfrac{1}{2\sigma^2} E^T A E$, d. h. $Y^T A Y/\sigma^2 \sim (\chi')^2(m, \lambda)$.

Ist $u \sim (\chi')^2\ (m, \lambda)$ und $\omega \sim \chi^2(n)$ und sind u und ω unabhängige Größen, so besitzt die Zufallsgröße $v = \dfrac{u/m}{\omega/n}$ eine nichtzentrale F'-Verteilung mit m und n Freiheitsgraden und einem Nichtzentralitätsparameter λ, so daß $v \sim F'(m, n, \lambda)$ gilt.

Die Charakteristika nichtzentraler t'-, F'- und $(\chi')^2$-Verteilungen werden durch Gammafunktionen beschrieben [7, 55].

Besitzt ein Vektor von Zufallsgrößen $Y^T = (y_1, \ldots, y_n)$ Normalverteilung und sind A und B quadratische Matrizen vom Typ $(n \times n)$, so sind die Zufallsgrößen $u = Y^T A Y$ und $\omega = Y^T B Y$ statistisch unabhängig, wenn $AB = 0$ ist.

Grundbegriffe der Theorie der Zufallsprozesse

Ein Zufallsprozeß $\xi(t)$ ist eine Zufallsfunktion der Zeit t, d. h. eine Funktion, die zu jedem Zeitpunkt t eine Zufallsgröße darstellt. Jede Beobachtung eines Zufallsprozesses $\xi(t)$ liefert eine bestimmte Funktion $\psi(t)$, die als Realisierung des Zufallsprozesses bezeichnet wird. Ein Zufallsprozeß läßt sich somit entweder als Gesamtheit der Realisierungen $\psi(t)$ oder als Gesamtheit der vom Parameter t abhängigen Zufallsgrößen auffassen.

Die Beschreibung eines Zufallsprozesses erfolgt über die gemeinsamen Verteilungen der Zufallsgrößen $\xi(t_1), \xi(t_2), \ldots, \xi(t_n)$:

$$f_n(z_1, t_1; z_2, t_2; \ldots; z_n t_n) = P\{\xi(t_1) \leqq z_1; \xi(t_2) \leqq z_2; \ldots; \xi(t_n) \leqq z_n\},$$

die für beliebige $n = 1, 2, \ldots$ definiert sind.

Die einfachste Art von Zufallsprozessen zeichnet sich dadurch aus, daß die Werte $\xi(t)$ zu verschiedenen Zeitpunkten voneinander unabhängig sind. Für einen derartigen Prozeß gilt:

$$f_n(z_1, t_1; z_2, t_2; \ldots; z_n, t_n) = f_1(z_1, t_1)\, f_1(z_2, t_2) \ldots f_1(z_n, t_n),$$

wobei $f_1(z_i, t_i)$ das eindimensionale Verteilungsgesetz der Zufallsgröße zum Zeitpunkt t_i darstellt.

Der Erwartungswert eines Zufallsprozesses zum Zeitpunkt t_i wird als Erwartungswert der Zufallsgröße $\xi(t_i)$ bestimmt:

$$E[\xi(t_i)] = \int_{-\infty}^{\infty} z_i \varphi(z_i)\, dz_i = e_\xi(t_i),$$

$$\varphi(z_i) = \frac{\partial f_1(z_i, t_i)}{\partial z_i}$$ — Wahrscheinlichkeitsdichte der Zufallsgröße $\xi(t_i)$.

Die Dispersion des Zufallsprozesses zum Zeitpunkt t_i beträgt

$$D[\xi(t_i)] = \int_{-\infty}^{\infty} \{z_i - E[\xi(t_i)]\}^2\, \varphi(z_i)\, dz_i = \sigma_\xi^2(t_i).$$

Der Mittelwert des Produktes der Zufallsgrößen $[\xi(t_1) - e_\xi(t_1)]$ und $[\xi(t_2) - e_\xi(t_2)]$ wird als Korrelationsfunktion des Zufallsprozesses $\xi(t)$ bezeichnet:

$$R_\xi(t_1, t_2) = E\{[\xi(t_1) - e_\xi(t_1)]\,[\xi(t_2) - e_\xi(t_2)]\}$$

$$= \int_{-\infty}^{\infty} \int_{-\infty}^{\infty} [z_1 - e_\xi(t_1)]\,[z_2 - e_\xi(t_2)]\, \varphi(z_1, t_1; z_2, t_2)\, dz_1\, dz_2.$$

In diesem Ausdruck stellt

$$\varphi(z_1, t_1; z_2, t_2) = \frac{\partial^2 f_2(z_1, t_1; z_2, t_2)}{\partial z_1 \, \partial z_2}$$

die zweidimensionale Wahrscheinlichkeitsdichte der Zufallsgrößen $\xi(t_1)$ und $\xi(t_2)$ dar. Die Korrelationsfunktion ist somit eine Schätzung der Werteabhängigkeit des Zufallsprozesses für verschiedene Zeitpunkte.

Die Kreuzkorrelationsfunktion $R_{\xi\eta}(t_1, t_2)$ der Zufallsprozesse $\xi(t)$ und $\eta(t)$ ist durch folgenden Ausdruck gegeben:

$$R_{\xi\eta}(t_1, t_2) = E\{[\xi(t_1) - e_\xi(t_1)] [\eta(t_2) - e_\eta(t_2)]\}.$$

Nimmt $R_{\xi\eta}(t_1, t_2)$ für beliebige t_1 und t_2 den Wert Null an, so bezeichnet man die Zufallsprozesse $\xi(t)$ und $\eta(t)$ als unkorreliert.

Ein Zufallsprozeß ist stationär, wenn sich seine statistischen Charakteristika bei einer beliebigen Verschiebung in Richtung der t-Achse um den Wert Δ nicht ändern, d. h. wenn gilt:

$$f_n(z_1, t_1; \ldots; z_n, t_n) = f_n(z_1, t_1 + \Delta; \ldots; z_n, t_n + \Delta),$$
$$-\infty \leqq \Delta \leqq \infty, \quad n = 1, 2, \ldots$$

Dabei sind der Erwartungswert und die Dispersion des Zufallsprozesses $\xi(t)$ zeitunabhängig. Es gilt

$$E[\xi(t_i)] = E[\xi(t_i + \Delta)] = e_\xi; \qquad D[\xi(t_i)] = \sigma_\xi^2,$$

während die Korrelationsfunktion nur von der Differenz der Argumente abhängt:

$$R_\xi(t_1, t_2) = R_\xi \, |t_1 - t_2| = R_\xi(\tau) = \sigma_\xi^2 f_\xi(\tau).$$

Für $\tau = 0$ wird $f_\xi(\tau) = 1$ und $R_\xi(0) = \sigma_\xi^2$.

Ein stationärer Zufallsprozeß $\xi(t)$ befriedigt die Ergodenhypothese (d. h. er ist ergodisch), wenn für eine beliebige Beobachtungsfunktion der Mittelwert über die Zeit mit einer Wahrscheinlichkeit von Eins gleich dem Mittelwert über die Menge der Beobachtungen ist. Zum Beispiel ergibt sich für den Erwartungswert des Zufallsprozesses $\xi(t)$ mit einer Wahrscheinlichkeit von Eins:

$$E[\xi(t)] = \int_{-\infty}^{\infty} z\varphi(z) \, dz = e_\xi = \lim_{T\to\infty} \frac{1}{2T} \int_{-T}^{T} \xi(t) \, dt.$$

Analoge Ausdrücke mit einer Wahrscheinlichkeit von Eins ergeben sich für die Dispersion und die Korrelationsfunktion eines ergodischen Prozesses:

$$D[\xi(t)] = \int_{-\infty}^{\infty} (z - e_\xi)^2 \, \varphi(z) \, dz = \sigma_\xi^2 = \lim_{T\to\infty} \frac{1}{2T} \int_{-T}^{T} [\xi(t) - e_\xi]^2 \, dt;$$

$$R_\xi(\tau) = \int_{-\infty}^{\infty} \int_{-\infty}^{\infty} (z_1 - e_\xi)(z_2 - e_\xi)\, \varphi(z_1, z_2, \tau)\, dz_1\, dz_2$$

$$= \lim_{T\to\infty} \frac{1}{2T} \int_{-T}^{T} \big(\xi(t) - e_\xi\big)\big(\xi(t+\tau) - e_\xi\big)\, dt = \sigma_\xi^2 f_\xi(\tau).$$

Als hinreichende Bedingung für die Gültigkeit der Ergodenhypothese für einen Prozeß $\xi(t)$ dient die unbeschränkte Abnahme des Betrages von $R_\xi(\tau)$ für $|\tau| \to \infty$.

Ein Zufallsprozeß $\Xi(t)$ ist k-dimensional, wenn er eine Gesamtheit von k Zufallsprozessen $\xi_1(t), \xi_2(t), \ldots, \xi_k(t)$ bildet. Der Erwartungswert eines k-dimensionalen Zufallsprozesses wird durch einen k-dimensionalen Vektor e_ξ beschrieben, während die Korrelationsfunktion $R(\tau)$ eine Matrix vom Typ $(k \times k)$ darstellt, die aus den Elementen

$$R_{ij}(\tau) = E\big[\big(\xi_i(t) - e_i\big)\big(\xi_j(t+\tau) - e_j\big)\big]$$

besteht.

Ändert sich die Zeit diskret, d. h. ist $t = 1, 2, \ldots$, so spricht man von einem Zufallsprozeß mit diskreter Zeit oder einer Zufallsfolge (diskreter Zufallsprozeß). Alle bisher abgeleiteten Begriffe und Ausdrücke behalten auch für Prozesse mit diskreter Zeit ihre Gültigkeit.

Das Argument τ der Korrelationsfunktion eines diskreten Prozesses nimmt die Werte $\tau = 0, 1, 2, \ldots$ an. Ist $R_\xi(\tau) = 0$ für $\tau > 0$, so bezeichnet man die Zufallsfolge $\xi(t)$ als unabhängig.

Als Spektraldichte $S_\xi(\omega)$ eines stationären Zufallsprozesses $\xi(t)$ bezeichnet man die Fourier-Transformation der Korrelationsfunktion des Prozesses $\xi(t)$:

$$S_\xi(\omega) = \int_{-\infty}^{\infty} R_\xi(\tau)\, e^{-j\omega\tau}\, d\tau.$$

Die normierte Spektraldichte stellt dementsprechend die Fourier-Transformation der normierten Korrelationsfunktion des Zufallsprozesses dar.

Durch eine inverse Fourier-Transformation ist die Korrelationsfunktion des Zufallsprozesses durch die Spektraldichte darstellbar:

$$R_\xi(\tau) = \frac{1}{2\pi} \int_{-\infty}^{\infty} S_\xi(\omega)\, e^{j\omega\tau}\, d\omega.$$

Wirkt ein Prozeß $\xi(t)$ auf den Eingang eines linearen dynamischen Gliedes mit einem komplexen Verstärkungsfaktor $\Phi(j\omega)$:

$$\Phi(j\omega) = \int_{0}^{\infty} \varphi(\tau)\, e^{-j\omega\tau}\, d\tau,$$

$\varphi(\tau)$ — Impulsantwort des dynamischen Gliedes,

so nimmt die Spektraldichte des Prozesses $y(t)$ am Ausgang des dynamischen Gliedes folgenden Wert an:

$$S_y(\omega) = |\Phi(j\omega)|^2 S_\xi(\omega) = \Phi(j\omega)\,\Phi(-j\omega)\,S_\xi(\omega).$$

Für die Dispersion des Prozesses $y(t)$ gilt

$$\sigma_y{}^2 = R_y(0) = \frac{1}{2\pi}\int\limits_{-\infty}^{\infty} |\Phi(j\omega)|^2 S_\xi(\omega)\,d\omega.$$

Es wird nun der Fall betrachtet, daß der Prozeß $\xi(t)$ auf zwei dynamische Glieder mit den Impulsantworten $\varphi_1(\tau)$ und $\varphi_2(\tau)$ einwirkt. Die Prozesse an den Ausgängen dieser Glieder seien $x(t)$ bzw. $y(t)$.

Für die Kovarianz dieser Prozesse $x(t)$ und $y(t)$ gilt:

$$R_{xy}(0) = E\{x(t)\,y(t)\} = E\left\{\int\limits_0^\infty \varphi_1(\tau_1)\,\xi(t-\tau_1)\,d\tau_1 \int\limits_0^\infty \varphi_2(\tau_2)\,\xi(t-\tau_2)\,d\tau_2\right\}$$

$$= \int\limits_0^\infty \int\limits_0^\infty \varphi_1(\tau_1)\,\varphi_2(\tau_2)\,R_\xi(\tau_2-\tau_1)\,d\tau_1\,d\tau_2.$$

Durch Einführen der Spektraldichte des Prozesses $\xi(t)$ für $R_\xi(\tau_2 - \tau_1)$ und einige Umformungen ergibt sich

$$R_{xy}(0) = \int\limits_0^\infty \int\limits_0^\infty \varphi_1(\tau_1)\,\varphi_2(\tau_2)\,\frac{1}{2\pi}\int\limits_{-\infty}^{\infty} S_\xi(\omega)\,e^{j\omega(\tau_1-\tau_2)}\,d\omega\,d\tau_1\,d\tau_2$$

$$= \frac{1}{2\pi}\int\limits_{-\infty}^{\infty} S_\xi(\omega)\left(\int\limits_0^\infty \varphi_1(\tau_1)\,e^{-j\omega\tau_1}\,d\tau_1\right)\left(\int\limits_0^\infty \varphi_2(\tau_2)\,e^{j\omega\tau_2}\,d\tau_2\right)d\omega$$

$$= \frac{1}{2\pi}\int\limits_{-\infty}^{\infty} S_\xi(\omega)\,\Phi_1(j\omega)\,\Phi_2(-j\omega)\,d\omega,$$

$\Phi_2(-j\omega)$ — konjugiert-komplexer Verstärkungsfaktor des zweiten Gliedes;
$\Phi_1(j\omega)$ — komplexer Verstärkungsfaktor des ersten Gliedes.

Beispiel A-2:

Ein Prozeß $z(t)$ mit einer Korrelationsfunktion

$$r(\tau) = e^{-\alpha|\tau|}$$

wirkt auf die Eingänge zweier Filter mit den Impulsantworten

$$\varphi_1(\tau) = \frac{1}{T_1} e^{-\tau/T_1} \quad \text{und} \quad \varphi_2(\tau) = \frac{1}{T_2} e^{-\tau/T_2}.$$

Es sollen die Kovarianzen der Prozesse $x_1(t)$ und $x_2(t)$ an den Filterausgängen ermittelt werden.

Es gilt

$$S_z(\omega) = \int_{-\infty}^{\infty} e^{-\alpha|\tau|} e^{-j\omega\tau} d\tau = \frac{2\alpha}{\omega^2 + \alpha^2}.$$

Die Berechnung der komplexen Verstärkungsfaktoren erfolgt nach der oben angeführten Gleichung. Man erhält:

$$\Phi_i(j\omega) = \frac{1}{1 + j\omega T_i}; \qquad i = 1, 2.$$

Durch Einsetzen dieser Werte in die Gleichung für die Kovarianzen ergibt sich

$$R_{12}(0) = \frac{1}{2\pi} \int_{-\infty}^{\infty} S_z(\omega)\, \Phi_1(j\omega)\, \Phi_2(-j\omega)\, d\omega$$

$$= \frac{1}{2\pi} \frac{2\alpha}{\alpha^2 + \omega^2} \frac{1}{(1 + j\omega T_1)(1 - j\omega T_2)} d\omega.$$

Die Integration erfolgt unter Anwendung des Residuensatzes [79]. Als Ergebnis erhält man

$$R_{12}(0) = \frac{2\alpha T_1 T_2 + T_1 + T_2}{(T_1 + T_2)(1 + \alpha T_1)(1 + \alpha T_2)}.$$

Beispiel A-3:

Ein Prozeß $z(t)$ mit einer Korrelationsfunktion

$$r(\tau) = e^{-\alpha|\tau|}$$

wirkt auf die Eingänge zweier LAGUERRE-Filter der Ordnungen n und k. Gesucht sind die Kovarianzen der Prozesse $x_n(t)$ und $x_k(t)$ an den Ausgängen der LAGUERRE-Filter.

Für die Spektraldichte des Eingangssignals gilt

$$S_z(\omega) = \frac{2\alpha}{\alpha^2 + \omega^2}.$$

Für den komplexen Verstärkungsfaktor eines LAGUERRE-Filters n-ter Ordnung besitzt folgender Ausdruck Gültigkeit:

$$\Phi_n(j\omega) = \frac{\sqrt{2\gamma}\,(j\omega - \gamma)^{n-1}}{(j\omega + \gamma)^n}, \qquad n = 1, 2, \ldots.$$

Für $|\Phi_n(j\omega)|^2$ ergibt sich

$$|\Phi_n(j\omega)|^2 = \frac{2\gamma}{\gamma^2 + \omega^2}.$$

Für $n = k$ (d. h., wenn die Dispersion des Prozesses am Ausgang eines Filters n-ter Ordnung ermittelt werden soll) erhält man:

$$R_{nn}(0) = \sigma_{x_n}^2 = \frac{1}{2\pi} \int_{-\infty}^{\infty} \frac{2\alpha}{\alpha^2 + \omega^2} \cdot \frac{2\gamma}{\gamma^2 + \omega^2}\, d\omega$$

$$= \frac{2\alpha\gamma}{\pi} \left\{2\pi j \left[\frac{1}{2j\alpha(\gamma^2 - \alpha^2)} + \frac{1}{2j\gamma(\alpha^2 - \gamma^2)}\right]\right\} = \frac{2}{\alpha + \gamma}.$$

Für $n \neq k$ (es wird $n < k$ angenommen) ergibt sich:

$$R_{nk}(0) = \frac{1}{2\pi} \int_{-\infty}^{\infty} \frac{2\alpha}{\alpha^2 + \omega^2} \cdot \frac{2\gamma(j\omega - \gamma)^{n-1}}{(j\omega + \gamma)^n} \cdot \frac{(-j\omega - \gamma)^{k-1}}{(j\omega + \gamma)^k}\, d\omega$$

$$= (-1)^{n+k} \frac{2\alpha\gamma}{\pi} \left\{2\pi j \left[\frac{1}{2\alpha j} \cdot \frac{(\gamma - \alpha)^{k-n-1}}{(\gamma + \alpha)^{k-n+1}}\right]\right\}$$

$$= (-1)^{n+k} \frac{2\gamma(\gamma - \alpha)^{k-n-1}}{(\gamma + \alpha)^{k-n+1}}.$$

Die Integrationen erfolgten ebenfalls unter Anwendung des Residuensatzes.

8. Literatur

[1] W. W. NALIMOW, I. A. TSCHERNOWA, „*Statistitscheskije metody planirowanija ekstremalnych eksperimentow*", Verlag „Nauka", 1964.

[2] „*Planirowanije eksperimenta*", Sammelband von Artikeln unter der Redaktion von G. K. KRUG, Verlag „Nauka", 1966.

[3] „*Problemy planirowanija eksperimenta*", Sammelband von Artikeln unter der Redaktion von G. K. KRUG, Verlag „Nauka", 1969.

[4] „*Nowye idei w planirowanii eksperimenta*", Sammelband von Artikeln unter der Redaktion von W. W. NALIMOW, Verlag „Nauka", 1969.

[5] I. A. BOLSCHAKOW, L. S. GUTKIN, B. R. LEWIN, R. L. STRATONOWITSCH, „*Matematitscheskije osnowy sowremennoj radioelektroniki*", 2. Aufl., Verlag „Sowjetskoje radio", 1968.

[6] C. R. RAO, „*Lineare statistische Methoden und ihre Anwendungen*", Berlin, Akademie-Verlag, 1973.

[7] F. GRAYBILL, „*An introduction to the linear statistical models*", New York, 1961.

[8] H. CRAMER, „*Mathematical methods of statistics*", Princeton University Press, Princeton, 1954.

[9] A. HALD, „*Statistical theory with engineering applications*", John Wiley & Sons, New York, 1952.

[10] T. W. GORMAN, R. J. TOMAN, „*Selection of variables for fitting equations to data*", Technometrics, v. 8, 1966, No. 1.

[11] N. R. DRAPER, D. M. STONEMAN, „*Testing for the inclusion of variables in linear regression by a randomization technique*", Technometrics, v. 8, 1966, No. 4.

[12] R. R. HOCKING, R. N. LESLIE, „*Selection of the best subset in regression analysis*", Technometrics, v. 9, 1967, No. 4.

[13] R. G. NEWTON, D. J. SPURRELL, „*A development of multiple regression for the analysis of routine data*", Applied Statistics, v. 6, 1967, No. 1, 2.

[14] N. A. LIWSCHIZ, W. I. PUGATSCHOW, „*Werojatnostnyj analis sistem awtomatitscheskowo uprawlenija*", Verlag „Sowjetskoje radio", 1963.

[15] W. T. KULIK, „*Prinzipy algoritmisazii i postroenija uprawljajuschtschich maschin*", Verlag „Naukowa dumka", Kiew, 1963.

[16] S. A. AJWASJAN, „*Primenenije metodow korreljazionnowo i regressionnowo analisow k obrabotke resultatow eksperimenta*", Sawodskaja laboratorija, 1964, No. 7, 8.

[17] E. L. IZKOWITSCH, „*Statistitscheskije metody pri awtomatisazii proiswodstwa*", Verlag „Energija", 1964.

[18] W. P. BORODJUK, „*Wlijanije pogreschnostej registrazii dannych na totschnost regressionnowo urawnenija*", Sawodskaja laboratorija, 1970, No. 1.

[19] W. P. Borodjuk, „*Postrojenie statitscheskowo matematitscheskowo opisanija dinamitscheskowo objekta*", Trudy MEI, Heft 68, 1969.
[20] W. P. Borodjuk, „*Kriterij dlja ozenki rabotosposobnosti matematitscheskowo opisanija*", Awtomatisazija chimitscheskich i neftechimitscheskich proiswodstw, Heft 2, 1969.
[21] G. F. Filaretow, „*K woprosu o postroenii nelinejnoj regressionnoj modeli po dannym passiwnowo eksperimenta*", Sammelband „*Problemy planirowanija eksperimenta*", Verlag „Nauka", 1969.
[22] R. I. Jennrich, „*Missing data correlation computations*", Math. Comput., v. **16**, 1962, No. 80.
[23] M. Glasser, „*Linear regression analysis with missing observations among the independent variables*", J. Amer. Statist. Assoc., v. **59**, 1964, No. 307.
[24] Y. Haitovsky, „*Missing data in regression analysis*", J. Roy. Statist. Soc., ser. B, v. **30**, 1968, No. 1.
[25] G. Schultz, „*Iterative Berechnung der reziproken Matrix*", Zeitschr. f. angew. Math. und Mech., **13**, 1933, No. 1.
[26] H. Hotelling, „*Some new methods in matrix calculations*", Ann. Math. Statist., v. **14**, 1943, No. 1.
[27] W. G. Cochran, „*The omission or addition of an independent variate in multiple linear regression*", J. Roy. Statist. Soc., ser. B, 1938, No. 5.
[28] B. R. Lewin, „*Teoretitscheskije osnowy statistitscheskoj radiotechniki*", Verlag „Sowjetskoje radio", 1968.
[29] „*Woprosy statistitscheskoj teorii radiolokazii*", Bd. 2, unter der Redaktion von G. P. Tartakowskij, Verlag „Sowjetskoje radio", 1964.
[30] E. P. Maslow, „*Ozenka parametrow markowskich objektow*", Awtomatika i telemechanika", 1964, No. 1.
[31] A. A. Feldbaum, „*Osnowy teorii optimalnych awtomatitscheskich sistem*", Verlag „Nauka", Moskau 1966
[32] Ja. S. Zypkin, „*Adaption und Lernen in kybernetischen Systemen*" (Übersetzung aus dem Russischen), Verlag Technik, Berlin, 1970.
[33] R. Battin, „*Optimizing a statistical navigation procedure for space flight*", Amer. Rocket. Soc., v. **32**, November 1962, pp. 1681–1696.
[34] A. S. Iwanow, G. K. Krug, Ju. N. Kuschelew, E. K. Lezki, W. B. Swetschinskij, „*Obutschajuschtschiesja sistemy uprawlenija*", Awtomatika i telemechanika, Trudy MEI, Heft 44, 1962.
[35] I. I. Perelman, „*Tekuschtschij regressionnyj analis i ewo primenenije w nekotorych sadatschach awtomatitscheskowo uprawlenija*", Mitteilungen der AN der UdSSR, OTN, Energetika i Awtomatika, Bd. XXIII, 1962, No. 5.
[36] E. R. Kalman, „*Design of self optimizing control system*", Trans. ASME, v. **80**, No. 2, 1958.
[37] R. Lee, „*Optimal Estimation, Identification and Control*", MIT Press Cambridge, 1964.
[38] E. K. Lezki, „*Posledowatelnye algoritmy wytschislenija koeffizientow regressionnoj modeli, problemy planirowanija eksperimenta*", Verlag „Nauka", 1969.
[39] N. S. Rajbman, W. M. Tschadeew, „*Adaptiwnyje modeli w sistemach uprawlenija*", Verlag „Sowjetskoje radio", 1966.
[40] E. S. Boschanow, „*Nekotoryje ozenki skorosti schodimosti algoritmow stochastitscheskoj approksimazii w sadatschach identifikazii*", Vorträge zur wiss.-techn. Konf. über die Ergebnisse im Jahre 1967, Sektion „Awtomatika i telemechanika", Herausgeber MEI, 1968.

[41] D. J. WILDE, „*Optimum seeking methods*“, Prentice-Hall, Inc. Englewood Cliffs, New Jersey, 1964.

[42] A. D. BIRJUKOW, E. M. ISPIRJAN, G. K. KRUG, E. K. LEZKIJ, P. E. NEJMAN, „*Otyskanije metoda awtomatitscheskowo uprawlenija prozessom wydelenija kautschuka i sredstw ewo realisazii*“, Chimija i technologija SK, Heft 3, Herausgeber WGU, Woronesh, 1964.

[43] P. W. JERMURATSKIJ, „*Effektiwnost gradientnych metodow poiska pri nalitschii pomech*“, Vorträge zur wiss.-techn. Konf. über die Ergebnisse des Jahres 1967, Sektion „Awtomatika i telemechanika“, Herausgeber MEI, 1968.

[44] E. K. LEZKI, „*Metody wosstanowlenija tekuschtschej charakteristiki funkzionalnowo preobrasowatelja*“, Vorträge zur wiss.-techn. Konf. über die Ergebnisse des Jahres 1967, Sektion „Awtomatika i telemechanika“, Herausgeber MEI, 1968.

[45] I. I. PERELMAN, O. A. POLJAKOW, „*Identifikazija objekta metodami stupentschatoj approksimazii*“, Awtomatika i telemechanika, 1968, No. 10.

[46] E. K. LEZKI, P. E. JERMURATSKIJ, „*Tablitschnyj metod wosstanowlenija tekuschtschej charakteristiki funkzionalnowo preobrasowatelja*“, Hochschulmitteilungen, Elektromechanika, 1967, No. 7.

[47] W. FELLER, „*An introduction to propability theory and its applications*“, John Wiley & Sons, New York, 1957.

[48] E. K. LEZKI, „*Adaptiwnaja sistema sleshenija sa ismenjajuschtschimisja parametrami charakteristiki funkzionalnowo preobrasowatelja*“, Awtomatika i telemechanika, 1970, No. 2.

[49] J. T. CHIEN, K. S. FU, „*Stochastic learning of time-varying parameters in random environment*“, AEEE Trans. on Systems Science and Cybernetics, 1969, No. 3.

[50] W. I. ROMANOWSKIJ, „*Osnownye sadatschi teorii oschibok*“, Gostechisdat, 1947.

[51] S. JA. WILENKIN, „*Statistitscheskije metody issledowanija sistem awtomatitscheskowo regulirowanija*“, Verlag „Sowjetskoje radio“, 1967.

[52] S. S. WILKS, „*Mathematical statistics*“, John Wiley & Sons, New York, 1962.

[53] D. E. FARRAR, R. R. GLAUBER, „*Multicollinearity in regression analysis: the problem revised*“, Rev. Econ. and Statist., vol. **49**, No. 1, 1967.

[54] O. DYKSTRA, „*The orthogonalisation of undesigned experiments*“, Technometrics, vol. 8, No. 2, 1966.

[55] G. GAYLOR, I. MERRIL, „*Augmenting existing data in multiple regression*“, Technometrics, vol. **10**, No. 1, 1968.

[56] R. FOOTE, „*A modified Doolittle approach for multiple and partial correlation and regression*“, JASA, vol. **53**, 1958.

[57] R. GUSTAFSON, „*Partial correlation in regression computation*“, JASA, vol. **56**, 1961.

[58] OWSEPJAN, F. A., „*Ob informatiwnosti peremennych w sadatschach identifikazii*“, Arbeiten der 2. Allunionskonferenz über statistische Methoden in der Steuerungstheorie, Sammelband „*Identifikazija*“, Verlag „Nauka“, 1970.

[59] M. EFROYMSON, „*Multiple regression analysis. Mathematical methods for digital computers*“, New York, 1960.

[60] G. FURNIVAL, „*All possible regression with less computation*“, Technometrics, vol. **13**, No. 2, 1971.

[61] M. SCATZOFF, S. FEINBERG, R. TSOO, „*Efficient calculation of all possible regression*“, Technometrics, vol. **10**, No. 4, 1968.

[62] W. P. BORODJUK, W. E. KUSNEZOW, „*Effektiwnost obobschtschonnowo metoda naimenschich kwadratow w sadatschach identifikazii*“, „Awtomatika i telemechanika“, No. 7, 1974.

[63] F. Anscombe, „*Examination of residuals*", Proc. 4-th Berkeley Symp., vol. **1**, pp. 1–36.
[64] W. Wooding, „*The computation and use of residuals in the analysis of experimental data*", J. of Quality Technology, vol. **1**, 1969.
[65] J. Ramsey, „*Tests for specification errors in classical linear least-squares regression analysis*", J. Roy. Statist. Soc., B-31, No. 2, 1969.
[66] H. Theil, „*The analysis of disturbances in regression analysis*", JASA, vol. **60**, 1965.
[67] N. Drapper, H. Smith, „*Applied regression analysis*", New York, 1968.
[68] D. Himmelblau, „*Process analysis by statistical methods*", New York, 1970.
[69] J. Durbin, G. Watson, „*Testing for serial correlation*", Biometrika, vol. **37**, 1950; Biometrika, vol. 38, 1951.
[70] W. P. Borodjuk, A. P. Woschtschinin, W. E. Kusnezow, „*Nekotoryje osobennosti statistischeskowo opisanija promyschlennych obektow*", Trudy MEI, Heft 116, 1972.
[71] Hudson, D. I., „*Statistics*", Geneva, 1964.
[72] V. D. Waerden, „*Mathematische Statistik*", Berlin-Göttingen-Heidelberg, 1957.
[73] W. P. Borodjuk, Ju. E. Goljas, „*Metod naimenschich otklonenij*", Vorträge der 2. Allunionskonferenz über statistische Methoden in der Steuerungstheorie, Verlag „Nauka", 1970.
[74] H. Bandemer, A. Bellmann, W. Jung, K. Richter, „*Optimale Versuchsplanung*", Berlin, 1973.
[75] K. Hartmann, E. Lezki, W. Schäfer, „*Statistische Versuchsplanung und -auswertung in der Stoffwirtschaft*", Leipzig, 1974.
[76] E. Scheffler, „*Einführung in die Praxis der statistischen Versuchsplanung*", Leipzig, 1974.
[77] E. W. Markowa, A. N. Lisenkow, „*Planirowanije eksperimenta w uslowijach neodnorodnostej*", Verlag „Nauka", 1973.
[78] W. G. Gorskij, Ju. P. Adler, „*Planirowanie promyschlennych eksperimentow*", Verlag „Metallurgija", 1974.
[79] G. Korn, T. Korn, „*Mathematical handbook for scientists and Engineering*", New York, 1961.
[80] Autorenkollektiv, „*Analyse und Steuerung von Prozessen der Stoffwirtschaft*", Berlin-Leipzig, 1971.
[81] „*Planirowanije eksperimenta (algoritmy i programmy na jasyke Algol-60)*", Trudy MEI, Heft 76, 1970.
[82] Ju. P. Adler, W. G. Gorskij, „*O metodologii regressionnowo i dispersionnowo analisa pri planirowanii eksperimenta s nerawnomernym dublirowaniem opytow*", „Sawodskaja laboratorija", No. 3, 1971.
[83] W. A. Wosnesenskij, „*Statistitscheskie metody planirowanija eksperimenta w techniko-ekonomitscheskich issledowanijach*", „Statistika", 1974.
[84] N. M. Aleksandrowskij, S. W. Jegorow, R. E. Kusin, „*Adaptiwnye sistemy awtomatitscheskowo uprawlenija sloshnymi technologitscheskimi prozessami*", Verlag „Energija", Moskau, 1973.
[85] Ju. G. Polljak, „*Werojatnostnoje modelirowanije na elektronnych wytschislitelnych maschinach*", Verlag „Sowjetskoje Radio", Moskau, 1971.
[86] W. W. Fjodorow, „*Teorija optimalnowo eksperimenta*", Verlag „Nauka", Moskau, 1971.

9. Sachwortverzeichnis

FSC
www.fsc.org
MIX
Papier | Fördert
gute Waldnutzung
FSC® C083411

Kolibri 360 GmbH
Ferdinand-Jühlke-Straße 7
99095 Erfurt, Deutschland
produktsicherheit@kolibri360.de